AUSWEITUNG
DER
KONSUMZONE

Christian Blümelhuber ist InBev-Baillet-Latour-Professor für Euromarketing an der Freien Universität Brüssel. Der international anerkannte Wissenschaftler lehrt(e) unter anderem in München an der Universität, der Technischen Universität und der Hochschule für Fernsehen und Film, an der Virginia Tech University in Blacksburg sowie der Open University in Ho-Chi-Minh-Stadt.

Zusammen mit einem Partner entwickelte er zwei neue Sportarten. Als gefragter Redner und renommierter Marketingexperte inspiriert er Manager und verlangt vom Marketing wieder mehr Glamour, Eleganz und Verantwortung! Christian schreibt mit Bic-Bleistiften, mag spektakuläre Grand Hotels – und findet BMW todlangweilig!

Weitere Infos unter www.konsumzone.de.

Christian Blümelhuber

AUSWEITUNG DER KONSUMZONE

Wie Marketing unser Leben bestimmt

Campus Verlag
Frankfurt/New York

ISBN 978-3-593-39464-0

Copyright © 2011 Campus Verlag GmbH, Frankfurt am Main
Umschlaggestaltung: Hißmann, Heilmann, Hamburg
Satz: Fotosatz L. Huhn, Linsengericht
Gesetzt aus: Minion Pro und The Sans
Druck und Bindung: Beltz Druckpartner, Hemsbach
Gedruckt auf Papier aus zertifizierten Rohstoffen (FSC/PEFC).
Printed in Germany

Dieses Buch ist auch als E-Book erschienen.
www.campus.de

INHALT

| 0 |

EINLEITUNG

oder

Wie dieses Buch funktioniert, mit welchen Begriffen es operiert, wie auch Kunden Marketing machen und warum es schöner wäre, wenn Marketing schöner wäre

Was treibt Strategen, Verführer und Bastler an?

BMW, Pepsi und Leica, Google, Ebay und Ei, Ei, Ei Verpoorten. »Geiz ist geil«, »Katzen würden Whiskas kaufen«, »Für das Beste im Mann«, »Quadratisch, praktisch, gut«, »Keine Sorge, Volksfürsorge«. Verkaufsförderung und Kundenbindung, AdWords und Testimonials.

Marken, Slogans und Konzepte – das verbinden sicherlich die meisten von uns mit dem Marketing und der Konsumzone.

Aber das? »Radfahren«, »Eine Ausbildung zur Fotografin«, »Auf der Brooklyn Bridge laufen«, »Olympia 2012«, »Eine eigene Galerie« ….

Das alles sind Antworten auf die Frage: »Was treibt dich an?« Der Hintergrund? Eine großartige Kampagne der Volks- und Raiffeisenbanken im Jahre 2009, an der man zunächst die Besetzung der Hauptrolle loben muss: Dettmar Cramer, der große »Fußball-Professor« der Siebzigerjahre, der mit Bayern München zweimal den

Landesmeisterwettbewerb gewann und für die Volks- und Raiffeisenbanken ein sensationelles Comeback gab …

Die Kampagne der Volks- und Raiffeisenbanken ist ein perfektes Beispiel für modernes Marketing, für Marketing heute. Denn sie ist in dreierlei Hinsicht, die ich alle im Marketing unserer Postpostmoderne für zentral halte, wegweisend. Geht man üblicherweise in der Marketingliteratur von zwei Protagonisten aus, die das Geschehen bestimmen – erstens der Verführer, der Kreative in den Marketing-, PR- und Werbeagenturen, und zweitens der Stratege, der im Unternehmen arbeitet –, so kann man das Geschehen nicht (mehr) verstehen, wenn man nicht eine dritte Instanz berücksichtigt: den Konsumenten. Marketing ist keine Einbahnstraße, und die Kunden sind keine passiven, braven Schafe, die nur reagieren. Sie nehmen vielmehr am Spiel teil und drängen aktiv ins Marketing hinein. Strategen, Verführer und Kunden werden uns durch das Buch begleiten. Während die ersten drei Kapitel eher allgemein gehalten sind, gehe ich danach auf den Verführer ein. Seine Aufgabe ist es, »Reize« zu setzen, »Aufmerksamkeit« zu erzeugen und die »Sympathie« des Konsumenten zu gewinnen. Kurz gesagt, er kreiert ein verführerisches Image. Die folgenden Kapitel sind dem Strategen gewidmet, der mit »Daten« operiert und »Preise« gestaltet. Er plant und steuert mit »Strategien«. Die letzten drei Kapitel sind dem Konsumenten gewidmet, also uns. Es zeigt, wie wir als Kunden in das Marketing eingreifen. Wir sind Bastler, Bricoleur oder auch Spieler. Marketing wird zum »Spiel«, wir begehren immer besseren »Service«, und der wichtigste Rohstoff ist »Freundschaft«.

Der Konsument als Marketer

Der erste Stratege der Volks- und Raiffeisenbanken war Friedrich Wilhelm Raiffeisen, sein einziges Buch das erste Strategiepapier: *Die Darlehenskassen-Vereine als Mittel zur Abhilfe der Noth der ländlichen Bevölkerung, sowie auch der städtischen Handwerker und*

DREI ROLLEN IM MARKETING
UND GLIEDERUNG DES BUCHS

STRATEGEN
7 | DATEN
8 | PREISE
9 | STRATEGIE

Ressourcen:
MUSTERERKENNUNG,
"FITNESS"

Werkzeuge:
MARKTFORSCHUNG,
SEGMENTIERUNG /
POSITIONIERUNG /
KATEGORISIERUNG

4 | AUFMERKSAMKEIT
5 | REIZE
6 | SYMPATHIE

VERFÜHRER

Werkzeuge:
MARKE,
WERBUNG,
DESIGN

Ressourcen:
KREATIVITÄT,
ZUGANG ZUM
KUNDEN

MARKETING
① MITTENDRIN
② SHOPPING
③ KRITIK

BASTLER
10 | SPIELE
11 | SERVICE
12 | FREUNDSCHAFT

Werkzeuge:
CO-EVERYTHING,
ENGAGING,
COMMUNITY BILDUNG

Ressourcen:
MUT, FLEXIBILITÄT,
ENGAGEMENT

Arbeiter von 1866. Seither hat sich die Erde mehrfach um die eigene Achse gedreht. In der Zeit der Banken- und Finanzkrise erschienen die Volks- und Raiffeisenbanken als Dinosaurier, die, irgendeinem glücklichen Zufall geschuldet, dem Bankentod von der Schippe gesprungen waren. Die Komplettrenovierung stand an. Mit dem Schlüsselwort »Antrieb« dockte die Bank, sozusagen direkt aus dem 19. Jahrhundert, an der Gegenwart an.

In flüchtigen und ökonomisch nervösen Zeiten wie diesen braucht jeder, um Erfolg zu haben, einen starken Antrieb. Warum also nicht einfach danach fragen? Und zwar nicht nur rein rhetorisch, als Frage im Werbespot, auf die man im Grunde gar keine Antwort haben möchte, sondern in der Realität. Kunden als auch die Mitarbeiter aller Ebenen wurden gefragt, was sie antreibt. Schließlich wollten die Mitarbeiter vorbereitet sein, wenn ein Kunde sie nach ihrem Antrieb fragen würde. Das ging so weit, dass unter der Unterschrift in jeder E-Mail eines jeden der 170 000 Mitarbeiter stand, »was ihn antreibt« – und so drang die strategische Grundidee bis in die feinsten Kapillare der vereinigten Genossenschaftsbanken vor.

Die Umsetzung der strategischen Vorgaben durch die Berliner Agentur Heimat ist nicht minder hochklassig. Der dokumentarische Stil, der weitgehende Verzicht auf ein Drehbuch und die scheinbar amateurhaft verwackelten Bilder erzeugten – oft versucht, selten erreicht – eine Atmosphäre der Authentizität. Während Marketing und Werbung ansonsten unter dem Generalverdacht der Lüge, Manipulation und Täuschung stehen, gelingt es der Kampagne und dem zentralen Spot mit Dettmar Cramer, glaubhaft zu sein – und damit, Vertrauen zu schaffen. Wenn Dettmar Cramer sagt, er habe die »Veränderung« zu seinem »Wesen« gemacht, dann trifft er ins Mark unserer Zeit. Er bestätigt sozusagen, was Peter Sloterdijk in seinem letzten Meisterwerk *Du mußt dein Leben ändern* anthropologisch feststellt: »Wer Menschen sucht, wird Akrobaten finden.«[1]

Kommen wir zum bastelnden Konsumenten. Die Frage »Was ist dein Antrieb?« war eine Aufforderung zum Tanz. In Scharen antworteten die Kunden. Einige dieser Antriebe kennen Sie ja schon. In den Werbespots der Volks- und Raiffeisenbanken und auf YouTube kann man sich viele der Statements ansehen. Es gab »konforme« Antworten, aber auch sehr unübliche. Zum Beispiel die von Marcel: »Was mich antreibt: HIV!« Er benutzt die Frage, um eine nicht vorgesehene, aber sinnvolle und völlig legitime Antwort zu geben. Er möchte über seine Erkrankung wirkungsvoll Auskunft geben und zur Aufklärung beitragen. Auf die Frage »Wie weit willst du gehen«, lautet seine Antwort sozusagen: so weit wie möglich, jedenfalls noch viel weiter.

Der Bastler praktiziert eine »Kunst des Handelns« (Michel de Certeau), die sich das, was sie vorfindet, aneignet und für ihre eige-

Dettmar Cramer hat etwas, das ihn antreibt...

zur Kampagne der Volks- und Raiffeisenbanken: was-uns-antreibt.de

Photo: Stephan Venus

nen Zwecke ummodelliert. Oder mit den Worten Stephen Browns: »Manche Kunden eignen sich das Produkt an und führen es dann Verwendungen zu, die man [...] so nicht vorausgesehen hat.«[2] Der Bastler betreibt eine Praxis des »Umfunktionierens«[3], macht etwas, das buchstäblich nicht im Sinne des Erfinders ist. Der Bastler übt gegenwärtig die subtile Kunst von »Mietern«[4] aus, allerdings ohne Mietvertrag. Bastler wohnen in besetzten Häusern, sie gehen anarchistisch mit den herumliegenden, sich auftürmenden Marketingmaterialien um. Es kommt etwas heraus, was den ursprünglichen Absichten widerspricht und sie durchkreuzt oder auch gar nichts mehr damit gemein hat und in keinerlei Beziehung zu ihnen steht. Basteln heißt, die Kommunikationen, aus denen Marketing besteht, auseinanderzunehmen und wieder zusammenzusetzen. Ein Remix der Botschaften – bis sie unkenntlich werden und sich in andere Botschaften verwandeln, die im Original nicht angelegt waren (oder doch?). Ein Spiel, dessen Regeln sich der Empfänger-Konsument widersetzt und kurzerhand eigene formuliert. Unkontrollierbar und mit unvorhersehbarem Ausgang. Konsumenten sind »verkannte Produzenten, Dichter ihrer eigenen Angelegenheiten, und stillschweigende Erfinder eigener Wege durch den Dschungel der funktionalistischen Rationalität«[5].

Wenn man akzeptiert, dass Konsumenten nicht nur Empfänger von Marketingbotschaften und -imperativen sind, sondern selbst aktiv eingreifen, dann verändert sich die Architektur von Konsum und Marketing. Der Stratege und der Verführer können keineswegs unbehelligt vermarkten. Sie müssen vielmehr mit einem unberechenbaren und unkontrollierbaren Dritten rechnen. Marketing heute ist ein Spiel mit einem Akteur, der nicht zu bändigen ist. Und das heißt: Die Zeiten miefiger Manipulation sind ein für alle Mal vorbei. Strategen und Verführer sind keine Täter, Konsumenten keine Opfer. Wer vermarktet, orientiert sich heute an den Formeln »Einbeziehen, nicht manipulieren« und »Unterstützen statt kontrollieren«. Denn wer den Kunden neppen, schleppen, bauernfangen möchte, bescheißt sich letztendlich selbst. Das Marketing von morgen muss sich darauf einstellen, am besten schon heute.

Nach den großen Erzählungen

Der französische Philosoph Jean-François Lyotard hat 1979 in seinem Essay *Das postmoderne Wissen* das Ende der großen Erzählungen verkündet.[6] Die Meistererzählungen der Moderne haben ihre Deutungskraft in der Postmoderne weitgehend eingebüßt. Das ist im Marketing nicht anders. Vormals eherne Grenzen, vor allem die zwischen dem Marketing auf der einen und den Konsumenten auf der anderen Seite, haben sich buchstäblich in Luft aufgelöst. Wir alle sind Strategen, Verführer *und* Bastler. Wir alle nehmen verschiedene Rollen an, je nach Kontext, Situation und Zweck.

Die großen Erzählungen des Marketings der Moderne, von den vier Ps des klassischen Marketingmixes – wir kommen später noch darauf – über den *Verkaufstrichter*, den *Sales Funnell*, bis hin zur *Kundenorientierung* als Erfolgsfaktor Nummer eins haben heute ihren Status eingebüßt. Zu Recht, denn sie können nicht mehr erklären, wie, warum und worum sich die Marketingwelt dreht. Jene Erzählungen geistern zwar auch durch diesen Text, ignorieren kann man sie schließlich nicht. Aber heute ist die Lage auf den Märkten und im Marketing so aufgesplittert, dass alle Generalerklärungen scheitern müssen. Ich habe versucht, daraus die Konsequenzen zu ziehen. Sie werden keine große, sondern viele kleine Erzählungen kennenlernen. Wenn Sie so wollen, eine bunte Nummernrevue, die unterhalten soll, die Sie aber auch gerne als Werkzeugkasten nutzen können. Wer ein Buch schreibt, macht sich, bevor er beginnt, Gedanken über das Marketing und den Konsum seines Buchs: Er stellt sich die Zielgruppe vor. Ich bekenne, versagt zu haben. *Ausweitung der Konsumzone* ist »ein Buch für alle und keinen«, wie Friedrich Nietzsche über seinen Zarathustra gesagt hat. Es ist für alle interessant, die sich in dem genannten Reigen als Bastler verstehen, als Konsumenten sehen. Und das sind wir ja schließlich alle – irgendwie. Ein allerletztes Wort noch zu den Fachbegriffen. Die meisten Konzepte und Theorien, die berühmtesten Forscher und Marketer: Sie alle kommen aus den USA. Und deswegen ist die Sprache des Marketings Englisch. Ich habe versucht zu übersetzen, was möglich war, doch einige Ausdrücke sind nur verlustreich oder gar nicht zu übersetzen.

Schönheit, bitte! Danke!

Alle Kapitel von *Ausweitung der Konsumzone* bestehen aus zwei Aufzügen. Das erste Nummerngirl trägt ein Schild mit der Aufschrift *Wissen*, auf dem zweiten steht *Meinung*. Wenn man das überhaupt unterscheiden kann. Strategen und Verführer wissen und meinen etwas über Marketing, und dem Konsumenten geht es nicht anders.

Von mir, als »Fachmann« und »Experte« des Marketings, erwartet man gemeinhin eine Portion Wissen. Ich versuche auch gerne zu helfen. Aber auch ich habe Meinungen zu diesem und jenem. Ich sehe die Konsumzone nicht nur rational – wer könnte das schon –, sondern verhalte mich oft genug emotional. Wie jeder andere auch lehne ich so manche Marketingtrickserei ab. Und gehe vielen dieser Kniffe doch auf den Leim. Ich bekenne: Ich bin ein Gefangener des Marketings. Ich kenne alle Tricks und falle trotzdem auf alle rein (und damit bin ich schon auf mich selbst reingefallen, denn natürlich kenne ich bei weitem *nicht* alle Tricks). Insofern ich dem Marketing und der Konsumentenforschung[7] verfallen bin, bin ich aber auch ein Gefangener. Ich kann nicht verschweigen, dass ich eine gewisse Leidenschaft für meine Disziplin pflege. Und meine Leidenschaft, die bekanntlich Leiden schafft, gilt zuerst der Schönheit.

Zu den ganz großen Themen im Marketing der letzten Jahre gehört die *Corporate Social Responsibility* (CSR), die soziale Verantwortung der Unternehmen. Man kann sich über das Konzept der CSR – seine Ausbeutung durch PR-Strategen und seine Effektivität – streiten, was ich an dieser Stelle unterlasse. Ich möchte Sie vielmehr auf etwas hinweisen, was ich analog die *Marketing Aestetic Responsibility* nennen möchte. Viele Strategen wollen nur das eine: mehr verkaufen. Aber darüber vergessen viele ihre ästhetische Verpflichtung gegenüber der Welt »da draußen«. Wie mit der Gießkanne überziehen sie den gesamten öffentlichen Raum mit hässlicher, geschmackloser Außenwerbung und belästigen so jeden damit, ob er nun will oder nicht, ob er zur Zielgruppe gehört oder nicht.[8]

Der vielbeschworene *Other oriented value*[9], den immer mehr Kunden einfordern, sollte auch in ästhetischer Hinsicht in den Mittelpunkt rücken. Das Marketing hat auch Verantwortung gegenüber denjenigen, die es ansprechen will, und jenen, die kein direktes Ziel sind. Kurz gesagt: Marketing wäre schöner, wenn es schöner wäre. Sie werden dieses Thema auf den folgenden Seiten immer wieder finden. Ich spare mir deswegen an dieser Stelle weitere Ausführungen und mache Sie vorerst nur darauf aufmerksam, dass mir das Thema der ästhetischen Verantwortung sehr am Herzen liegt. Eleganz, Wohlklang, Schönheit, bitte! Danke!

In einer Nebenrolle wird Ihnen auf den folgenden Seiten immer wieder Mephisto begegnen, der große Stratege und Verführer, der, wenn es um die Wurst, in seinem Fall also die Seele geht, durch und durch bastelnder Konsument ist – und jeden Preis für das eine »Produkt« zu zahlen bereit.

Ich bin der Geist, der gerne konsumiert! Und das mit Recht;
denn alles, was geplant, designed, vermarktet wird, ist wert,
dass es über den Tresen geht; drum besser wär's,
dass mehr Schönes entstünde. So ist denn alles,
was ihr Aushecken, Betören, Spielen, kurz,
die Konsumzone nennt, mein eigentliches Element.

1

MITTENDRIN

oder

Eine wilde Revue, die das Marketing heute ins Visier nimmt – in den Hauptrollen: der Verführer, der Stratege und der Bastler, die mittendrin statt nur dabei sind und für erste Ausweitungen der Markenzone sorgen

Willkommen in der Marketingzone

Schauen Sie sich um. Ob Sie zu Hause sind, am Flughafen die Verspätung genießen und zum Durchblättern dieser Zeilen nutzen oder im Straßencafé in der Fußgängerzone mit einem Soya-Lite-Latte macchiato (oder welches Sprachmonstrum dort auch immer gebraut wird) die Flaneure und Fußgänger beobachten. Wo Sie auch sind, wohin Sie auch schauen: Marketing. Logos in allen Schattierungen. Reißerische, selten schöne, manchmal kluge, oft einfach unsäglich doofe Werbung. Produkte in bunten Verpackungen, Marken in öffentlichen Vitrinen oder in privaten Regalen. Mit Markenapplikationen geschmückte T-Shirts und Taschen. Die Welt ist eine einzige Marken-, Konsum- und Marketingzone.

Ein Tummelplatz nicht nur für die Strategen in den Marketingabteilungen und die Verführer in den Agenturen, sondern ein Spielplatz für alle. Wir sind mittendrin, nicht nur dabei. Und das nicht nur als Konsumenten, sondern auch als Produzenten des Marketings. Indem wir uns als Litfaßsäule schmücken, Geschichten über Marken weitererzählen oder auf Facebook den »Gefällt-mir-Button« für Kinderschokolade drücken. Manche verbinden auch das Angenehme mit dem Nützlichen, schmeißen Verkaufspartys für Amway, Tupper oder Pampered Chef und schöpfen so semiprofessionell Freund- und Bekanntschaften ab. Und immer mehr sogenannte *Affiliates* machen mit speziellen Werbe-Links auf Unternehmensseiten gute Geschäfte, sind moderne webbasierte »Heimarbeit-Vertriebspartner« für werbende Unternehmen. Hunderttausende sind bereit, die Konsumzone in ihr eigenes Leben hinein auszudehnen, ob real oder im Netz.

Aber erst noch mal zum Konsumenten. Konsument sind wir alle, ob wir wollen oder nicht. Und Konsum ist überall: Sogar wenn wir im Dom ein Lichtlein anzünden wollen, stecken wir eine Münze in den Opferstock. Konsum- und Lebenszone sind eins. Von A bis Z, von der Autofahrt bis zur Zahnwurzelbehandlung, vom Apfeltee bis zum Zirkusartisten. Alles Konsum. Wir, die Kunden, wissen das – und betrachten längst selbst alles durch diese Brille. Eine Brille, die auf Dauer schleichend unseren eigenen Status und die Ansprüche an die Leistungen verändert. Wir nehmen die Kunden*rolle* an. War man früher Student, Wähler, Hotelgast oder Patient, ist der Mensch heute zunehmend nur noch eins: Kunde. Und stellt immer mehr und anspruchsvollere Forderungen, besteht darauf, König zu sein, holt raus, was rauszuholen ist. Zu den Forderungen der Moderne wächst in den experimentelleren, spielerischen Gefilden der Postmoderne das Begehren nach *Spaß*, *Status* und *starken Gefühlen*[1].

Der Hunger nach Konsum kann heute in zunehmendem Maße nur durch »*Seelennahrung*«[2], durch seelsorgerische Begleitung von gerechten, ethisch sauberen Produkten gestillt werden. Der ökologisch nachhaltige Konsum von Waren übernimmt in einer als kalt empfundenen Welt des globalen Kapitalismus psychologische und pastorale Dienstleistungen, indem er »richtigen« Konsum ermöglicht oder vorspiegelt. Die Kunden bestehen zunehmend auf der Authentizität der Kommunikation, der Humanität und Ethik der Produktion, des Wirtschaftens und letztendlich auch des Marketings. Ein Faktor, der immer wichtiger wird. Eine Entwicklung, die von den modernen Massenmedien stark vorangetrieben wird. Überhaupt sind die Medien der vielleicht wichtigste Schauplatz des Geschehens. Eine Binsenwahrheit, überflüssig, sie zu erklären. So selbstverständlich, dass ich mich getrost und ohne weiteres einer Frage zuwenden kann, die man nicht so klar beantworten kann. Der einfachen und doch kniffligen Frage: Was ist Marketing?

Ein possierliches Tierchen: das Marketing

Jeder weiß, was Marketing ist. Implizit. Irgendwie. Ungefähr. Aber sobald man versucht, die Antwort in Worten zu formen, zerfällt sie einem auf der Zunge wie »modrige Pilze«, um es mit Hugo von Hofmannsthals berühmtem *Chandos-Brief* zu sagen. In Ökonomie, Wissenschaft und Alltagswelt wird man beinahe so viele Interpretationen wie Akteure finden. Das Marketing, ein possierliches Tierchen, das man nicht so leicht fängt …

Von der American Marketing Association, der größten wissenschaftlichen Vereinigung des Marketings überhaupt, stammt eine Definition, die quasi offiziellen Status hat und sehr wirkungsmächtig ist. Ich übersetze sie nicht. Man muss sie nicht verstehen, lassen Sie sich die Definition einfach auf der Zunge zergehen – es könnte allerdings etwas pilzig-modrig schmecken, seien Sie also gewarnt: »Marketing is the activity, set of institutions, and processes for creating, communicating, delivering, and exchanging offerings that have value for customers, clients, partners, and society at large.«[3]

Aktivitäten, Institutionen und Prozesse. Die machen was. Nämlich erschaffen, kommunizieren, (be)fördern und (aus)tauschen. Und zwar etwas, was »Wert« hat, nicht nur für die Kunden, sondern auch für die Partner und sogar für die ganze Gesellschaft. So viel ist klar: Es geht um mehr – um mehr als bloß Werbung oder die Servicequalität. Um ein ganzes strategisches Tableau, zahlreiche Komponenten mit vielen Akteuren und Tätigkeiten. Die Marketingzone – man fragt sich, ob sie überhaupt irgendwo endet.

Kommen wir von der höchsten Wissensinstitution des Marketings zum höchsten Geistlichen der Branche: Zu Papst Philip Kotler dem Ersten. Die Interpretation des Großmeisters und berühmtesten Marketingforschers ist nichts anderes als eine eminente Ausweitung der Marketingzone. Sie stammt von 1972, ist aber auch heute noch mehr als bloße Nostalgie und hat der Disziplin nachhaltig ihren Stempel aufgedrückt. Kotler wirft die bis dahin geltende Doktrin über den Haufen, Marketing betreffe im Kern bepreiste Transaktionen zwischen Unternehmen und Kunden, darüber hinaus allenfalls noch Verhältnisse zwischen Organisationen und Klienten (beispielsweise Parteien und Wähler). Oder anders gesagt: Ein Bäcker, der Brötchen verkaufen möchte, wird, wenn er feststellt, dass das andere ebenso tun, ein gutes Konzept dafür entwickeln, wie er seine eigenen Semmeln aus dem Angebot hervorhebt und verkauft. Kotler sagte nun aber, das sei viel zu eng gedacht. Marketing gibt es vielmehr in allen möglichen realen Situationen und Beziehungen. Marketing ist eine soziale Aktivität, die all unser Tun durchflutet. Es findet, so seine Definition, zwischen sozialen Einheiten statt, wobei die eine Einheit eine Reaktion von der anderen will.[4]

Wenn Ihre Tochter Sie gekonnt um den Finger wickelt, um durchzusetzen, mit ihren Freundinnen (aber sind Sie sich da so sicher?) ein Wochenende nach »Malle« fliegen zu dürfen, dann treibt sie genauso das Marketing wie die Fluggesellschaft, die verhindern möchte, dass Ihre Tochter und ihr Freund eine andere Fluglinie buchen. Wenn die Bundeswehr eine Attraktivitätskampagne startet, um neue Soldaten zu gewinnen, dann ist das Marketing. Und wenn Sie Ihren Lebenslauf tiefer-, pardon, höherlegen, um für Arbeitgeber attraktiver zu sein, dann haben wir schon wieder einen Fall von: Marketing!

Marketing ist also unser täglich Brot. Gewöhnlich. Aber manchmal eben auch spektakulär: Wenn eine skurrile Sportart namens Nordic Walking erfunden wird, um den Absatz von Skistöcken zu fördern; wenn Burger King uns mit einem Whopper belohnt, wenn wir auf Facebook ein paar »Freunden« die Freundschaft kündigen; wenn Ikea aus dem belanglosesten Möbel der Welt, dem schrottigen Regal Billy die Ikone des skandinavischen »Wohnst du noch oder lebst du schon«-Designs macht und wenn es der Milchschnitte gelingt, als gesunder Snack für die Extraportion Milch durchzugehen und mit Ökobiomehrkornprodukten zu konkurrieren statt mit fettreichen, ungesunden Schokoriegeln – das sind Sternstunden des Marketings!

Neben dem langweiligen Alltags- und dem spektakulären Spitzenmarketing gibt es noch mindestens ein drittes: das unerträgliche Marketing. Wenn uns der Trigema-Schimpanse weinerlich anfleht, doch deutsch zu kaufen; wenn uns demotivierte Servicemitarbeiter mit ihrer »Draußen-nur-Kännchen-Mentalität« das Leben vermiesen[5]; wenn Schurken-Marketer in hemmungslosester Manier Kinder in die Werbeschlacht schicken und wenn die Bildschirme mit Popups, unerträglichen Flash-Animationen und Werbehyperlinks überflutet werden – dann schämt man sich mitunter für den Marketer Mensch.

Neben der Normalzone, den Höhenzügen und den tiefsten Niederungen des Marketings gibt es natürlich Krisengebiete und Scharmützelzonen. Immer wieder machen Strategen die Erfahrung der Wirkungslosigkeit ihrer Instrumente, nämlich dann, wenn millionenschwere Budgets zu enttäuschenden Kundenerlebnissen und mickrigen finanziellen Ergebnissen führen. Immer öfter werden strategische Marketingtechniken und -ideen durchschaut und ›attac‹kiert. Konsumenten und Anti-Konsumenten greifen an. Aus diesen und anderen Gründen ist die Rede von der Krise schon seit langem aus der Welt des Marketings nicht mehr wegzudenken. Wissenschaftler beschwören Reformen, immer mehr CEOs und Controller fragen sich, ob sie Marketing überhaupt noch brauchen.[6]

Seither ist das nach Hegemonie strebende und zentralistisch agierende Breitwandmarketing auf dem Rückzug. Immer mehr Ideen drängen auf die Bühne. *Das* Marketing gibt es schon lange nicht mehr. Chris Anderson antwortete einflussreich auf die neue Gemengelage, als er vom *Long Tail*[7], vom langen Rattenschwanz der digitalen Produkte sprach – und damit indirekt auch von Marketingideen. Erreichen die großen Marketingerzählungen der Moderne die Konsumenten immer weniger, entzieht sich der Marketingkomplex immer mehr der Berechenbarkeit, dann muss man eben Nebenpfade, Sonderwege und unerschlossene Areale erkunden. Das sind mitunter Expeditionen in unwägbare Gebiete, ins Unterholz und in dichten Dschungel. Eine Portion Glück kann dabei nicht schaden. Marketing ist dann, auf die Spitze getrieben, die Methode, dieses Glück zu managen. Das macht Marketing heute so spannend.

Kunst, Wissenschaft und viele Wörter, die mit P beginnen

Die Lehrbuchdefinition der American Marketing Association, die große Ausweitung durch den Großmeister der Moderne und der Weg in die postmoderne Diversifikation – das sind drei grundlegende Interpretationen des Begriffs. Aber damit fängt der lange Rattenschwanz des possierlichen Tierchens erst an. Die Marketingzone wächst …

Und die Marketingzone unterhält engste diplomatische Beziehungen zu Wissenschaft und Kunst. Von der Wissenschaft bezieht das Marketing vor allem Antworten zur biologischen, psychologischen und kulturellen Prägung des Kunden. Von diesen Prägungen hängen die Bedürfnisse, Erwartungen, Entscheidungen der Konsumenten nämlich ab. Um ihm das Geld aus der Tasche ziehen zu können, muss das Marketing wissen, was der Mensch ist. Das ist natürlich eine Kunst für sich, und zur Kunst pflegt das Marketing in der Tat sehr intensive grenzüberschreitende Beziehungen. Profitiert das Marketing von der Kunst, spricht man gemeinhin von Kreativität. In immer schnelleren Zeiten mit immer kürzeren Zyklen traut man der Kunst am ehesten zu, mit dem Tempo der Zeit mitgehen und gleichzeitig einigermaßen stabile Formen liefern zu können, die nicht gestern schon ihr Haltbarkeitsdatum überschritten haben. Wer weiß, was die Kunst von heute ist, kann wissen, wie das Design und die Mode von morgen aussehen. Aber nicht nur der Stratege und der Verführer bauen ein Zukunftsbewusstsein auf; auch der Kunde entwickelt eine *Future Memory*.[8] Erlkönige bereiten Produkte von morgen vor, indem sie im Kopf des Konsumenten Andockstellen schaffen, die erst in der Zukunft zum Tragen kommen. Übrigens: In der US-Fernsehserie *24* spielte Dennis Haysbert den schwarzen Präsidenten David Palmer – acht Jahre später wurde mit Barack Obama tatsächlich ein Schwarzer Präsident.

Werbung und Design sowie die Marke im Ganzen können selbst Grenzgänger der Kunst sein.[9] Das Design von Braun und Leica, die Schaufenster von Hermès, berühmte Werbungen, wie beispielsweise für den VW Käfer – *think small* – oder von Apple – *think different* –, gehören zum kulturellen Kanon unserer Zeit. Viele Werbe-Exponate findet man heute in Museen. Schöne und erfolgreiche Strategien sind ganz große Kunst.

Aber Kunst und Marketing unterscheiden sich natürlich auch erheblich. Während die Kunst nur immer mehr Fragen aufwirft, ist es die Aufgabe des Marketings, Antworten zu geben, Imperative zu setzen, mit Ausrufezeichen zu operieren:

»Sei cool!«, »Verändere Dich!«, »Kauft ethisch, kauft verantwortungsbewusst, kauft lokal!«, »Buy smart!«, »Sei attraktiv«, »Lass dich nicht manipulieren« ….

Und die Unternehmen bieten die Produkte an, mit denen die Kunden die an sie gerichteten Imperative einlösen können. Cool ist, wer die richtige Automarke fährt, das richtige Smartphone benutzt und das richtige Logo auf seinen Klamotten zur Schau stellt. Auf der anderen Seite ergibt sich damit für die Anbieter ein Problem: Sie müssen selbst als cool gelten. Cool sein ist nicht schwer, als cool gelten dagegen sehr. Die Kunst ist dabei, die Zuschreibungen des eigenen Images geschickt zu lenken. Das ist die wirklich allergrößte Marketing-Kunst.

Letztlich lautet das Ziel aller Unternehmen: verkaufen. Und das Ziel allen Marketings: dem Verkaufen unter die Arme zu greifen.

Dafür werden Geschichten erzählt, Mythen gestrickt und Potemkinsche Dörfer gebaut. Die *Unique Selling Proposition* (USP), das besondere Kaufversprechen, wird definiert. Das Produkt und die Marke werden differenziert, unterschieden von allem, was sonst noch so kreucht und fleucht und verkauft werden soll. Und zum USP kommt der *Fit* – was nichts anderes heißt, als dass Produkt und Marke zum Kunden passen sollen, an seine Lebenswelt und seinen Lebensstil angepasst sind. Kundenorientierung heißt, dessen Wünsche und Erwartungen zu antizipieren und zu übertreffen. Daraus resultieren Zufriedenheit auf Kunden- und steigender Erfolg auf Anbieterseite.

So ist der Plan. Um ihn umzusetzen, steht dem Marketer ein prall gefüllter Werkzeugkasten zur Verfügung. Irgendwann einmal hat man zwölf[10] gezählt, dann auf vier[11] reduziert, bevor man sich auf den Marketingmix mit sieben Instrumenten geeinigt hat: Product, Place, Promotion, Price, People, Processes und Physical Evidence[12]. Nummer eins bis vier werden branchenüblich die vier Ps genannt, Nummer fünf bis sieben kamen hinzu, um den Sektor der immer wichtiger werdenden Dienstleistungen besser beschreiben und bewirtschaften zu können.

Die Formel Marketing = Verkaufsförderung wäre aber zu kurz gedacht. Dann würde Marketing nämlich überwiegend kurzfristige Prozesse und zeitnahe Ergebnisse betreffen. Würde man dann eine Gewinn-und-Verlust-Rechnung aufmachen und die Marketingkosten und Verkaufssteigerung gegeneinanderrechnen, käme man vielfach zu dem Ergebnis, man könne es auch gleich bleiben lassen. Ein berühmtes Zitat, das John Wanamaker, der als Vater der modernen Werbung gilt, zugeschrieben wird, lautet: »Die Hälfte des Geldes, das ich für Werbung ausgegeben habe, ist vergeudet. Das Problem ist nur, ich weiß nicht, welche Hälfte.«

Die Kosten fürs Marketing rentieren sich aber doch, auch indirekt. »Gutes« Marketing ist nämlich in starkem Maße eine Investition in den Wert des Unternehmens. Es werden langfristige Kundenbeziehungen aufgebaut und der sogenannte *Customer Equity*, der Kundenwert, angereichert. Marketing, das in Beziehungs-, Marken- und Leistungswerte investiert, führt zu Aufmerksamkeits- und Wahrnehmungssteigerungen, zu Kundengewinnung und -bindung, zur Maximierung des Lebenszeitwerts, des *Customer Lifetime Value*. Strategisch gesehen ist die Steigerung des Unternehmenswerts mittels Steigerung der Kundenwerte das wichtigere und anspruchsvollere Ziel.

Heute

Marketing ist eine Praxis im Hier und Jetzt, in der Gegenwart. Klar, die Ziele des Marketings liegen in der Zukunft und die zu Geschichte erstarrte Vergangenheit hat so manches hilfreiche Beispiel zu bieten, aber wer seine Hausaufgaben macht, muss seine, respektive unsere Zeit verstehen, am Puls der Zeit sein. Ob unsere Zeit »Flüchtige Moderne« (Zygmunt Bauman), »Hypermoderne« (Gilles Lipovetsky), »Zyklomoderne« (Volker Demuth), »Altermoderne« (Nicolas Bourriaud), »Multiple Moderne« (Shmuel Eisenstadt), »Reflexive Moderne« (Ulrich Beck), »Digimoderne« (Alan Kirby) – ich selbst habe sie einmal »moderne Moderne« und »Postpostmoderne« genannt[13] – heißt: Sie ist Konsum-, Risiko-, Versicherungs-, Normalisierungs-, Spaß-, Erlebnis- und Erfolgsgesellschaft oder »eine Traumgesellschaft« (Rolf Jensen) mit einer »Aufmerksamkeitsökonomie« (Georg Franck).

Drei Aspekte möchte ich unsystematisch herausheben, die besonderen Einfluss auf das Marketing (heute!) haben: das Flüchtige, das Digitale und die Jagd nach dem Kunden, dem unbekannten Wesen.

Unsere flüchtige Zeit wird dominiert vom Prinzip der Mode. Von regelmäßigen Updates, Innovationen, Veränderungen, vom Neuen als Prinzip.[14] In immer schnelleren Zeiten mit immer mehr unüberschaubaren Veränderungen sind klassische Marketingmittel, wie die Markt- oder Trendforschung, kaum mehr geeignet. Kaum sind die Daten ausgewertet, ist die Welt schon wieder eine andere. Und die klassischen Marketingkonzepte der Moderne funktionieren nicht im hyperventilierenden Heute. Wendige, schnelle, unbürokratische Taktiken werden immer wichtiger.

Andererseits muss das Flüchtige kompensiert werden. Immer nur Innovation, Veränderung und Rastlosigkeit führen auch zu Stress, Nervosität und Zerfaserung. In flüchtigen Zeiten braucht man das Gegengewicht der Stabilität. Odo Marquard hat diese Kompensation im Bild des Teddybären sehr schön eingefangen, mit dem er eine »eiserne Ration an Vertrautem«[15] meint. Waschmittelhersteller können also durchaus immer noch dollere Mega-Pearls anpreisen und so ihr Produkt updaten, aber Klementine, quasi die Teddybärin unter den Waschmittel-Anpreiserinnen, sorgte von 1966 bis 1984 für die Konstanz, das Wohlgefühl und die Markenbildung.

Zweitens ist der Mensch aus seiner analogen Haut aus- und in seine digitale Hülle eingestiegen. Nichts ist mehr, wie es einmal war. Design, Kommunikation und Daten – das alles hat sich rasant gewandelt. Die digitale Revolution hat binnen kürzester Zeit aus dem Nichts Big Player erzeugt, die unser aller Leben verändert haben: Apple-Apps, Bio-Tech, Cookies, Dooyoo, Ebay, Facebook, Google … das digitale ABC zeigt den dramatischen Wandel. Es geht vom Fernseher zum Internet, von der Gutenberg-Galaxie zum Kindle-Universum. Und das alles hat natürlich für das Marketing, zu dessen Hauptaufgaben es gehört, Botschaften zu verbreiten und Imperative zu setzen, ebenso revolutionäre Konsequenzen. Die Ökonomie wird grenzenlos. Informationen werden zum wertvollsten Rohstoff unserer Welt. Zu den spannendsten Informationsprodukten gehört ganz eindeutig die Marke. Eine bloße, reine, leere Information, in einem Logo symbolisiert, über die viele Güter ausgeschöpft werden, die also tatsächlich nichts anderes ist als die Ausweitung der Konsumzone …

Das Kernmedium unserer Zeit und damit unseres Marketings ist fraglos das Internet. Es hat eine *Second World* erschaffen, die das Marketing vor neue Herausforderungen und neuartige Probleme stellt. Im Netz ist kein »Frontalunterricht« möglich, Netzwerke sind keine Einbahnstraßen, sondern ein unendliches Gewimmel der

Stimmen und Kommunikation von jedem mit jedem. Die Zukunft gehört der I-Generation: Internet iPhone, iPad, iTunes, iCh. »Ich bestimme. Ich wähle das Programm.«[16]

Wer unter solchen Umständen Marketing machen will, eine Reaktion von einem anderen bekommen möchte, der muss sich auf diese neue Unübersichtlichkeit und mediale Diversifikation einstellen. Die Zeiten mit drei Fernsehprogrammen sind unwiederbringlich vorbei. Heute sind wir mental immer online, und das heißt erreichbar. Weswegen das Internet der Tummelplatz für neue Marketingideen und -konzepte ist: Onlineshopping, Suchmaschinenmarketing, Affiliates, Web-Communities …

Um den Menschen zu finden und ihn als Kunden zu gewinnen, muss das Marketing seine Kontexte, die ihn umgebende Kultur kennen und verstehen. Ging man vom Kunden als einem rationalen Wesen aus, ist er doch bis zu einem gewissen Grad (nach Jahrzehnten *Consumer Research*) immer noch geheimnisvoll. Er ist immer wieder dort, wo man ihn nicht erwartet, egal wie viele neue Wege man findet, um ihm auf die Spur zu kommen. Der letzte Schrei bei der Erforschung von Konsumenten ist das Neuromarketing mit seinen Gehirnscans, das sich auf die Suche nach dem *Buy-Button*[17] im Gehirn gemacht hat. Biologie und Psychologie sind die beiden Hauptwissenschaften, aus denen man den Konsumenten schon vorher zu umzingeln trachtete, und in den Neurowissenschaften finden sie zusammen.

Die anderen wichtigen Schauplätze des Geschehens, auf denen man den Konsumenten zu beobachten versucht, sind das Soziale und die Kultur. Er ist ein soziales Wesen, eingebettet in soziale Strukturen. Und nichts prägt den Menschen so, wie die Kultur, in die er hineinwächst. Während man den Menschen in den Neurowissenschaften für messbar hält, bleibt er in sozialer und kultureller Hinsicht ein Wesen, das man verstehen kann oder aber eben nicht. Messen oder verstehen, fragen Sie? Natürlich beides, obwohl oder gerade weil beide Methoden mehr Irrtümer als Wahrheiten produzieren. In der Konsumentenforschung gibt es aktuell einen deutlichen Trend hin zum Verstehen. Manager hingegen bestehen meist auf zählbaren Ergebnissen.

Drei Modelle, drei Rollen

Drei Modelle beziehungsweise Rollen des Marketings ziehen sich durch dieses Buch: Das Image-Modell mit dem Protagonisten namens Verführer. Das Daten-Modell, hinter dem die Strategen stecken. Und das Bricolage- oder Spiel-Modell, in dem der Konsument als Bastler auftritt.

Image-Modell: Verführerisches Marketing

Kunden wollen nicht nur befriedigt, sie wollen verführt werden. Mit schönen Produkten, elegantem Design, grandiosen Marken, merkwürdigen Geschichten. Die Ziele der Verführung: Aufmerksamkeit generieren, Attraktivität anreichern, ein positives und einzigartiges Image aufbauen, eine starke Marke erschaffen.

Marketing investiert also in den Aufbau von Einstellungen. Das Image ist das Resultat aller Aktivitäten einer Marke, eines Produktes, eines Unternehmens, so wie es der Kunde wahrnimmt und abspeichert. Das Image ist eine »Gestalt«. Es ist die Gesamtheit der Assoziationen und Geschichten, die Kunden mit dem Unternehmen verbinden. Je positiver, einzigartiger und relevanter das Image ist, desto stärker das Angebot, höher der Wert und durchschlagender der Erfolg.

Der Aufbau eines starken Images, das der Kunde als Marke wahrnimmt, hängt von Zuschreibungen des Kunden ab. Im Marketing nennt man sie *Beliefs* – Überzeugungen. Markenprodukte, die vorwiegend über solche Zuschreibungen wie beispielsweise »cool«, »innovativ« oder »freundlich« funktionieren, taugen zur Ausweitung der Markenzone, denn ihre abstrakten Attribute lassen sich relativ leicht auf weitere Produkte übertragen.[18] Markendächer werden so

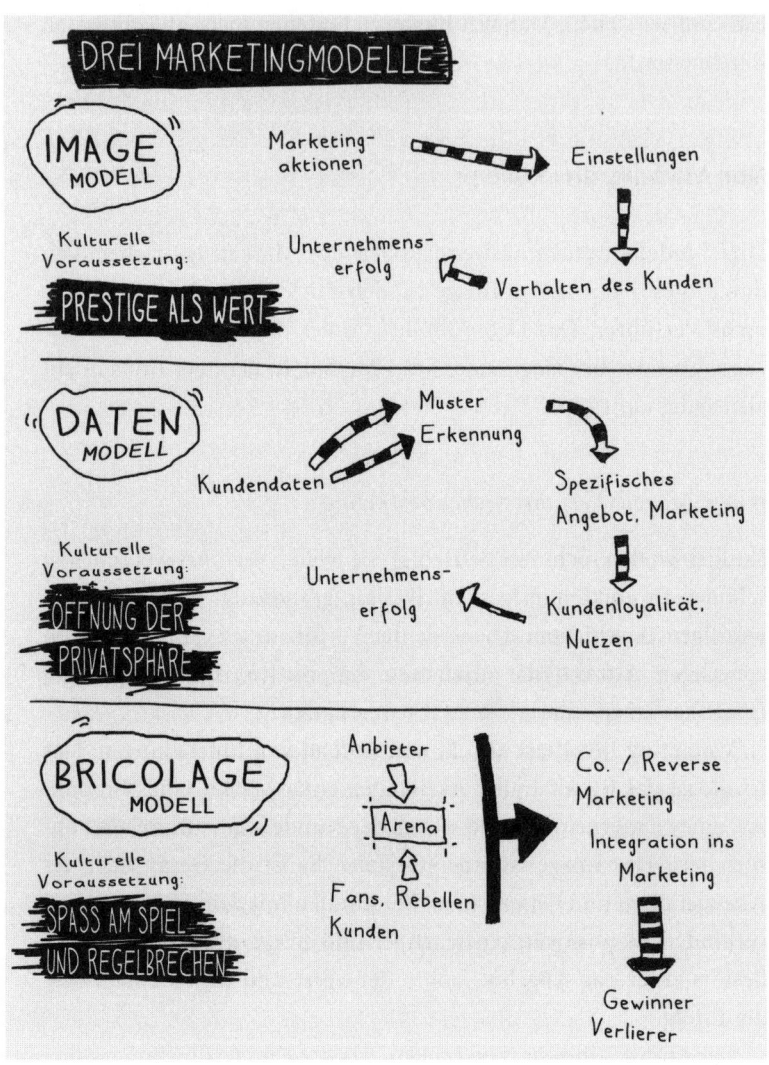

DREI MARKETINGMODELLE

IMAGE MODELL

Marketing- aktionen ➡ Einstellungen

Kulturelle Voraussetzung: Unternehmens- erfolg ⬅ Verhalten des Kunden

PRESTIGE ALS WERT

»DATEN MODELL«

Kundendaten ➡ Muster Erkennung ➡ Spezifisches Angebot, Marketing

Kulturelle Voraussetzung: Unternehmens- erfolg ⬅ Kundenloyalität, Nutzen

ÖFFNUNG DER PRIVATSPHÄRE

BRICOLAGE MODELL

Anbieter ⬇ Arena ⬆ Fans, Rebellen Kunden

Co. / Reverse Marketing Integration ins Marketing ⬇ Gewinner Verlierer

Kulturelle Voraussetzung: **SPASS AM SPIEL UND REGELBRECHEN**

immer größer, und mehr Produkte können unter das warme Ried der Marke schlüpfen und an den Attributen teilhaben. So hat Yamaha vom Motorrad bis zum Klavier, L'Oréal Kerastase vom Shampoo bis zum Nahrungsergänzungsmittel, Smith & Wesson vom Revolver bis zum Mountainbike die Markendachzone erweitert. Längst sind solche Dachmarkenkonzepte oder Markenerweiterungen an der Tagesordnung, weil sie sich als effizient erwiesen haben. Man bewirbt und vermarktet nicht mehr einen einzelnen Spross, sondern eine ganze Familie. Und für den Aufbau solcher Images, von Marken und dem Glauben an sie, ist die Abteilung Verführung zuständig, die kreativen Goldschürfer, die zumeist in loftigen Agenturen sitzen.

Daten-Modell: Strategisches Marketing

Marketing besteht zu einem beträchtlichen Teil aus grauen Zahlenkolonnen, aus der Sammlung und Interpretation von Daten über Kunden. Um bessere, erwartungskonformere, »passendere« Angebote zu schneidern und Kommunikation zielgenauer zu designen. Das Nonplusultra ist hierbei, dem Kunden ein erregendes Angebot zu präsentieren, von dem er gar nicht wusste, dass es existiert – und das er nun unbedingt braucht. Solche treffsicheren Empfehlungen gewinnt der Stratege aus persönlichen Kaufhistorien und ihrem Abgleich mit den Käufen Tausender anderer Kunden. So wird, um despektierlich zu formulieren, die Intelligenz des Kundenschwarms ausgeschöpft. *Collaborative filtering* nennt man diese Technik.[19]

Die Datenmengen erreichen die Strategiehauptquartiere von allen Seiten und über zahllose Kanäle. Vom klassischen Interview der Markt-, Meinungs- und Motivforschung bis zum still und heimlich gesetzten Cookie reicht die Palette. Aus den Daten werden Muster erkannt, Profile aufgebaut und dann profilspezifische Konsequenzen für das Marketing abgeleitet. Und es werden Zielgruppen definiert, die man nun meint, zielgenau ansprechen zu können. Kein Massen-, sondern Gruppen- oder Individualmarketing.

Bricolage-Modell: Wir basteln!

In beiden vorgenannten Modellen haben die Anbieter die Macht in der Hand. Sie allein sind aktiv und prägen, ohne Einmischung lästiger Dritter, das Geschehen. Aber der Wind hat sich gedreht. Marketing heute ist alles, nur keine Einbahnstraße, und der Kunde höchstpersönlich spielt eine immer zentralere Rolle. Es kommt zum offenen Schlagabtausch und zum Spiel. Manchmal zum Miteinander, wenn Kunden nämlich in Prozesse eingebunden werden (Weiterempfehlung, direkter Vertrieb, Co-Produktion, Co-Innovation). Manchmal gegeneinander. Wenn Kunden aufbegehren. Wenn die Boykott-Rufe erschallen. Oder wenn der Spieß umgedreht und der Anbieter zum Ziel wird. In der postmodernen Marketing-Interpretation ist die strikte Trennung zwischen Konsum und Produktion aufgehoben. Marketing wird als Spiel zwischen nicht gleichberechtigten, aber allesamt teilnahmeberechtigten Spielern verstanden. Spiele sind keine Schlachten oder Kämpfe. Wer spielt, will Spaß, will gewinnen. Und ist auf der Suche nach dem besten Zug. Im Zeitalter des Spiels ist Marketing nichts Verwerfliches. Spielen heißt, ohne Gewalt zum Ziel kommen zu wollen. Längst verstehen auch die Kunden die Spielregeln. Sie wissen, wie man sich auf dem Parkett der Konsumzone bewegt, und kennen den eigenen Wert. Und nutzen ihrerseits die Mittel der Verführung und die Daten, um selbst zu »gewinnen« – und sei es nur besseren Service.

Dreierlei Apfel: verführerisch, strategisch, spielerisch

Ich bin der Geist, der in den sauren Apfel beißt!
Und das mit Recht; denn obwohl alles, was entsteht,
zugrunde geht, wär's nicht besser, dass nichts entstünde.
So ist denn alles, was ihr iPhone, iPod, den Mac
und iTunes nennt, mein eigentliches Element.

Ich bin kein Freund von Massenware – und doch Kunde von Apple. Mein Computer ist von Apple, meine Laptops, mein Telefon, mein Tablet. Meine Präsentationen erstelle ich auf Keynote, mein Browser heißt Safari, Bücher kaufe ich immer häufiger von iBook, die Software im App Store. Und gerade weil ich Kunde bin, kann ich kein Fan sein ...

Ich meine nicht nur die üblichen Verdächtigen – mangelhaften Service und überteuerte Preise –, sondern etwas viel Grundsätzlicheres. Apple stirbt. Die große Zeit ist vorbei. Unwiederbringlich. Apple wird zunehmend »uncool«, egal wie oft die Marke als coolste unserer Zeit oder aller Zeiten gefeiert wird:[20] »Was jeder hat, taugt nicht mehr zum Statussymbol«.[21] Schrullig, skurril und sympathisch – das war einmal. Das Versprechen der Exklusivität, das Apple nicht zuletzt so verführerisch machte, wird nicht mehr eingelöst: Täglich gehen beinahe eine Viertelmillion iPhones und iPads über den Tresen. Und der Coolness-Faktor in den Keller, wenn man nur einen Blick, sagen wir, in eine Lufthansa-Lounge wagt und sieht, wer dort den Apple nutzt. Der clevere, junge Typ in Jeans und Shirt, der im Chor mit dem älteren, bebrillten Bauchträger im zu großen Anzug bekennt: »I am a mac«.[22] Wo ist er geblieben? Wo finden wir ihn noch?

Rufen wir uns noch mal die großen Pluspunkte von Apple ins Gedächtnis: das von Leica[23] und Braun abgekupferte Design (aus der Zeit, als Leica und Braun noch Synonyme für Design waren), die bestechend einfache Bedienung und die vorbildlich umgesetzte Verknüpfung aller Produkte zu einem System. Zweifelsohne: Apple hat nicht nur attraktive, sondern auch verführerische

Produkte und Systeme. Fürs ganze Leben, die Arbeit (iWork) und das Private (iLife).

Und Apple verführt nicht nur: Sie spielen auch. Sie machen es der Konkurrenz damit schwer. Niemand anderes ist befugt, die Standards zu setzen. Wir erwarten das von Apple. Und diese Erwartungshaltung hat das Unternehmen selbst geschaffen. Indem es uns schon lange am Marketingspiel beteiligt. Unzählige Webseiten gibt es, die den Kult um die Marke anheizen. Die eingeschworene Gemeinschaft der Apfel-Pilger macht gerne für Big Apple Werbung, klebt sich das Logo auf die Windschutzscheibe, missioniert den gesamten Freundeskreis, geht mit den Produkten gut sichtbar hausieren ... Apple hat das spielerische Marketing durch Kunden sehr früh und sehr intensiv genutzt, um an die Spitze zu gelangen.

Steve Jobs, Superheld der digitalen Welt und Chef-Stratege, ist Herr über ein Maximum an Daten. Als er die zweite Generation des iPad präsentierte, war seine erste Botschaft an die Gemeinde: »In den drei digitalen Stores (iTunes, App Store und iBooks) gibt es mehr als 200 Millionen Accounts mit Kreditkartendaten«.[24] Überflüssig zu erwähnen, dass dies bestimmt nicht die einzigen Daten sind, die dem Konzern zur Verfügung stehen. Und die werden, deswegen sind sie ja so kostbar, genutzt, um Angebote maßzuschneidern und zu empfehlen – vor allem in den genannten drei Stores, die nicht nur auf Datensammlungen basieren, sondern zu ihnen beitragen, etwa durch Empfehlungen wie bei Amazon, Datensammlung wie bei Google oder ein Freundschaftsdatenverknüpfungstool wie bei Facebook.

Apple hat gerade auch deswegen Erfolg, weil es eigentlich alles falsch macht. *Fail better* könnte man diese Methode nennen, die das Kernprinzip des Marketings missachtet: die Kundenorientierung. Apple sucht nicht den »Fit« mit dem Kunden, sondern setzt auf »Sexyness«. Mit anderen Worten: Apple folgt nicht dem Kunden – der soll gefälligst dem Unternehmen folgen. Und wir lassen uns ein auf dieses Spiel. Aber es ist keine gewagte Prognose,

dass sich der Wind auch mal dreht. Das Experiment Apple-TV ist beispiels-
weise gründlich danebengegangen. Noch fallen solche Fehlschläge nicht ins
Gewicht, aber die Häufung von Fällen könnte ein deutliches Zeichen sein.
Bisher hatte Apple mit den meisten Experimenten Glück. Sogar, dass der
Microsoft MP3-Player Zune schöner war als der hässliche iPod nano und das
Windows Phone 7 eine elegantere Benutzeroberfläche als das iPhone hat –
bisher prallte alles an der sagenhaften Erfolgsstory ab. Aber es drängen
gerade jetzt kleine, noch junge Anbieter nach oben, die »coolere« und »ex-
klusivere« Produkte in den Markt bringen. Apple ist schon längst kein Jäger
mehr, sondern Gejagter.

Irgendwann ist es vorbei mit aller Herrlichkeit. Alles, was entsteht, ist
wert, dass es zugrunde geht ... Dann übernehmen andere. Das ist der Gang
der Geschichte. Von den Unternehmen, die die Ökonomie im Jahr 2020 dominieren werden, sind knapp drei Viertel noch gar nicht »geboren«[25]. Nur ein
Viertel existiert heute schon. Ob Apple dabei ist?

2

SHOPPING

oder

Wieso Konsumenten ihre Kindheit träumen, weshalb man sich gut überlegen sollte, einen neuen Morgenmantel zu erwerben, und warum der Axe-Effekt auch ohne Geruchsfernsehen funktioniert

Schöner Shoppen

»Geld erwerben erfordert Klugheit. Geld bewahren erfordert eine gewisse Weisheit, aber Geld schön auszugeben ist eine Kunst«, schrieb Berthold Auerbach um 1880. Wie wahr! Aber wie sieht diese Kunst heute aus?

Shoppen ist ein Ritual, für manche ein Hobby und sicher eine treibende Kraft des modernen Lebens. Shopping bietet die Möglichkeit, sich selbst zu erfinden und zu erkennen, sich zu belohnen und zu therapieren, zu sozialer Interaktion und Demonstration. Wer kauft, zeigt, dass er dazugehört. Dass er die Mechanismen unserer Aufmerksamkeitsökonomie, unserer konsumistischen Vitrinen-Gesellschaft verstanden hat und über die notwendigen Kompetenzen und Ressourcen verfügt. Konsumieren ist nicht nur Menschenrecht, sondern universelle Menschenpflicht.[1]

Rudy Giuliani, Bürgermeister von New York, forderte am 12. November 2001, kurz nach dem Angriff auf den westlichen Lebensstil: »Go to Restaurants! Go shopping!« Was nichts anderes heißen sollte als: »Konsumiert und haltet den Wirtschaftskreislauf am Laufen. Ohne ist die Freiheit bedroht.«

Beim Shopping geht es nicht nur um die Versorgung mit dem Notwendigen, um »ökonomische« und »effiziente« Einkäufe. Viel interessanter ist es, aus purer Lust heraus individuelle Wünsche zu befriedigen. Es ist insofern extravagant, als es außerhalb der bloßen Notwendigkeit liegt.[2] Das Ziel heißt Genuss, nicht aber Wirtschaftlichkeit. Natürlich kann auch ein Versorgungskauf Spaß machen, das Jagen und Sammeln von Schnäppchen Lust bereiten. Vorbei sind die Zeiten, in denen der Konsum als anstößig galt. Einst kam der Konsum »von oben« und sickerte durch die Decke nach unten – salopp gesagt: Der Adel setzte einen Trend, die Massen folgten, soweit ihnen gegeben. Man spricht in diesem Fall vom *Trickle-down-Effekt*.[3] Heute entstehen neue Stile, Trends und Moden aber an den Graswurzeln des Konsumismus. Sie sind nicht mehr nur Angelegenheit einer wirtschaftlichen, einkommensbezogenen Elite, sondern des »Geschmacksbürgertums«[4], das sich auf den neuen Bühnen der Öffentlichkeit gewandt bewegt und dem Egalitären die Eleganz entgegensetzt.

Ressourcen des Konsums

Wenn von der Binnenkonjunktur oder -nachfrage gesprochen wird, dann ist die entscheidende Frage: Wie locker sitzt das Portemonnaie? Wie hoch ist die Umlaufgeschwindigkeit des Geldes? Und zwar nicht hinsichtlich des Konsums notwendiger Dinge, der naturgemäß weniger stark schwankt, sondern des Unnötigen. Da die meisten Haushalte mit knappen Budgets kalkulieren müssen, ist Kredit ein probates Mittel, um das Geld in Bewegung zu halten. Der Kredit ist also ein wichtiger Konsumverstärker, der mehr Konsum ermöglicht als eigentlich möglich.

Vom Fernseher bis zum Auto sind kreditbasierte Angebote auch Anreiz zum Markenwechsel, zur Loslösung von Gewohnheiten[5]. Man eist den Kunden mit günstigen Krediten, Null-Prozent-Finanzierungen und Ratenkäufen vom Konkurrenten, dem er lange treu war, los. Um den Kunden andererseits zu halten, ist die Kundenzufriedenheit das wichtigste Mittel. Auch sie ist ein Konsumverstärker. Loseisen hier, festhalten dort. Der Wettkampf um die Kundengunst ist auch ein Wettstreit um immer bessere Qualität zu vernünftigen Preisen. Er sorgt dafür, dass das allgemeine Zufriedenheitsniveau steigt – und damit die Lust am Geldausgeben insgesamt.[6]

Ebenso wichtig wie das monetäre ist in der Shoppingzone das kulturelle, symbolische Kapital. Neben den sogenannten operanden (Finanzen, Produkte, Status und dergleichen) sind auch die operanten Ressourcen entscheidend[7]: das Wissen und die Fähigkeiten des Kunden. Wir müssen die Grammatik der Mode, der Musik- und Medienkultur beherrschen, die wichtigen kulturellen Schemata verstehen, um Konsumsituationen zu meistern, um nicht überfahren, überfordert und manipuliert zu werden. Dass man dem konsumistischen Analphabetentum entwachsen ist, zeigt sich häufig am Einsatz von Ironie. Nur wer Abstand nehmen kann und seinen Begierden nicht distanzlos verfallen ist, kann aus Waren »Spielwaren« machen und dann souverän handeln.

Kulturelles Kapital ist heute eine Kernressource. Ganz in Prada, das kann jeder[8] – aber Prada Sport gekonnt mit Paul Smith und Pringle of Scotland zu kombinieren, das ist eine Kunst. Zu den zentralen Konsumkompetenzen gehört das Wissen um die Signalwirkung. Vielfach kann beispielsweise beobachtet werden, dass Konsumenten mit niedrigem sozialen Status schrille Signale bevorzugen, während in den oberen Rängen Dezenz Trumpf ist.[9]

Wofür man sein Budget ausgibt? Das iPad und die Designerhülle von Tods oder Dior – all das mag heute ein absolutes Must-have sein. Morgen ist es vielleicht der Schmuck aus Lavastein vom Vesuv oder das private Sponsoring eines jungen, vielversprechenden Künstlers.[10] Was man meint, haben zu müssen, wird vom Marketing der Unternehmen getrieben, aber auch von Mitkonsumenten, mit denen man mithalten oder von denen man sich unterscheiden möchte. Daraus ergeben sich zwei gegenläufige Strategien: Erstens der Bandwagon- oder Mitläufer-Effekt – man kauft ein Produkt, weil andere es auch kaufen –, zweitens der Snob-Effekt – man kauft nicht, wenn andere kaufen, und kauft, wenn andere nicht kaufen (können), um sich abzugrenzen.[11] Die Ausweitung der Konsumzone ist nur möglich, wenn die notwendigen Ressourcen auf Kundenseite vorhanden sind, und zwar sowohl die monetären als auch die kulturellen. Auf Basis seiner Ressourcen nimmt der Konsument verschiedene Rollen ein, mit denen er die Konsumzone bespielt: der Flaneur, der *Trysumer*, der *Experience Seeker*, der Geschichtenerzähler und so weiter.

Der Konsument als Flaneur

In seinem Werk über die Pariser Passagen des späten 19. Jahrhunderts, »glasgedeckte, marmorgetäfelte Gänge durch ganze Häusermassen«[12], hat Walter Benjamin das Phänomen des Flanierens zuerst beschrieben. Im Labyrinth der Passagen verliert sich der Mensch und wird zum Flaneur, der ziellos durch das System der Gänge schlendert und sich durch das Meer der Reize treiben lässt. In den betonierten Fußgängerzonen, diesen Erlebniswüsten mit ihren pünktlich hochgeklappten Bürgersteigen, die wir heute oftmals ertragen müssen, ist das nicht einfach.[13] Flanieren ist mehr denn je eine Kunst. Dabei ist In-Bewegung-Bleiben die erste Kernaktivität des Flaneurs. Wer nicht promeniert, kommt nicht zu den Produkten, die er kaufen soll.

Der Flaneur erforscht die Konsumzone mit viel Zeit. Er ist nicht in Eile, hat kein Ziel und will nichts Bestimmtes. Er ist ein Spurenleser, manchmal auch ein Spurenleger[14], er findet, ohne gesucht zu haben. Er überlässt sich dem Zufall, geht mal rechts, mal links, lässt sich von Wellen treiben, die nur er spüren kann. Für ihn, mehr als für jeden anderen, ist der Weg das Ziel.

Das dazugehörige Marketing erzeugt Stimmungen, schafft Atmosphären, begünstigt Gefühlslagen. Es spricht Einladungen zum Bummeln aus. Und es macht Sinn- und Lektüreangebote, da der Flaneur ein Entzifferer und Leser kultureller Codes ist. Der Gang durch Supermärkte, Vergnügungsparks, Krankenhäuser, Einkaufszentren, Fußgängerzonen und das World Wide Web ist immer eine Art Lektüre. Konsumenten »lesen«, wie sich Anbieter und Mitkonsumenten kleiden, verhalten und darstellen. Sie lesen die Auslagen, Reklameschilder und Schaufenster, die Botschaften, Stimmungen und Atmosphären der Verkaufszonen. Sie entziffern und verstehen, mit anderen Worten, das Reizklima, in dem sie sich befinden. Zur Erzeugung solcher Stimmungsräume sind Architektur und Interface-Design die Leitdisziplinen – sie richten die Zone ein und sind Bedingung der Möglichkeit von Stimmungen. Dabei darf dieses Reizklima weder zu stark reduziert sein – anderenfalls droht Mangelempfinden – noch reizüberflutet, denn dies führt zum Informationserschöpfungssyndrom.[15] Aus beidem resultiert Wohlbefindens- und Energieverlust[16] sowie Konsummüdigkeit.

Ein wohltemperiertes Klima dagegen führt zu positiven Emotionen. Stimmungsmarketing[17] meint also letztlich die Erzeugung von gutem Wetter. Der positive Zusammenhang zwischen Sonne, Stimmung und Sales ist wissenschaftlich untersucht und nachgewiesen worden, genauso wie die Tatsache, dass wir bei Sonnenschein mitunter bereit sind, höhere Preise zu bezahlen.[18] Aus Marketingsicht gilt also: »Lass die Sonne in dein Herz« – und wenn das nicht möglich ist, dann sorgen wir wenigstens für gute Beleuchtung und angenehme Temperaturen …

Der Konsument als Trysumer und Regalzonentourist

Heute gibt es mehr Produkte als gestern. Und morgen wird es mehr geben als heute. Information, Kommunikation und Werbung reichen da oft nicht mehr, um den Überblick zu behalten. Die sinnliche

Erfahrung eines Produkts kann dagegen sehr wohl Orientierung liefern, wie beispielsweise die Probefahrt mit dem neuen Wunschauto. Der Consumer wird zum Trysumer.

»Pröbchen oder Proben« sind in dieser Beziehung entscheidende Vokabeln. Sie generieren Neukunden in beträchtlicher Zahl. Pröbchen gibt es gratis in der Parfumerie, oder sie liegen Zeitschriften bei. Es gibt mittlerweile Agenturen, die sich ausschließlich auf die Versorgung von Konsumenten mit Gratisproben verlegt haben – inklusive des Rückmeldungsmanagements. So können Qualität und Kundenzufriedenheit optimiert werden. In Hotels sind Produktproben allgegenwärtig – von der Minibar (kostenlose Getränke) über das Badezimmer (Shampoo) bis hin zur Zeitschrift neben dem Bett. Hotels sind deswegen perfekte Probierzonen, weil die Gäste Zeit haben und auch gewillt sind, sie sich zu nehmen. Und sie merken nicht, dass sie Teil eines Produkttests sind, sondern schreiben die Probepäckchen und Gratisprodukte dem guten Service des Hotels gut. Der Hotelgast erfährt auf diese Weise ihm unbekannte Produkte sinnlich und am eigenen Leib, kann sich also selbst ein Urteil bilden. Der Nutzen der Unternehmen: Mit einem überzeugenden Produkt kann man schnell und vergleichsweise günstig neue Kunden akquirieren. Im »Key to Luxury«-Programm des Ritz-Carlton-Hotels kann man übrigens sogar einen Mercedes CLS 500 probefahren ...

Sogenannte *Try-out-Stores* gehen noch einen Schritt weiter: Sie simulieren gleich das komplette häusliche Umfeld, in dem der Konsument das Produkt verwenden würde. Da kann man im Whirlpool von Villeroy & Boch probebaden, nebenan die Waschmaschine probelaufen lassen, und in der Küche probekocht der Herd ...

So etwas ist natürlich ziemlich kostenintensiv, weswegen es auch derartige Vollsimulationen auf interaktiven Webseiten gibt. Interaktive Erfahrungen sind deutlich intensiver als herkömmliche Produktpräsentationen im Netz. Sie erschaffen lebhaftere mentale Bilder und heizen die Vorstellungskraft mitunter so auf, dass Missverständnisse entstehen, sogenannte »falsche Positive«. Die Schwierigkeit bei

Produkterfahrungen im Cyberspace ist also die Erzeugung von realistischen Eindrücken – oftmals entpuppt sich das Produkt als ganz und gar anders als das virtuelle Modell.[19]

Pröbchen hin, Pröbchen her … Irgendwann steht der Mensch vor den Regalen und muss sich entscheiden, für dieses eine Produkt und gegen jenes, für diese eine Marke und gegen jene. Eine Konsumzone, in der wir diese Entscheidungen tagtäglich treffen, ist der Supermarkt. Die Arena der Versorgungskäufe, in der alles ohne jeden Zufall seinen Platz im Regal hat.

Die Regalzone ist eine Kampfzone. Das Gerangel um die besten Plätze wird mit harten Bandagen geführt. Zwischen Bück-, Greif-, Sicht- und Reckzone geht es immer nur um das eine: die freie Sicht. Denn »ungesehen bleibt unverkauft«. Gut gesehen und wahrgenommen werden Produkte und Marken, wenn sie größere Areale der Regalflächen erobern, die sich in der richtigen Höhe befinden. Sie stehen dann im Zentrum der Aufmerksamkeit, haben mehr Sichtkontakte, aus denen höhere Absätze resultieren.

Die Ausweitung der Regalzone kann die Gewinnzone deutlich ausdehnen: Bis zu 40 Prozent, wenn der Regalplatz ausgeweitet wird, und bis zu 250 Prozent, wenn die Marke eine Zweitplatzierung im Laden bekommt, wenn sie also nicht nur im Regal wartet, sondern auch noch einmal woanders präsentiert wird.[20] Und wer es vertikal in die sogenannte Sichtzone schafft, erntet eine erheblich höhere Wahrnehmung (17 Prozent) und wird häufiger gekauft (20 Prozent). In horizontaler Ausrichtung ist die Regalmitte ideal (22 Prozent mehr Aufmerksamkeit und 17 Prozent Verkaufsplus).[21]

Bei so viel Raffinesse und logischem Kalkül hinsichtlich Einrichtung und Befüllung der Supermarktregale stellt sich natürlich die Frage: Wie widerstehen wir den Versuchungen, wie vermeiden wir ungeplante Affektkäufe? Käufe, über die wir uns schon zu ärgern beginnen, noch bevor wir zu Hause ankommen.

Hierzu einige Tipps eifriger Konsumforscher: Um ungeplante Einkäufe zu verhindern, sollten Sie sich vorher genau überlegen, was es denn sein soll. Machen Sie eine konkrete Einkaufsliste. Öf-

Ausweitung der Regalzone
Photo: Lyza Danger

ters einkaufen ist besser als ins Ungefähre hinein Vorräte anzulegen. Im Supermarkt sollten Sie nicht systematisch alle Gänge ablaufen, sondern die Reihen ansteuern, wo Sie die auf Ihrer Liste notierten Produkte finden. Machen Sie Tempo, denn wer in den Modus des ziellosen Flaneurs gerät, sieht hier noch mal was ... und da ... und dort ... Ach ja, und zahlen Sie mit Bargeld! Wer die Karte zückt, verliert das Gefühl für reale Summen.

Konkrete Vorgaben senken das Risiko ungeplanter Käufe um bis zu 60 Prozent, das Fokussieren auf die gelisteten Produkte bringt ungefähr 25 Prozent.[22] Das nutzt aber alles nichts, wenn Sie nicht wegsehen können. Ihr schlimmster Feind lauert nämlich überall: die Mitkonsumenten. *Positive Consumer Contagion*[23] heißt das Phänomen, das in allen Gängen der Supermärkte lauert: Konsumenten interessieren sich besonders für Produkte, die andere, insbesondere attraktive Kunden geprüft, gelesen oder berührt haben. Schauen Sie woandershin! Und noch ein letzter Hinweis: Gehen Sie alleine einkaufen. Es könnte sich lohnen! Warum? Weil Kunden, die mit Freunden einkaufen gehen, nicht selten die Neigung haben, das Markenprodukt zu nehmen, während sie sonst das No-Name-Produkt kaufen. Ein

41

Effekt, der auf das Konto von Reputation, Status und Freundschafts-marketing gehen dürfte.[24]

Der Konsument als Erfinder seines Selbst

Unsere Wohnungen, Autos, Gartenhäuser, Speicher, Keller und Ferienwohnungen sind Produktspeicher, Vitrinen für Konsumprodukte aller Art. Zwischen 750 und 6 000 Produkte lagert jeder von uns in seinen Speichern.[25] Die Künstlerin Gabriela Gründler hat in einem spannenden Projekt ihr gesamtes Eigentum dokumentiert, »Über 2 600 Dinge. Meine Dinge«[26]. Solch eine Komplettinventur ist natürlich nicht an einem Tag gemacht, aber die Chance auf einen reinigenden Prozess. Viel Überflüssiges findet man dann, Skurriles, aber auch Produkte, an denen Erinnerungen hängen. Und anhand einer Inventarliste kann man von außen natürlich versuchen, den Lebensstil eines Menschen zu verstehen, nach dem Motto: »Sag mir, was du konsumierst, und ich sage dir, wer du bist.«

Einige Produkte sind im wahrsten Sinne des Wortes bedeutungs-voll. Sie gehen nicht im »Konsum« auf, sondern sind Zeichen oder Erinnerungsanker. Nicht die Funktion, der Zweck und die instru-mentelle Erfüllung des Grundnutzens sind hier wichtig, sondern vielmehr die Tatsache, dass sie unser Wohlbefinden prägen. Sie signalisieren Status, repräsentieren unser Selbst und unsere Sozialisierung.[27]

Sind Produkte Statussymbol, dann werden die zur »Marke«, die Aussagen über den Kunden machen und ihn ins »Schaufenster« des Lebens stellen. Sie werden zu Requisiten unserer Biografie.[28] Diejenigen, die es sich leisten können, tauchen durch diese Produkte in unterschiedliche Lebenswelten ein und bespielen so verschiedene Lifestyles. Solche Produkte verhelfen zu verschiedenen Rollen und porträtieren den Kunden.

Andere Produkte sind Anker, Erinnerungstotems, die eine Verbindung zu einem »vergangenen« Erlebnis auslösen. Man bezeichnet sie als *Service Related Product* (SRP), als Dienstleistung also, denn nicht ihr Dingstatus zählt, sondern ihre Fähigkeit, flüchtige Erlebnisse haltbar zu machen. Sie leisten einen Dienst. Wir erinnern uns. Können uns der Nostalgie hingeben. Erfahrungen konservieren. Man sollte also vielleicht besser von *Experience Related Products* (ERP) sprechen.

Noch einmal andere Produkte sind dafür da, Freude, Glück, Spaß und Erfüllung zu liefern. Ihre Leistung ist der Genuss im Hier und Jetzt. Sie prägen uns mit ihrer Präsenz in der Gegenwart. Sie werden, wie Russell Belk verdeutlicht,[29] Teil unseres Selbst und unseres Selbstbewusstseins.

Axe ist eine 1983 in Frankreich eingeführte Marke, die erst durch die Aufladung durch eine Geschichte zu einem wertvollen Produkt des Selbst wurde: dem Axe-Effekt. Er hat nichts mit Pheromonen oder unwiderstehlichem Duft zu tun, sondern mit einem Versprechen. Mit dem Versprechen sexueller Attraktivität. Ob Axe wirklich diesen Effekt hat? Craig Roberts wollte es genau wissen:[30] Er zeigte ausgewählten Probandinnen 15-Sekunden-Videos. Zu sehen waren: Männer, die sich selbst beschreiben, zu riechen und zu hören gab es rein gar nichts. Anschließend gaben die Probandinnen Auskunft über die Attraktivität und Anziehung der Männer. Und siehe da, die Axe-Nutzer lagen vorne. Nicht in der Spraydose liegt das Geheimnis, sondern im Selbstbewusstsein der Sprayer. Axe machte sie selbstbewusster. Ihr Auftreten, ihre Körpersprache, selbst ihre Gestik waren beflügelt. Die Frauen spürten das und fokussierten sich auf die selbstbewussteren Axe-Nutzer. Man sieht: Markenattribute sind ins wahre Leben übertragbar – manchem wachsen sogar Flügel.[31]

Wenn Produkte mit Bedeutungen aufgeladen werden, die Erinnerungen ermöglichen und das Selbstbewusstsein pimpen, dann entwickeln sie einen Zusatznutzen, der den eigentlichen in den Schatten stellt. Und damit erhöht sich die Wahrscheinlichkeit, dass sie gekauft und wiedergekauft werden, dass sie ein saftiges Preispremium erzielen. Vor diesem Hintergrund wird klar, warum Unternehmen Marketing brauchen: Um Produkte mit Geschichten zu ummanteln, die das ermöglichen, was das Produkt alleine nie könnte. Wir wissen: Produkte werden nicht nur besessen, sondern vor allem erlebt. Eine Einsicht, die im Marketing zu großen Veränderungen geführt hat. Was auch immer Kunden tun, sie erleben etwas. Manche Erfahrungen sind jedoch herausragend. Sie werden figürlich vor dem Hintergrund alltäglicher Erfahrungen – sie werden zu merk-würdigen Erlebnissen. Und solche Erlebnisse versuchen Unternehmen zu kreieren. Bei einem Fallschirmsprung ist das keine große Kunst, aber am Geldausgabeautomaten? Sogar das geht! Eine amerikanische Bank »schenkte« ausgewählten Kunden bei der Abbuchung am Automaten einige (quasi zu viel ausgezahlte) Dollarnoten (die sie freilich am Schalter mit sinkenden Personalkosten wieder reinholte). Das motivierte die Kunden, es wieder zu probieren, das erzählten sie weiter, und schon gelang es, die Akzeptanz für automatisiertes Geldabheben aufzubauen.

Die Aufgabe des Marketings ist also klar: Erlebnisse bereitstellen und den Kunden so einbinden, dass er sich verändert, sein Denken und Fühlen hinsichtlich der Welt und die Konsumzone um sich herum transformiert.

Die Imperative des *Customer Experience Management* verändern das Marketing selbst: Es geht immer mehr darum zu managen, was und wie ein Kunde in einer bestimmten Situation erlebt. Alles kommt darauf an, dass diese Erfahrungen begeistern können und glücklich machen.

Aber: Unternehmen können nur die »Rohstoffe« (Produkte, Leistungen, auch mal die Werbung …) liefern. Gestalten, erleben und genießen muss der Kunde. Er wird so zum Co-Produzenten der Leistung, seiner *Customer Experience*.

Aber wessen Erfolg oder Misserfolg ist es nun? Der des Produzenten oder der des co-produzierenden Kunden? Aus der Attributionstheorie weiß man, dass die Kunden die Erfolge tendenziell sich selbst zuschreiben, Misserfolge hingegen auf das Konto des Anbieters oder Dienstleisters buchen. Unternehmen sind sich darüber im Klaren und suchen Wege, die Zurechnungen zu lenken.

Das gelingt meist nicht. So greifen die Marketer selbst gerne zu stereotypen »externen Attribuierungen«, um Pleiten, Pech und Pannen zu kaschieren. Wenn der Flieger wieder mal Verspätung hat, dann waren die Ursache dafür garantiert die Wetterbedingungen, überlastete Fluglotsen oder gar unpünktliche Fluggäste, ganz sicher sucht man den Fehler nicht bei sich selbst und den eigenen Abläufen.

Der Konsument als Träumer

»Remember the Magic« ist das Motto von Disneyland. Wann immer mein Sohn Bilder oder Videos mit Micky Maus sieht, erinnert er sich und will zurück ins magische Königreich, zu den Achterbahnen, Fahr- und Erlebnisgeschäften, Wasserkanälen und japanischen Restaurants.

Die Konsumentenforschung wandelt in dieser Hinsicht auf den Pfaden, die Sigmund Freud wegbar gemacht hat, wenn sie feststellt, dass Markenerlebnisse in frühester Kindheit prägend für spätere Konsumentscheidungen sind. Obwohl Kinder erst in einigen Jahren selbst zu erwachsenen Konsumenten in größerem Umfang werden, sind sie schon jetzt eine wichtige Zielgruppe. Sie werden sich nämlich einmal ... *erinnern*.

Wir novellieren unsere Erinnerungen permanent. Weil wir nicht wissen, wie es wirklich war, machen wir die Vergangenheit passend. So können wir eine kohärente Lebensgeschichte erzählen. Das autobiografische Gedächtnis, grundlegend für die Konstruktion des Selbst und des Ichs, ist trügerisch, um nicht zu sagen betrügerisch. Wir sorgen für veränderte Interpretationen unseres Ichs in unterschiedlichen Kontexten und Lebensaltern.

Das Spiel mit unseren Erinnerungen fällt unter den Begriff *Autobiographical Referencing*[32]. Typische Kindheitserinnerungen werden in Verbindung mit Produkten und Marken gebracht. Werbung ruft solche Kindheitserlebnisse auf, und wir »erinnern« uns an sie wie an eigene Erlebnisse. Sie verankert Erlebnisse in unseren Köpfen, die so nie stattgefunden haben, die wir aber doch erinnern können. Die von den Autoren befragten Probanden, die »autobiografische Werbung« gezeigt bekommen hatten, konnten sich jedenfalls an etwas erinnern, was sie auf keinen Fall erlebt hatten: Die »Versuchskaninchen« waren sich sicher, irgendwann in ihrer frühen Jugend in einem Disneyland Bugs Bunny die Hand geschüttelt zu haben, obwohl Disney Bugs Bunny überhaupt nicht im Portfolio hat. Falsche Erinnerungen mit realen Folgen …

Der Diderot-Effekt

Immerzu versuchen Unternehmen, passende Produkte anzubieten. Aber wie wäre es, den umgekehrten Weg einzuschlagen: Produkte anzubieten, die nun ganz und gar nicht zum Kunden passen wollen?

Nehmen wir an, Sie stehen vor einem Schaufenster. Irgendetwas verführt Sie dazu, den Laden zu betreten. Die angenehme Einkaufsatmosphäre und ein leckerer Espresso bewegen Sie zu bleiben, die sympathische Verkäuferin und ein anderer Kunde meinen, der Pulli stehe Ihnen vorzüglich und Sie müssten unbedingt zuschlagen. Sie können nicht Nein sagen. Ihr finanzielles Gewissen versucht noch, Ihnen reinzureden, aber Sie sagen sich, irgendwann müsse man sich doch mal belohnen. Zu Hause angekommen, sieht Ihre Neuerwerbung plötzlich ganz anders aus als im Laden, irgendwie seltsam, passt gar nicht zu Ihrem Stil. Die logische Konsequenz wäre: Sie geben das Teil zurück. Weit gefehlt. Die meisten Käufer behalten das teure Designerstück lieber, als es reumütig zurückzutragen. Vielmehr wird versucht, zu dem unpassenden Stück die passenden Ergänzungen zu kaufen, nach dem Motto: »Was nicht passt, wird passend gemacht!«. Forscher haben das *Aesthetic Incongruity Resolution* genannt, eine Art »Synchronisierungslösung für ästhetische Unvereinbarkeit«.[33] Es kann sich für Unternehmen also durchaus lohnen, den Kunden zum Stilbruch zu bewegen.

Wir haben es mit dem sogenannten »Diderot-Effekt«[34] zu tun: Denis Diderot, einer der Häuptlinge der französischen Aufklärung und Herausgeber der großen Enzyklopädie des 18. Jahrhunderts, verfasste 1772 einen kleinen, aber feinen Essay mit dem Titel *Gründe, meinem alten Hausrock nachzutrauern.*[35] Seinen »bequemen Wollfetzen« von einem Morgenmantel hat er gegen ein »scharlachrotes Luxuskleid« getauscht. Und stimmt die Klage darüber an: »Warum habe ich ihn nicht behalten? Er passte zu mir, ich passte zu ihm.« Der neue Rock hat dramatische Folgen: »Jetzt ist alles aus den Fugen. Die Übereinstimmung ist dahin, und mit ihr das richtige Maß, die Schönheit.« Diderots komplettes Interieur ist durch den scharlachroten Eindringling aus dem Gleichgewicht gebracht. Konsumenten – wie der kauzige Philosoph – entwickeln mit der Zeit homogene und harmonische Gesamtbilder des Konsums, die von völlig quer dazu stehenden Produkten empfindlich gestört werden können. Seine Reaktion? Ironisch berichtet er, wie er nach und nach seine ganze liebgewonnene Einrichtung ersetzt und an den neuen Morgenmantel angleicht.

Diderot war 59 Jahre alt, als er die Klage über seinen neuen Morgenmantel führte. Für einen Konsumenten ein biblisches Alter, denn mit 35 Jahren ist – wenn man den Werbern von Young & Rubicam glauben kann – eigentlich alles vorbei.[36] Die Offenheit gegenüber neuen Marken und Produktkategorien beginnt dann, gegen null zu tendieren, und ein Wechsel wird unwahrscheinlicher. Gerade in Deutschland, einem Land der Unsicherheitsverweigerer und Risikomeider, wie der *Uncertainty Avoidance Index* eindrucksvoll belegt.[37] Die Konsumtoten jenseits der 35 Jahre sind weitgehend innovationsresistent, haben *Fixed Tastes*, fixe Gewohnheiten, können nicht gut mit neuer Technologie umgehen und sind keine *Fashion Victims*. Sie vertrauen einem festen Markenrepertoire und sind nicht promiskuitiv. Trotz aller anschwellender Gesänge über die *Silver Ager* ist und bleibt Marketing ein Verjugendlichungs- und Jugendlichkeitsprogramm.

In the Mood for Love

Ändert sich das Leben, ändert sich auch der Konsum. Tritt etwas Unvorhersehbares ein oder wird das Leben instabil, dann kann die Stunde des Marketings schlagen. Es muss »nur« zur Stelle sein.

Und es gibt Marketing-Gelegenheiten, die so sicher kommen wie das Amen in der Kirche. Jedes Jahr wieder. Valentinstag, Weihnachten, Ostern, Karneval, Fasching, Oktoberfest, Silvester, Halloween und Thanksgiving. Es wird geschenkt, also wird gekauft. Und das bedeutet harte Arbeit, praktisch eine *Labor of Love*[38].

Wie der Versorgungs- und Erlebniskauf ist auch der Kauf von Weihnachtsgeschenken mal mehr nutzbringend ausgerichtet, mal mehr emotional geleitet. Manche suchen ein Geschenk aus einer Verpflichtung heraus, der Einkauf ist funktional und muss einfach nur erledigt werden. Andere schenken aus Liebe und Zuneigung. Solche Käufer setzen mehr ein: sowohl Zeit als auch Kleingeld, um ans Ziel zu kommen. Der Mehrwert ergibt sich bei ihnen auch aus dem Erlebnis: dem Entrinnen aus dem Alltag, dem Eintauchen in die Weihnachtsatmosphäre und dem Glück, wenn das perfekte Geschenk endlich gefunden ist.

Stimmung ist in der Vorweihnachtszeit alles. Deswegen heißt Weihnachtsmarketing, nicht auf bestimmte Zielgruppen zu setzen, sondern Situationen und Stimmungen zu schaffen. Während Zielgruppen und ihre Verhaltensmuster für das Marketing heute immer unberechenbarer werden, sind bestimmte Kontexte, Situationen und Atmosphären relativ einfach zu kalkulieren. Ein Mensch ist ein anderer, wenn er im Büro ist, den Wochenendeinkauf für die Familie »beim Aldi« erledigt oder aber mit Freunden im Biergarten die ersten Sonnenstrahlen des Jahres genießt. An diesen Stimmungen, Bedingungen und Zuständen setzt das sogenannte »Verfassungsmarketing«[39] an.

Das heißt: Ob Sie RTL2, N24 oder Sky anschalten, hängt mehr von Ihrer Verfassung ab als von Ihrer Persönlichkeit. Ein und derselbe Konsument steuert in ein und demselben Kontext unterschiedliche Produktbereiche an, und zwar je nach aktueller Stimmung.

Unternehmen gestalten also nicht nur Produkte und garnieren sie mit ein bisserl Werbung drumherum – sie sind vielmehr immer auf der Suche nach neuen Verfassungen für ihre Produkte. Nach dem perfekten Gefühlssetting, das oft wiederkehrt und immer wieder funktioniert …

Chromosomen-Shopping

Ich bin der Geist, der nicht mehr an den Storch glauben kann!
Und das mit Recht; denn alles, was prä- und postnatal passiert,
wird sowieso frisiert. So sind denn alle, die ihr Mia oder Leon nennt,
mein eigentliches Element.

Was will der schon wieder? Ich antworte mit einer Gegenfrage: Hätten Sie
lieber einen Jungen oder ein Mädchen? Das kann man sich heute schließlich
aussuchen. Der Biologe Ronald Ericsson hat in den Siebzigerjahren eine Methode zur Beeinflussung des Geschlechts von entstehenden Erdenbürgern
entwickelt. Die Spermien werden mittels einer Ultrazentrifuge in die unterschiedlich schweren X- (für Mädchen) und Y-Chromosomen (für Jungen)
getrennt. Ungefähr 50 Ericsson-Kliniken gibt es weltweit, die Wunschkinder
nach eigenen Angaben mit einer Erfolgswahrscheinlichkeit von 77 Prozent
produzieren.

Der Aufschrei der Empörung, insbesondere auf feministischer Seite, ließ
nicht lange auf sich warten. Die Methode öffne dem Massenmord an un-
geborenen Frauen Tür und Tor. Nicht nur werde das weibliche Geschlecht in
der Schule, im Berufsleben, in der Kultur benachteiligt, sondern nun auch
pränatal aussortiert. Die ehemalige Nonne Roberta Steinacker, Ericssons
größte Kritikerin, schrieb 1984, man müsse sich um die Zukunft Sorgen machen, schließlich bestehe eine globale Präferenz für Söhne.[40]

Steinacker hatte recht. In der Vergangenheit ist es so gewesen. Und auch
heute noch sind in weiten Teilen der Welt Söhne Pflicht. Aber die Präferenz
ist nicht mehr global. In führenden Wirtschaftsnationen und fortschrittli-
chen Demokratien hat sich das Blatt schon gewendet, und auch in vielen anderen Ländern ändern sich schlagartig die Verhältnisse. Mitunter muss man
sich heute schon um den Knabennachschub sorgen. Microsort – »Gender
Selection for Family Balancing and Genetic Disease Prevention« –, ein Unternehmen, das eine neuere Methode der Spermienselektion anbietet, soll eine

Quote von rund 75 Prozent Nachfrage für Mädchen haben.[41] Aber warum geht die Ära der erstgeborenen Söhne zu Ende? Geht die lange Regentschaft des Patriarchats gar schleichend in ein Matriarchat über? Vielleicht, denn weibliche Eigenschaften und Fähigkeiten sind in unserer Gesellschaft und Ökonomie oft wertvoller: soziale Intelligenz, offene Kommunikation, fokussierte Rationalität, Empathie sind, um es zurückhaltend zu formulieren, nicht vordringlich männlich. Zwar gibt es immer noch deutliche geschlechtsspezifische Lohngefälle[42], und noch sind die Vorstandsposten der Topunternehmen fast ausschließlich von Männern besetzt. Aber das ist das letzte Zucken eines untergehenden Zeitalters.

Pierre Bourdieu hat in *Junggesellenball*[43] die Dynamik der Geschlechter im Béarn beschrieben, seiner Heimat und übrigens auch jener der Sauce Béarnaise. Die Männer verharren im Erstgeburtsrecht und übernehmen die Höfe, die Frauen fliehen in die Städte, steigen in höhere Bildungsschichten auf, führen ein modernes, urbanes Leben und kehren nur zu Familienfeierlichkeiten und besonderen Festen zurück. Die »zurückgebliebenen« Männer sind für sie nicht mehr »heiratbar«. Die sozialen Strukturen und die traditionellen Vererbungsformen, die früher einmal von den Männern für die Männer eingerichtet worden sind, führen heute, in einer völlig veränderten Welt, dazu, dass die ländlichen Männererben abgehängt werden. Landflucht und Ehelosigkeit – das kommt Ihnen irgendwie bekannt vor? Richtig, in Deutschland hat die Marketing- und Aufmerksamkeitsmaschinerie von RTL diesem Heiratsmarkt mit *Bauer sucht Frau* neue ... äh ... Impulse gegeben.

Partner-Shopping ist heute ein riesiger Markt im Netz, ein ausdifferenzierter, reifer Markt: »Doctor-Dating«, »Mollyparadiese« oder die »lange Liebe« (für besonders groß Geratene) haben Konjunktur. Und selbst Stiftung Warentest hat sich des Themas »Partnervermittlungen und Singlebörsen« angenommen. Partner-Shopping mit allen Konsumentenrechten, Rückgabe und Garantieleistungen inklusive. Wenn sie dann zueinander gefunden haben, sollten Adam und Eva[44] eines jedoch tunlichst unterlassen: gemeinsam Einkaufen gehen. Für Frauen ist Shopping Lebenselixier, sie investieren viel Zeit und Energie, jagen hartnäckig nach perfekten Ergebnissen, während Männer die Sache schnell hinter sich bringen wollen, auf schnelle Erlösung zielen. Und wenn Sie die Herren zu ihrem Glück zwingen? Verehrte Damen, Sie vergessen, dass der Adrenalinspiegel Ihres Liebsten dann binnen Sekundenbruchteilen auf das Niveau eines Kampfpiloten im Einsatz steigt.

Ich gebe zu: Ich bin anders. Ich gehe gerne einkaufen. Freilich, ich kann lange Schlangen an der Kasse genauso wenig ertragen wie Verkäufer, die weniger wissen als ich.[45] Ich mag den Stress, das Geschubse und Gezerre, die beleidigende Jingle-Bells-Musik zu Weihnachten genauso wenig wie Supermärkte, die regelmäßig die Regale umkrempeln. Öko- und Bioläden, in denen es muffig stinkt, sind mir genauso ein Graus wie pseudostylishe Clubs und sogenannte Design-Hotels. Kinos, wo der Popcorn- und Colaabsatz wichtiger ist als der Film, bleibe ich genauso fern wie Verkäufern mit Motivkrawatten. Aber, von diesen Kleinigkeiten mal abgesehen: Ich gehe gerne einkaufen.

Ich kann Balmain von Balenciaga, Bond von Bourne und Bianchi von Bergamont unterscheiden. Ich mag französische Chansons, die Schaufenster von Hermès, spektakuläre Grandhotels, Essen ohne Gluten, aber mit Stoffservietten. Widerspricht das meinem Geschlecht? Bin ich kein Mann? Bin ich jetzt ein Metrosexueller? Ein »cultural and aesthetic man«?[46]

Ich weiß es nicht. Aber ich glaube, dass die Menschen sich immer mehr von ihrem biologischen Schicksal – XY- oder XX-Chromosomen – lösen und in ihrem Gender-Verständnis immer mehr von den Medien geprägt werden. Natürliche Gene alterieren unendlich langsam, die kulturellen Meme werden dagegen von schnellen Updates und Transformationen geformt. Von Vorbildern, Helden, Hollywood. Und so wird auch unser Bild der Männlichkeit geformt. Wen ziehen wir vor? Ich persönlich mag den etwas altmodischen Stil von Steve McQueen, verbunden mit der modernen Eleganz Jean Sarko-

zys, des jungen Nachwuchspolitikers und Sohn des französischen Staats-
präsidenten. Andere Exemplare des schwachen, männlichen Geschlechts
orientieren sich vielleicht an Daniel Craig, Daniel Brühl oder David Guetta.
Genau diese Rolle, nämlich Vorbild und Bedeutungslieferant für unser Selbst
zu sein, spielen auch Produkte. Konsumgüter sind »Transferobjekte«, wie der
Anthropologe Grant McCracken sagt.[47] Sie sind eine der wichtigsten Schnitt-
stellen zwischen der Kultur und dem Ich. Sie tragen Bedeutungen in sich,
durch die wir die Welt verstehen. Supermärkte, Warenhäuser und Onlineshops sind Transferinstitutionen, Sinnumschlagplätze, Informationsbörsen,
Testzentren nicht nur für Objekte, sondern für die mit ihnen transportierte
Kultur. Sie sind Behälter des Sinns. Wir shoppen Kultur. Wir entziffern sie,
transferieren sie in unsere Lebenswelt, verwenden und nutzen sie so oder
anders. Shopping ist Aneignung von Kultur. Und da können auch wir Männer – egal ob metro- oder retrosexuell[48] – uns nicht davonschleichen ...

3

KRITIK

oder

Ein wegen Überfüllung durch subliminale Botschaften bis auf weiteres geschlossenes Kapitel, in dem ein Neffe Sigmund Freuds Propaganda macht, Münchhausen sich am eigenen Zopf aus dem Sumpf zieht und Columbo einen Mörder zur Strecke bringt

Absolut subliminal

Um das Image des Marketings ist es nicht gut bestellt. Brainwashing, Hypnose und Manipulation, Neppen, Schleppen und Bauernfangen – so die landläufige Vorstellung von diesem Metier. Und so mancher Marketer handelt nach dem Sprichwort »Ist der Ruf erst ruiniert, lebt sich's gänzlich ungeniert« – und trägt damit dazu bei, die allgemein ablehnende Haltung gegenüber den Werbern zu härten und zu schmieden.

Zur Geschichte des schlechten Leumunds des Marketings gehören das Jahr 1956, der Werbeberater James Vicary und ein Kino in Fort Lee, New Jersey. Über sechs Wochen lang wurden zigtausend Kinogänger unfreiwillig Probanden eines Experiments. Ein »Projektor für unterschwellige Botschaften« blendete für ein Drittel einer Millisekunde – 0,00033 Sekunden – Werbebotschaften in einen Film ein, und zwar alle fünf Sekunden. Solch kurze Stimuli können wir bewusst nicht wahrnehmen, die Informationen werden aber trotzdem verarbeitet, die Botschaft erreicht uns »subliminal«, also unterschwellig. »Unsichtbare« Stimuli können den Menschen durchaus beeinflussen. Vicary blendete zwei Imperative ein: »Drink Coke« und »Eat Popcorn«. Der Popcorn-Umsatz soll dadurch um 57 Prozent, der von Coca-Cola um 18 Prozent gestiegen sein.

Kurz darauf, 1957, kam Vance Packards Superbestseller mit dem schönen Titel *Die geheimen Verführer* heraus.[1] Er berichtet über Vicarys Experiment, den »manipulierten Bürger« und den »Griff nach dem Unterbewussten in jedermann«. Unterschwellige Werbung, *Subliminal Advertising*, wurde in Windeseile zum Schreckgespenst der Konsumenten und der Öffentlichkeit. Die Angst ging um, das Unterbewusstsein sei zum Jagdrevier für gewissenlose Marketer geworden – und es gebe keinerlei Schonzeit. In einigen Ländern wurde unterschwellige Werbung per Gesetz verboten, das Thema entwickelte sich rund um den Globus zum beliebten Smalltalk-Thema. Nur einige Fachwissenschaftler und Marketer blieben skeptisch. Im kanadischen Fernsehen wurde unterschwellig die Aufforderung »Phone Now« sage und schreibe 352 Mal während einer beliebten Unterhaltungsshow gezeigt. Ohne jede Auswirkung. Die Lust, zum Hörer zu greifen, stieg nicht an.[2] Als Vicary immer stärker unter Druck geriet, gab er 1962 zu, dass es sein Experiment nie gegeben hat. Alles war getürkt. Eine Art Eigenmarketing für seine Marketingfirma, das allerdings voll nach hinten losging …

Als die Wahrheit ans Licht gekommen war, fing es aber erst an, richtig interessant zu werden. Denn längst war das Vicary-Experiment zum modernen Mythos geworden, der sich verselbstständigt hatte und nun ein intensives Eigenleben führte. Der Siegeszug des Subliminalitätsgerüchts um die Welt war nicht mehr zu stoppen.

Der russische Fernsehsender Avtorskiye Televisionniye Novosti (ATN) wurde im Jahr 2000 vom zuständigen Minister dichtgemacht, weil er immer wieder die Botschaft »Bleib sitzen und schau nur ATN« einblendete. MTV steht schon lange unter Verdacht, die zentrale Bühne subliminaler Bilder zu sein. Der kanadische Glücksspielgerätehersteller Konami Gambling ließ bei jedem Spieldurchlauf kurz das Symbol für den Jackpot-Gewinn aufblinken (angeblich ein Softwarefehler). Seinen spannendsten Auftritt hatte die unterschwellige Botschaft als Mordwerkzeug – nämlich in der Columbo-Folge *Ein gründlich motivierter Mord* (1973).[3]

Ignacio Ramonet hat in einer amüsanten Kampfschrift über »Die versteckten Botschaften der bewegten Bilder«[4] zahlreiche unterschwellige Botschaften aufgespürt, in Kriegsfilmen, Italo-Western und Werbespots. Die manipulative Macht der *Propagandes silencieuses*, wie er die geheimen Verführer nennt, reicht sogar bis zur Namensgebung von Krimiserien, wenn man Ramonet glauben darf: der Name Kojak sei vom Marketing diktiert worden, um die Marke Kodak weltweit bekannter zu machen.

So stellen sich viele Marketing vor – als eine Art Krieg gegen die ausgelieferte Kundschaft. Gekämpft wird mit versteckten Botschaften in allgegenwärtigen Medien – und die Opfer lassen sich wehrlos und unwissend überrumpeln. Eine Angstvorstellung, die natürlich auch von medien- und kulturkritischen Agitatoren gerne aufgenommen und bedient worden ist. Ein immer noch taugliches Argument in halbgebildeten Diskussionen über das Böse in den Medien und im Marketing. Dass Vicary vor einem halben Jahrhundert seinen Schwindel reumütig bekannte, blieb seltsam folgenlos, denn einen Mythos, der einmal in Fahrt gekommen ist, hält so schnell nichts auf.

Das Klischee der subliminalen Werbung ist übrigens in den letzten Jahren mehrfach grandios ironisiert worden. In einem Spot für Absolut Vodka – Story, Kulisse und Atmosphäre irgendwo zwischen Stummfilm und Film Noir, Frankenstein und Hitchcock – wird die Marke ein paar Mal unterschwellig, aber doch gut erkennbar eingeblendet. Am Ende erscheinen nicht Markenname und Produkt, sondern der Schriftzug:»Absolut subliminal«. In einem anderen Clip für Schweppes spielt John Cleese von *Monty Python's Flying Circus* die Hauptrolle. Er doziert, in seiner Paraderolle als sehr britischer Snob, über das Thema *Subliminal Advertising*, in seinem Rücken aber findet sie statt – und der Einzige, der davon nichts mitbekommt, ist selbstverständlich Cleese selbst.

Geheime Reichweiten

Aber irgendwie sind die Fantasien Vicarys doch nicht ohne reale Basis – das »unterschwellige Priming«[5] nämlich. Trotz der dubiosen Begleitumstände und der Lügenbarongeschichte um durch die Decke gehende Coke- und Popcorn-Umsätze: Vicary war ein Genie, einer der ultimativen Pioniere des Marketings. Seine erlogene These hat sich, wie es sich für eine echte Münchhauseniade gehört, am eigenen Zopf aus dem Sumpf gezogen.

Unter dem vielsagenden Titel *Beyond Vicary's fantasies* kam ein holländisches Forscherteam zu differenzierteren Ergebnissen[6]: Konsumenten sind durchaus in der Lage, Botschaften zu verarbeiten, die sie nicht bewusst wahrnehmen. Die unterschwellige Einblendung von Markensignalen kann die anschließende Markenwahl beeinflussen. Allerdings nur dann, wenn die Signale auf ein aktiviertes Bedürfnis treffen, wenn sie also offene Türen einrennen.

Dass Vicarys Fantasien dann irgendwie doch Realität geworden sind, ist für die Praxis der Werbung heute allerdings zweitrangig. Denn Werbung hat gar kein gesteigertes Bedürfnis, unerkannt zu bleiben, sie will vielmehr »nebenbei« wahrgenommen werden. Werbung funktioniert auffällig oft dann besonders gut, wenn sie über die Wahrnehmungsschwelle tritt, aber unter der Aufmerksamkeitsschwelle bleibt. Die ideale Werbung wird zwar gesehen, aber *ohne* dass man ihr die volle Aufmerksamkeit und Konzentration schenkt.

Unter deutschen Dächern: Der Fernseher läuft. Jemand bügelt, liest die Zeitung oder räumt auf. Dass Werbung in dieser Situation nicht wirkt, ist ein Trugschluss. Durch irgendwelche verborgenen Hintereingänge finden gerade in solchen Situationen Werbebotschaften besonders gut in unsere Gehirnwindungen. Die Schutzschilde sind unten, die Gegenwehr überschaubar. Hinterrücks werden so Einstellungen verändert und Handlungen ausgelöst.

Das Telefon klingelt, die Probandin dreht den Fernseher leise, redet mit ihrem Sohn, während im Hintergrund ein junges Mädchen genussvoll in ein Croissant mit »Schwartau extra Samt«-Marmelade beißt. Nach dem Telefonat geht die Mutter in die Küche und kommt mit einem Erdbeermarmeladencroissant wieder. Ob sie gerade die Werbung gesehen habe? »Nee, welche Werbung? Ich hatte Hunger. Und den Fernseher ja gar nicht im Blick!«

Das mag stimmen, aber das Fernsehen scheint eine »geheime Reichweite«[7] zu haben. Werbeinhalte werden unter dem Radar des Bewussten wahrgenommen – und damit nicht zuletzt der bewussten Werbekritik entzogen.

Werbepause? Nein, danke!

Das wichtigste Produkt des Marketings war und ist der 30-Sekunden-TV-Spot. Die Werbepause im Fernsehen. Aber dazu sagen immer mehr »Nein, danke!«. Die Kunden zappen weg, überspringen und umgehen Werbung mit Festplattenrekorder, Video-on-Demand oder IPTV. Weil das auch den Strategen nicht verborgen geblieben ist, schichten sie ihr Budget um: ins Reich des Digitalen, in Banner, Adwords und Apps. In manchen Ländern wird schon heute mehr fürs Internet ausgegeben als für die gute alte Fernsehwerbung.[8]

Aber trotz aller Nein-Danke-Stimmung und Internet-Euphorie, noch ist die TV-Werbung in puncto Markenbekanntheit, der sogenannten *Brand Awareness*, dem Erinnerungsvermögen an eine bestimmte Marke, dem *Recall*, und dem Wiedererkennungseffekt, der *Recognition*, ungeschlagen.[9] Aber sie muss ihr heutiges Problem, dass die Werbung das eigentliche Programm unterbricht und abgestellt werden kann, annehmen. Dafür ist nicht so sehr der einzelne Spot wichtig, sondern die Frage nach dem Kontext, nach dem »unterbrochenen« Programm.

In Großbritannien, wo man in dieser Hinsicht viel weiter ist als hierzulande, gibt es, insbesondere auf Channel 4, sogenannte narrative Werbung.[10] Sie passt sich an das Format an, das sie unterbricht. »Stört« sie eine Serie, dann liefert auch sie eine fortlaufende Story inklusive Weiterentwicklungen. Direkt benachbart sind die *Themed Ad Breaks*, ebenfalls ein serielles Konzept, in dem verklammerte Spots einer Marke eine Geschichte erzählen. Ein sehr ambitioniertes, noch weiter gehendes Beispiel: Der *Comedy Break*, wiederum bei Channel 4, den es erstmals Ostern 2010 in den Werbepausen einer Comedy-Gala gab. Der moderierende Comedian Jimmy Carr spielte in allen Spots der Werbepause mit oder wurde, sozusagen als Kommentator, eingeblendet.[11] Hier kam also nicht mehr die Werbung ins Programm (das ist ja auch teilweise verboten), sondern das Programm in die Werbung! Mit solchen Integrationen in die Kontexte gelingt es, den Großteil der Zuschauer vom Zappen abzuhalten. Ein noch einmal anderer Kontext können große gesellschaftliche Ereignisse sein. Das G8-Treffen, so viel war klar, würde intensive Proteste hervorbringen. Die Werber von TBWA drehten für Absolut Vodka den Spot »Absolut Protest«, in dem sie ausführten, wie eine Schlacht zwischen Polizisten und Demonstranten »in an absolut world« aussehen könnte. In der besten aller Welten … Eine Kissenschlacht mit Myriaden schwebender Daunenfedern, keine rohe Gewalt, sondern *Infinite Jest, Unendlicher Spaß*, um es mit David Foster Wallace zu sagen. Ein Spot mit reizstarken Bildern, der die Aufmerksamkeit fesselt und das Thema des unterbrochenen Programms aufnimmt.

Frei nach einem der bekanntesten Merksätze des Medienphilosophen Marshall McLuhan: »Der Inhalt eines Mediums ist immer ein anderes Medium«[12], kommt mindestens noch ein anderer Kontext von TV-Werbung in Betracht, der immer wichtiger wird: das Internet. Wer heute einen TV-Werbespot konzipiert und gestaltet, kalkuliert mit transmedialen Wechselwirkungen. Dan Zigmond von Google und Horst Stipp von NBC haben darauf aufmerksam gemacht, dass die produktbezogenen Internetaktivitäten kurz nach der Ausstrahlung von Fernsehspots zum Teil buchstäblich explodieren.

IN AN ABSOLUT WORLD

Sie haben nachverfolgt, inwieweit die Klickzahlen im World Wide Web stiegen, nachdem bei aufmerksamkeitsstarken Events Spots gezeigt wurden – während der Eröffnungsfeier der Spiele von Vancouver 2010 zum Nissan Leaf, bei jenen von Peking 2008 zum Chevy Volt. Sie schnellten in den ersten Augenblicken schlagartig um fantastische 1000 Prozent und mehr nach oben.[13] Zum Spot gehört also heute auch ein bestelltes Feld im Netz. Wer das ignoriert und nicht vorbereitet ist, muss damit rechnen, dass die Kunden sich anderem zuwenden.

Das Marketing in der Kritik

Von verschiedenster Seite gerät Marketing immer wieder ins Kreuzfeuer der Kritik. Hinterhältige, unredliche Formen der Werbung, die unterbewusst ansetzen und die unzugänglichen Regionen des Unterbewussten gemein manipulieren, werden gern an den Pranger gestellt. Doch die Kritiker, gleich welcher Richtung sie entstammen, verlieren bei ihrer teils in der Sache berechtigten Kritik zu oft den Kunden selbst aus dem Blick. So klingt aus der konservativen Ecke, die dazu neigt, historische Veränderungen zu ignorieren und mit veralteten Rezepten zu hantieren, das ewig gleiche Lied, dass alle notwendigen Informationen über Angebot und Nachfrage sich in effizienten Preisen wiederfinden und der Kunde rational entscheiden würde. Linke Aktivisten und Intellektuelle setzen dagegen Marketing oftmals gleich mit manipulativer Werbung, die von habgierigen Konzernen eingesetzt wird, um die elende Masse der degenerierten Konsumtrottel zu dressieren. Und sogar im Marketing selbst, von Vance Packard bis Juliet Schor, sitzt man noch allzuoft der Fantasie auf, die Konsumenten fielen auf jeden billigen Werbetrick herein und würden in jede Konsumfalle tappen.

Wie üblich liegt die Wahrheit irgendwo dazwischen. Weder sind wir immer und allezeit rational handelnde Individuen, die sich allein von der Logik leiten lassen, noch sind wir tumbe Konsumtrottel und wehrlose Opfer. Irgendwie sind wir relax – viel relaxter als die professionellen Kritiker – und verstehen Marketing im Wesentlichen als ein Spiel, in dem es um Interessen geht, nicht um Wahrheiten. Blumige Versprechen sind blumige Versprechen, so viel ist klar. Und die Werbung weiß, dass das die Konsumenten wissen. Die Konsumenten wissen wiederum, dass das die Werbung weiß. Und so weiter und so fort.

Dass Coca-Cola Zero und ein Hermès-Schal das Leben nicht auf den Kopf stellen. Dass die Werbung nicht so mächtig ist, wie immer getan wird: »Die Werbung verkauft nichts anderes als sich selbst, ihre eigene endlose Wiederholung. Sie begnügt sich damit, die vorherrschenden Einstellungen aufzugreifen und in Szene zu setzen … Werbung folgt keiner Ideologie, sie sagt uns nur das eine, nämlich dass sie ihrem Wesen nach ein Lebensstil, eine Kultur werden will.«[14] Die Werbung ist, wenn Bruckner recht hat, viel passiver und zurückhaltender, als zumeist angenommen wird. Eine angenehm relaxte Äußerung über Macht und Ohnmacht der Werbung. Wir können uns also entspannen und dem *Goldenen Windbeutel* zuwenden.

Der Goldene Windbeutel ist ein ähnlich begehrter Preis wie der *Plagiarius*, das *Fass ohne Boden* oder die *Goldene Himbeere*. Er wird seit März 2009 von Foodwatch vergeben, und zwar für besonders dreiste Differenzen zwischen den beworbenen Qualitätsversprechen und den tatsächlichen Eigenschaften von Lebensmitteln. Erster Preisträger war Actimel von Danone, das mit dem »probiotischen Märchen«, vor Erkältungen zu schützen, geworben hatte. Thronfolger wurde 2010 der Zott Monte Drink. In der Laudatio hieß es, der Drink sei der unverantwortliche Versuch, eine Zuckerbombe als gesunde Zwischenmahlzeit zu bewerben. Die Reaktion von Zott? Der Verbraucher sei »umfänglich über die Inhaltsstoffe informiert« und könne »diese Informationen in seine Kaufentscheidung einbeziehen«. Aber: Mit Blick »auf die öffentliche Diskussion zu Zucker wird das Produkt Monte Drink Anpassungen und Verbesserungen in der Darstellung gegenüber den Verbrauchern wie in der Rezeptur erfahren.«[15]

2010 stimmten mehr als 80 000 Verbraucher darüber ab, welchem Windbeutel die Luft rausgelassen werden sollte. Offenbar keine halbschwachsinnigen Konsumtrottel …

Das Marketing in der Krise

Nicht nur mit angemessener und unangemessener Kritik hat die Branche zu kämpfen, auch die inflationäre Rede von der Krise stellt neue Herausforderungen. Immer mehr Marketing-Wissenschaftler rechnen vor, was viele Praktiker schon längst vermuten: Die Instrumente seien stumpf, die Akzeptanz gering, Experimente und Methoden oft unbrauchbar – und dergleichen mehr. Eine große Reform des Marketings müsse her.

Wenn das Marketing in der Krise steckt, weil *marketing as usual* einfach nicht mehr funktioniert,[16] ist das meines Erachtens ein positives Zeichen. Das Marketing hat Pioniere nötig, die neu anfangen und aufregendes, außergewöhnliches Marketing machen.

Aber die Konsum-, Markt- und Marketingzone gehört nicht zu den bevorzugten Spielfeldern der deutschen Politik, und nicht zufällig verdanken wir unseren Wohlstand dem Umstand, führende Exportnation zu sein. Die Feuilletons der führenden Meinungsorgane bleiben in Sachen Marketing stumm, Besprechungen neuer Designs, Werbungen, Kreationen etc. sucht man meist vergeblich. Und selbst in den Unternehmen wird dem Marketing mitunter eine seltsame Rolle zugewiesen. Die Bewohner der Vorstandsetagen reden bei der Vorstellung einer neuen Werbeagentur gerne mal rein, während sie sonst durch hartnäckige Abwesenheit glänzen. Und es werden Vorstandsetats lockergemacht für »'nen netten Event« oder »'ne interessante Kampagne«, und zwar meistens ohne Sinn und Marketingverstand.

Obgleich Marketing unser aller Leben beeinflusst, nehmen sich die Meinungsführer des Themas nicht wirklich an. Das tun freilich die notorischen Kritiker des westlichen Lebensstils. Mit dem ewig gleichen Mantra: Die letzten Reservate der Seele würden durch Marken verraten und verkauft, das »Habenwollen« sei heute wichtiger als das »Seinwollen«[17].

Dabei gerät die eigentliche Frage bezüglich der Krisenhaftigkeit außer Sicht: Hat das Marketing Erfolg? Rechnen sich die Investitionen? Könnte man sich das ganze Marketing nicht einfach sparen und das Produkt dafür billiger machen? Obwohl manche spektakulären Unternehmenserfolge ganz klar auf das Konto des Marketings gehen – Apple, Virgin, Milchschnitte, Überraschungsei und viele mehr –, ist der Erfolgsbeitrag des Marketings in konkreten Situationen kaum nachzuweisen:[18] Das Marketing wird sich dem Problem der Berechenbarkeit des eigenen Nutzens stellen müssen, um eine ernste Legitimationskrise zu vermeiden.

Wie dem auch sei: Ohne neuen Nutzen für den Kunden bleiben große Erfolgsgeschichten sicher ungeschrieben. Der Kunde muss vom Marketing profitieren. Nur dann profitiert auch das Unternehmen, und es kommt zur Win-win-Situation. Kundenorientierung zahlt sich aus. Aber das ist nur die Pflicht, die Kür besteht darin, sich nicht am Kunden zu orientieren, sondern Orientierungen zu kreieren. Nur dann wird der Kunde dem Anbieter folgen und in die

Sphäre der Marke eintauchen. Beides, Kundenwünsche befriedigen und erzeugen, geschieht leider viel zu selten. In dieser Hinsicht ist Kritik am Marketing mehr als berechtigt. Schließlich hat jeder etliche Geschichten über schlechten Service, nervende Werbung, hässliche Schaufenster und Logos, ungebührliches Marketing auf Lager. Der berühmteste Marketing-Blogger und Bestsellerautor Seth Godin pflichtet bei: »All Marketers are Liars.«[19] Das Marketing tischt große und kleine, spannende, traurige und irrwitzige Geschichten auf, die nicht zuerst der Wahrheit verpflichtet sind (sonst wären sie nicht Marketing, sondern Wissenschaft), sondern der Erzeugung von Begierden, Wünschen und Nachfragen. Um ein gewöhnliches, austauschbares, günstiges Produkt wie Weingläser an den Mann und die Frau zu bringen, macht das Marketing etwa glauben, der edle Tropfen munde aus edlem Glas, zum Beispiel von Riedle, irgendwie besser. Und er schmeckt tatsächlich besser, weil der Konsument, wenn er schon so viel Geld ausgegeben hat, sich das nicht wird ausreden lassen.

Man sieht an diesem Beispiel übrigens, dass das Marketing keineswegs bloß dem schnöden Materialismus in die Hände spielt, wie oft kritisiert wird. Das Gegenteil ist der Fall. Um es extrem auszudrücken: Das Sujet des Marketings ist der narzisstische Pseudospiritualismus – das Recht auf subjektives Glück, sozialen Status, innige Markenromanzen, Lebensstil und Kulturkonsum. Mentale Assoziationen und emotionale Geschichten sind wichtiger als das physische Produkt oder der Kernnutzen der Dienstleistung. Es ist das Immaterielle, das das Marketing heute dominiert. Ohne ideelle Leistungen und Produkte wäre heute gar kein ökonomischer Fortschritt mehr möglich. Es geht um Verführung und Beeinflussung, um »Storytelling«. Und das ist keine Randnotiz, kein exotischer Randbereich der Wirtschaft, sondern wird immer mehr zu ihrem Kern. PR-Spezialisten, Film- und Fernsehschaffende, Juristen, Werber, Verkäufer, aber auch Lehrer und Manager: Sie alle wollen die Reaktion eines anderen hervorkitzeln. Mitte der Neunzigerjahre wiesen Donald McClosekey und Arjo Klamer nach, dass diese Tätigkeiten bereits über ein Viertel des amerikanischen Bruttosozialprodukts ausmachen, Tendenz steigend.[20]

Die wichtigsten intellektuellen Geschichtenerzähler sind zweifelsohne die Kreativen der Werbe- und PR-Agenturen. Sie beeinflussen die Wahrnehmung und das Selbstbild der Gesellschaft heute stärker als die pastoral-professoralen Intellektuellen. Dies beweist die berühmte Kampagne »Du bist Deutschland«[21] der »Partner für Innovation«, entwickelt, gestaltet und durchgeführt von den beiden wichtigen deutschen Agenturen Kempertrautmann und Jung von Matt. »Tu etwas, lass dich nicht hängen«, war ihr impliziter Imperativ, der mit den Mitteln des professionellen Marketings[22] versuchte, der Verzagtheit, Ängstlichkeit, Technik- und Wirtschaftsfeindlichkeit der Deutschen entgegenzuwirken, aus dem Jammertal herauszukommen und die Stimmung in unserem Land wieder ein wenig aufzuhellen.

Selbst Staaten nutzen also die Techniken des Marketings und Storytellings, um sich als Marke zu inszenieren.[23] Um die Frage »Brauchen wir Deutschland?«[24] überhaupt nicht aufkommen zu lassen. In Zeiten von »Think global, act local« hat es die »Du bist Deutschland«-Kampagne noch einmal geschafft, das antiquierte, rezessive Konzept des Nationalstaats zu retten und diese Frage eindeutig mit Ja zu beantworten.

Verbotene Früchte und geheime Kabinette

Drogen, Glücksspiel und Waffen. Marketing kann uns zu allem verführen, was schlecht und böse, schlicht nicht akzeptabel ist. »So ist denn alles, was ihr Sünde, Zerstörung, kurz, das Böse nennt, mein eigentliches Element.«

Produkte, die kurzfristig Spaß und Befriedigung stiften, langfristig aber unserer mentalen und körperlichen Gesundheit schaden, sind problematisch. In Frage steht, ob man sie vermarkten, bewerben, verkaufen darf und soll? Der klassische Fall: die Zigarette. Zwar ist es schon lange verboten, sie im TV und in Zeitschriften zu

Du
bist Architekt, Koch und Künstler.

Wenn wir Urlaub am Meer machen. Du bist Kapitän,
Taucher und Sänger, wenn du in der Badewanne
sitzt. Und wenn du nachts bei uns am Bett stehst,
bist du manchmal nur ein kleiner ängstlicher Junge.
Aber wenn's hell wird, dann bist du wieder der große
Meister des Spielplatzes.

Du bist Deutschland

Auch wenn dein Werk
nur aus Sand besteht.

www.du-bist-deutschland.de

promoten, aber wir alle kennen noch den Marlboro-Mann. Auf die
Werbebeschränkungen hat die Tabakindustrie mit einer erheblichen
Ausweitung der Kommunikationszone reagiert. Marlboro Adven-
ture Tour, Camel Active Reality Wear, Lucky Strike-Designpreis sind
Mittel und Wege, Public Relations zu pflegen und indirekt zu wer-
ben. Mit Lobbying und PR werden Tabakprodukte vermarktet, die
aus dem öffentlichen Raum zunehmend verbannt werden und deren
Gesundheitsschädlichkeit schon in der Schule Thema ist. »Thank
You for Smoking« ist das Motto der PR-Industrie.[25]

PR-Maschinerien und Lobby kämpfen im Hintergrund. Ihre
Namen kennt (fast) niemand. Und trotzdem gestalten sie die Welt
und schaffen Werte. Ein unsichtbares Schattenkabinett von Repu-
tations-Designern, Lobbyisten und Spin-Doktoren zieht an den
Strippen. Edward Bernays, der Neffe Sigmund Freuds und »Vater«
der PR, schrieb 1928 in seinem Standardwerk:

»Die bewusste und intelligente Manipulation der organisierten
Gewohnheiten und Meinungen der Massen ist ein wichtiges Element
in der demokratischen Gesellschaft. Wer die ungesehenen Gesell-
schaftsmechanismen manipuliert, bildet eine unsichtbare Regie-

rung, welche die wahre Herrschermacht unseres Landes ist. Wir werden regiert, unser Verstand geformt, unsere Geschmäcker gebildet, unsere Ideen größtenteils von Männern suggeriert, von denen wir nie gehört haben. Dies ist ein logisches Ergebnis der Art, wie unsere demokratische Gesellschaft organisiert ist. Große Menschenzahlen müssen auf diese Weise kooperieren, wenn sie in einer ausgeglichen funktionierenden Gesellschaft zusammenleben sollen. In beinahe jeder Handlung unseres Lebens, ob in der Sphäre der Politik oder bei Geschäften, in unserem sozialen Verhalten und unserem ethischen Denken werden wir durch eine relativ geringe Zahl an Personen dominiert, welche die mentalen Prozesse und Verhaltensmuster der Massen verstehen. Sie sind es, die die Fäden ziehen, welche das öffentliche Denken kontrollieren.«[26]

Auch Bernays war in Sachen Tabak unterwegs. In den Zwanzigerjahren arbeitete er für die American Tobacco Company. Damals geziemte es sich für Frauen nicht, zu rauchen. Bernays engagierte kurzerhand ein paar Frauen, die sich in New York unter eine Demonstration von Suffragetten – wie man die Feministinnen des frühen 20. Jahrhunderts nannte – mischten.

Demonstrativ zündeten sie im Beisein der Zeitungsreporter Zigaretten an und nannten sie »Fackeln der Freiheit«. Diese Leuchtfeuer der Emanzipation trugen dazu bei, dass die Zahl der rauchenden Frauen sprunghaft in die Höhe ging. In den Sechzigerjahren war Bernays dann übrigens für eine Anti-Rauch-Kampagne tätig. Wie sich die Zeiten ändern …

»Vor Bernays« waren Zigaretten keine Fackeln der Freiheit, Autos keine Statussymbole und Kleidung vor allem praktisch. Und der amerikanische Frühstückstisch weniger reichhaltig gedeckt: Als ein Schinkenfabrikant, dessen Umsätze rückläufig waren, um Hilfe bat, erfand Bernays »Ham & Eggs«, jenen unverzichtbaren Bestandteil des »American Breakfast« – ein fulminanter Erfolg bis heute. Das meine ich, wenn ich sage, dass man Wünsche nicht nur befriedigen, sondern auch wecken kann. Keine Kundenorientierung, sondern intelligente Markenführung. Keine Befriedigung

von Kundenwünschen, sondern die Erzeugung von »Wünschens-
wertem«.

Dabei sein ist alles

Anfang der Dreißigerjahre im Waldenbucher Stadion zwischen
Böblingen und Filderstadt beobachtete Clara, die Frau des Kondi-
tors Alfred Ritter, dass viele Sport- und Fußballfans Schokolade ins
Stadion mitbrachten, um die Nerven zu beruhigen. Sie stellte fest,
dass die rechteckigen Tafeln in den Taschen der Sportjacketts mit
entnervender Regelmäßigkeit zerbrachen. Geboren war die geniale
Idee der quadratischen Tafel, deren Siegeszug fortan nicht mehr zu
stoppen war. Und deswegen hat die Schokolade von Ritter den Zu-
satz »Sport«.

1976 erfand Ritter den »Trick mit dem Knick« und die »Masche
mit der Tasche«. Spätestens mit der Einführung der ebenso ausgeklügelten wie simplen Knicköffnung wurde die Ritter Sport »Quadratisch. Praktisch. Gut.« Die Olympischen Spiele 1972 in München
und die Fußball-Weltmeisterschaft 1974 in Deutschland halfen erheblich bei der weiteren Verbreitung, und Ritter machte alles richtig,
als man den Sorten nach Einführung des Farbfernsehens eine eindeutige Farbe zuordnete. Hellblau für Alpenmilch, Dunkelblau für
Nougat, Weiß für Joghurt, Rot für Marzipan …

1980 nahm Ritter sein Erfolgsthema Sport in die Produktpalette
auf und führte die goldene Olympia ein: Eine Füllung aus gehack-
ten Haselnüssen und einer Creme aus Joghurt, Traubenzucker und
Honig war das Rezept des Erfolgs. Die Olympia wurde eine der Erfolgsgeschichten der Achtzigerjahre. Als es aber dann auf das neue
Millennium zuging, begann der Putz zu bröckeln. Die Sorte war in
die Jahre gekommen. 2004 wurde die Olympia vom Markt genommen. Das Ende einer Ära? Ritter hatte die Rechnung ohne die hart-
näckigen Olympia-Liebhaber gemacht. Es hagelte Proteste. Auf eine
Marke, die man heiß und innig liebte, wollte man nicht so schnell

verzichten.[27] Das Trennungsleid der Fans muss jedenfalls sehr stark gewesen sein, denn sie schlossen sich zusammen, bombardierten Ritter mit E-Mails und starteten eine Unterschriftenkampagne im Internet, um die bedrohte Sorte vor dem Aussterben zu bewahren. Schließlich gab Ritter nach. Im Sommer 2009, nach fünf harten, entbehrungsreichen Jahren, kam die Schokolade mit der goldenen Verpackung wieder in die Regale. Und das war noch nicht alles. Die »Protestbewegung« wurde von nun an ins Marketing für die Kult-Tafel einbezogen, die Fans durften einen neuen Werbespot mitgestalten und bekamen einen Web-Tummelplatz für ihr Objekt der Begierde. Und Ritter für die Comeback-Kampagne den Effie-Award, den deutschen Oscar des Marketings. Ende gut, alles gut!

Kunden üben zunehmend Druck auf Marken und Unternehmen aus. Spätestens seit das Marketing mehr und mehr ins Netz wandert, wird es in erheblichem Maße von »dir und mir«, von Konsumenten, Kunden und Freundesallianzen getrieben. Und damit haben Kunden Unternehmen mit ihrer Kritik immer stärker in der Hand.[28]

Dem Konsumenten steht heute ein Informationsüberangebot zur Verfügung, man denke nur an die vielen neuen Intermediäre, wie Preisvergleichsseiten und Bewertungsportale, die Informationen in großer Menge konzentrieren. Durch die neue Kundenmacht werden Unternehmen zu Aktionen und Handlungen motiviert, die sie sonst nicht einmal in Betracht gezogen hätten. Der Einzelkämpfer-Endkunde hat in dieser Hinsicht zwar schlechte Chancen, aber zusammen mit Gleichgesinnten ist die kritische Masse schnell erreicht.

Die große deutsche Outdoormarke Jack Wolfskin[29] mahnte mehrere Hobbybastler ab, die semiprofessionell selbstgenähte Kirschkernkissen, Strampler und dergleichen verkauften, welche nicht nur mit Herzen und Sternen, sondern auch mit Katzenpfötchen bestickt waren, die entfernt an das Pfoten-Logo des Unternehmens erinnerten. Der Vorwurf der Markenpiraterie war zwar reichlich lächerlich, aber zugleich ziemlich bitter für die, die sich auf der Anklagebank wiederfanden. Was passierte?

Im Web bildete sich schnell eine Allianz der Empörten, die mit Hunderten von Einträgen Druck auf das Unternehmen ausübten. Die Boykottrufe wurden immer lauter, und das Unternehmen ruderte zurück. Was bleibt, sind zerschlagenes Porzellan und verlorene Sympathien. Ach ja, Jack Wolfskin hat für sein Verhalten übrigens keinen Effie ernten können.

Vier Arten stehen dem Konsumenten offen, um auf Unternehmen, Marken, Produkte und die dazugehörigen Kommunikationen zu reagieren: Exit, Voice, Loyalty und Twist[30]. Loyalität ist das Ziel aller Marketingmaßnahmen, das freilich öfter verfehlt als erreicht wird. Twist ist die bastelnde Verwendung von Produkten gegen die Intentionen des Herstellers. Voice ist, wenn man die Stimme erhebt und dem Unternehmen die Meinung geigt. Wenn das Unternehmen sich dann immer noch als unbelehrbar und nicht lernfähig erweist, kommt es zum Exit, indem der Kunde das Fehlverhalten des Unternehmens sanktioniert, ihm den Rücken zuwendet und die Freundschaft kündigt. Die Unternehmen sind also gut beraten, auf die Kritik der Kunden zu hören und die guten Beziehungen zu pflegen.

Na Logo!

Wenn es um Kritik geht, kann Naomi Kleins *No Logo!* nicht unerwähnt bleiben. Es gilt als die »Bibel der Globalisierungskritiker« und berühmteste Kampfschrift wider das Logo. Die kanadische Journalistin geht mit dem Marketing hart ins Gericht. Sie prangert an, was wir alle unappetitlich finden: Kinderarbeit und Ausbeutung in den Schwellen- und Entwicklungsländern. Sie versteht kapitalistische Marken als Kräfte einer kulturellen Homogenisierung, verkündet und fordert die Befreiung von der Tyrannei der Marken. »Just do it«, riefe sie uns zu, wenn Nike nicht der Hort des Bösen wäre. Befreit euch von den Marken, verweigert euch der McWorld, Hollywood, der Werbung, den Logos, dem globalen Kapitalismus.

Die Verbannung der Logos fand aber nicht statt. Kein *Good bye, Logo.* Das ist ja auch nicht so einfach. Doch, ein britischer Journalist Neil Boorman zog sich aus dem »Konsumpf«. Der Labeljunkie und Brandaholic verbrannte im September 2006 öffentlich seine gesamte Markenhabe im Wert von 21 000 Pfund, mitten in London. Und aus seinem Apple, auf den er nicht verzichten konnte, stanzte er den Apfel aus. Seit seiner Marken-Katharsis wirbt er für den »Buy Nothing Day« der Adbusters, einer Gruppierung, die sich für die Zerschlagung von Werbung im öffentlichen Raum einsetzt.[31] Auf die Frage, warum er seine Markenartikel nicht einer Wohltätigkeitsorganisation gespendet, sondern pressewirksam mitten in London in einer Art Happening verbrannt habe, antwortete er: »Ich war sehr wütend und wollte ein lautes Zeichen setzen.«[32] Genau wie Naomi Klein, ebenfalls bekennende ehemalige Konsum-, Label- und Logo-Fetischistin, setzt Boorman auf die Karte Aufmerksamkeit.

Kein Logo, das haben Christoph Steinbrener und Rainer Dempf tatsächlich einmal umgesetzt. In Wien, im Sommer 2005. Für den Zeitraum von zwei Wochen entschrifteten sie den öffentlichen Raum: Für ihr Kunstprojekt »Delete!« entfernten sie alle Logos, Werbeschriften, Reklameschilder und Piktogramme aus der Wiener Neubaugasse. Die Bilderstürmer beklebten und verhüllten alle Schilder mit monochromen, gelben, fluoreszierenden Folien und sorgten so für eine »Moralisierung des Raums«[33]. So schufen sie Platz für balsamische Leere, *Horror Vacui*, konsumerische Orientierungslosigkeit, Blödsinn oder hohe Kunst statt niederer Reklame – es kommt auf die Perspektive des Beobachters an. Entscheiden Sie selbst!

Ob Attac oder Ver.di, die Linkspartei oder christliche Sekten, organisierte Wutbürger oder Nichtregierungsorganisationen, es gibt eine bunt gemischte Allianz der Kritik am westlichen, amerikanischen und konsumistischen Lebensstil, die es sich auf die Fahne geschrieben hat, unterentwickelte Regionen der Welt vor dem Einbruch der dekadenten kapitalistischen Moderne schützen zu wollen. Dass die Hilfe in vielen Fällen gar nicht willkommen ist, stört dabei anscheinend nicht wirklich. Die Aussicht auf Beteiligung am höheren Lebensstandard und den Früchten des Konsumkapitalismus ist für die »Beschützten« weniger ein Schreckgespenst denn das Versprechen einer besseren Zukunft. »Die radikale Kapitalismuskritik mutierte in den letzten Jahrzehnten zur diffusen Verachtung der Globalisierung und erreichte damit weit größere Kreise. Obwohl gerade ihr zu verdanken ist, dass sich in den letzten 50 Jahren der Lebensstandard weltweit verbessert hat und die meisten Menschen heute länger und gesünder leben als jemals zuvor in der Geschichte. Auch wenn es bei dieser Modernisierung der Weltwirtschaft immer auch Verlierer gibt, nehmen die Gewinner eindeutig zu. Der Globalisierungsprozess ist letztlich die weltweite Nachahmung des westlichen kapitalistischen Modells, das von der Mehrheit der Weltbevölkerung angestrebt wird.«[34]

Die Ausweitung der Logozone ist Vorbote und Begleiterscheinung des Aufschwungs. Und wenn Pampers, Adidas und andere Marken vereinfachte und damit verbilligte Produktversionen für aufkeimende Märkte entwerfen, ist der Nutzen hoch, der Schaden gering. Die Bewohner solcher Regionen zu bevormunden und sie vor dem »Bösen« retten zu wollen, ist nicht angemessen. Es entsteht kein »Trouble in Paradise«[35], sondern ein wenig mehr Lebensqualität in Armutszonen.

Was seit *No Logo* am Pranger steht, ist vor allem das Marketing US-amerikanischer Prägung. Es ist, um die Sprache der Kritiker zu sprechen, ein wenig imperialistisch, zielt stets auf die weltweiten Märkte, sucht globale Lösungen, grenz- und kulturüberschreitende Identitäten. Es ebnet Differenzen ein. Und hat damit zweifelsohne spannende Innovationen hervorgebracht und riesige Erfolge erreicht. Alternativlos ist es aber nicht. Denn es gibt eine dem amerikanischen Ansatz entgegengesetzte, kultursensiblere Alternative: das europäische Marketing der lokalen Eigenheiten, ein nicht-globalisiertes Marketing der europäischen Vielfalt. Kein weltweit agierendes Megamarketing im Atombombenformat, sondern ein »kleines« Marketing der Regionen, das lokal, differenziert und besonderheitenaffin operiert.

Während das amerikanische Marketing häufig mit militärischen Metaphern »bewaffnet« ist, ist das europäische Konzept eines der Freundschaft. Europa regt die Vielfalt an. Es bietet eine Marketing-Bouillabaisse, eine bunte Palette unterschiedlichster Marketingkonzepte: Vom Keltischen über das Alpine bis hin zum Balkan- und Viking-Marketing. Solche Begriffe sind nicht an politische Grenzen gefesselt, sondern entstammen kulturellen und ethnischen Lebensstilgemeinschaften.

Die wohl deutlichste Gegenposition zum amerikanischen Marketing ist der mediterrane Ansatz. Der Süden ist Lebensgefühl und Sehnsuchtsraum[36] zugleich, eine Melange aus Sonnenmilch, Zypressenalleen und Mafiastrukturen, dazu angetan, unsere Fantasie zu beflügeln. Und das Mittelmeerische ist sowohl Erweiterung der Konsumzone (vom Olivenöl bis zur Vespa) als auch der Stilzone (von Gucci bis Diesel). Und das Lebensgefühl vieler, ob Mitteleuropäer oder Amerikaner, ist mediterran durchwirkt, ist von »La Strada« geprägt und von Nino Rota untermalt.

Der Süden ist eine *einschränkende Erweiterung* der Marketingzone. Das mediterrane Marketing ist eines »auf Diät«, wie Bernard Cova, der wichtigste Autor und Vertreter des Ansatzes, meint.[37] Das »strandgebundene« (»shore-bound thinking«[38]) oder mittelmeerische (»pensée de midi«[39]) Denken baut nicht auf den Exzess, sondern das Augenmaß, den Sinn für Proportionen, einen moderaten Relativismus, keinen blinden Universalismus, auf die Gelassenheit, Beschaulichkeit und Langsamkeit, nicht aber den Beschleunigungsrausch. Konsumenten, die einem solchen Lebensstil folgen, wollen unterstützt und nicht aggressiv beworben werden. Sie fordern ein Marketing, dem Authentizität wichtiger ist als glattes, globales, gefälliges Design oder spektakuläre Events. Ein Marketing der Strandgut-Ästhetik und des Slow-Food-Genusses also. Pro-Logo-Argumente haben es bei No-Logo-Aktivisten schwer. Der Konsumkapitalismus hat zu höherer Qualität der Waren, zu Innovationen, zu mehr Varietät und Exotik im Supermarktregal geführt. Er kennt nicht nur »Winner takes all«-Märkte, sondern auch die Vielfalt des Long Tail[40] mit seinen Millionen Ideen, Waren und Services. Jeder kann heute »sein« Produkt finden – auch das ist eine Wahrheit.[41] Niemand bestreitet, dass Konsumwahn zu Überschuldung, Fastfood zu juveniler Adipositas und Exzessmarketing in den ästhetischen Ruin führen können, aber man sollte auch die positiven Wirkungen nicht verachten und bekämpfen. Mein Fazit: Es ist einerseits mehr Verantwortung nötig, andererseits mehr mediterranes Laisser-faire. Das gilt sowohl für die Kritiker als auch die Kritisierten.

Ich bin der Geist, der die Aufregung meidet!
Und das mit Recht; denn alles, was ein Unternehmen ist,
ist wert, dass es ein Logo hisst; drum besser wär's,
wenn die Wellen brächen. So ist denn alles,
was ihr den Süden, das Mediterrane, kurz,
die Gelassenheit nennt, mein eigentliches Element.

| 4 |

AUFMERKSAMKEIT

oder

Warum zu viele Marmeladen im Regal zu ernsthaften Kopfschmerzen führen können, wieso der halboffene Knast das beste Hotel ist sowie allerlei zu Produkterotik, Größenwahn und Guerillakrieg

Der Anfang von allem

Aufmerksamkeit ist das flüchtige, knappe Gold des Marketings. Denn was wäre eine Theateraufführung ohne Publikum? Was eine Werbung, die sich niemand ansieht? Eine Marketing-Aktion, die unbemerkt verpufft? Ein Link, den niemand anklickt? Ein mehr als guter Grund, das Theater zu schließen, die Agentur zu wechseln, die Marketingabteilung neu zu besetzen. Aufmerksamkeit ist die Währung des Marketings. Dass auf Aufmerksamkeit alles aufbaut, sagt schon ein Evergreen aus der Steinzeit des Marketings. Ein gewisser Elmo Lewis prägte 1898 die Faustformel AIDA[1], die auch heute noch zum kleinen Einmaleins der Werber gehört: Attention, Interest, Desire, Action. Ein Abfolgemodell mit einer unumgänglichen Vorbedingung: der Schaffung von Aufmerksamkeit. Denn ein Kunde kann natürlich nur das kaufen, wovon er weiß.

Jedoch hält sich die Begeisterung des Konsumenten in Grenzen.

Zu oft wird er umworben. Deswegen wird das Interesse auch schon mal »erzwungen«. Durch starke, zuweilen extreme Stimuli oder ungewöhnliche Reize, die etwa Überraschung erzeugen. Immer spektakulärere Aufforderungen zum Tanz führen aber zu immer mehr Desinteresse und Abstumpfung. Die sich ergebende Steigerungsdynamik führt zur Eskalation zwischen immer extremeren Reizen und immer höherer Immunität gegen ebendiese. Aus dieser Tatsache heraus entwickelte der deutsche Marketingprofessor und Unternehmensberater Hermann Simon das *Pulsing*[2], die Variation der Reizstärke. Man steigert und senkt, gleichsam »pulsierend«, Stärke und Frequenz der Stimuli. So erreicht man nachhaltig und langfristig gute Aufmerksamkeitsquoten. Wenn man so will, ein deeskalierender, pragmatischer, rationaler Kompromiss, der zwar den Starrkrampf vermeidet, dafür aber auf den ganz großen Schlag verzichtet.

Aber die Aufmerksamkeitszone reicht weiter, viel weiter. In der postindustriellen Medienwelt ist Aufmerksamkeit längst zur allgemeinen Währung geworden, mit der nicht nur Strategen und Verführer jonglieren. Georg Franck hat die postmoderne Gesellschaft als »Ökonomie der Aufmerksamkeit« beschrieben, in der neben dem monetären noch ein anderes Einkommen ausgezahlt wird: Prestige, Achtung, Beachtung. Das berühmte Bonmot Andy Warhols, in der Zukunft werde jeder »15 Minuten Ruhm« erhalten, ist längst Realität. Der Witz an Warhols Äußerung ist die Begrenzung auf ein Viertelstündchen, weil Aufmerksamkeit eben ein äußerst knappes Gut ist. In Formaten wie *Deutschland sucht den Superstar* (DSDS) und *Germany's Next Top Model* (GNTM) wird die Selbstvermarktung qua Aufmerksamkeit gleichzeitig zur Möglichkeit und Pflicht, und es entsteht eine »Hochblüte des inszenierten Auffallens und dicken Auftragens«[3], an der wiederum jene Steigerungsdynamik bis hin zur Eskalation auffällt. Was man in der Schlacht um Werbeminuten in eigener Sache beobachten kann, ist freilich keine Ausweitung, sondern eine Generalisierung der Aufmerksamkeitszone.

Zu viele Marmeladen

Wenn die Informationsflut hoch und höher steigt und uns zu ersticken droht, dann ziehen wir die Reißleine oder die Sicherung fliegt raus. Manchmal wollen wir nicht mehr, sondern viel, viel weniger Informationen. Nicht 83 Sorten Marmelade, sondern nur ein paar. Oder auch nur eine einzige, um es uns endlich in fragloser Routine gemütlich machen zu können. Wir wollen Entlastung von der Zumutung, ständig entscheiden zu müssen. Ein Dutzend Erdbeermarmeladen belästigen uns aus dem Regal heraus. Was also machen wir, um zu einer Kaufentscheidung zu kommen? Die Preise vergleichen? Die Inhaltsstoffe? Den Fruchtgehalt? Das bedeutet Arbeit, und wir lassen die Marmelade im Regal und flüchten aus dem Supermarkt mit einem leichten Anflug von Migräne.

Sheena Iyengar und Mark Lepper[4] ließen Kunden in einem Lebensmittelgeschäft exotische Marmeladen probieren. Zur Auswahl standen einmal 30 Sorten, ein anderes Mal nur sechs. Bei der größeren Auswahl war zwar das Interesse ungleich größer, aber beim kleinen Sortiment griffen die Kunden lieber zu und kauften deutlich mehr. Das Experiment wurde mit ausgefallenen Schokoladen und Kugelschreibern wiederholt – mit annähernd gleichen Ergebnissen.

Zu viel Auswahl macht unglücklich, sagt der amerikanische Psychologe Barry Schwartz[5]. Er erläutert seine »Too much choice«-These an Jeanshosen: Geringe Auswahl führt zu Entscheidungen, große Auswahl zu Lähmungserscheinungen, zu einem *Information Overload*. Psychische Überforderung. Die grenzenlose Freiheit der Wahl ist nichts anderes als die berühmte Qual der Wahl. Die folgerichtige Konsequenz der Supermärkte und Kaufhäuser: Sie machen es dem Kunden leichter, indem sie weniger anbieten. Nur ein paar exotische Marmeladen, bloß einige wenige ausgefallene Schokoladen, lediglich eine überschaubare Palette Jeans.

Zu den Uraltschlagern in puncto Auswahl gehören die magischen Zahlen vier und sieben. Sie besagen, dass der Mensch nur stark limitiert Informationen aufnehmen und verarbeiten kann. Sieben plus/minus zwei, vermutet der amerikanische Psychologe George A. Miller in seinem klassischen Aufsatz. Sein Kollege Nelson Cowan ist sogar noch etwas pessimistischer und macht den Schnitt bei vier Informationseinheiten, die das Kurzzeitgedächtnis bewältigen kann. Es besteht also kein Grund zur Beunruhigung: Bis drei können wir alle zählen.[6]

Diese Limitierungen widersprechen dem Alltagsverständnis. Normal ist die Auffassung, die nicht kritisch »weniger ist mehr«, sondern mathematisch korrekt »mehr ist mehr« vorrechnet. Mehr Auswahl bedeutet mehr Möglichkeiten zur Selbstverwirklichung, bedeutet mehr Freiheit, bedeutet mehr Wohlbefinden, bedeutet mehr Glück. Mehr Auswahl bedeutet größere Chancen, die Erwartungen, die man an ein imaginäres Produkt hat, von einem realen Produkt erfüllt zu bekommen – dass sich also die berühmte Kundenzufriedenheit einstellt.

Wie groß das Interesse von Unternehmen an dieser Frage ist, zeigt die schiere Anzahl der Studien zum Thema. Ein internationales Forscherteam hat gleich 50 von ihnen einer aufwändigen Metaanalyse unterzogen und kam zu einem enttäuschenden, aber sehr interessanten Ergebnis: Im Großen und Ganzen ist kein Unterschied im Kauf- und Entscheidungsverhalten bei unterschiedlich großer Auswahl nachzuweisen.[7] In Einzelfällen tritt der Effekt jedoch auf, abhängig von einigen Voraussetzungen, die allerdings kein klares Bild ergeben. Will heißen: Nichts Genaues weiß man nicht – das aber sehr genau.

Die Frage, wann Kunden entscheidungsfroh zugreifen, ist durch all diese Analysen und Metaanalysen aber weder endgültig beantwortet noch überflüssig. Sie können darauf wetten, dass die Designer von Supermärkten und Discountern sich weiterhin so lange darüber den Kopf zerbrechen, bis sie Lösungsvorschläge in so hoher Anzahl haben, dass sie sich nicht mehr entscheiden können …

WUUMMMSSSS!!!!!

Eine Explosion, Schreie, die durch Mark und Bein gehen, völlige Dunkelheit, dann ein Feuerwerk, das besinnungslose Kreischen junger Mädchen, eine unheimliche, laute, tiefe Männerstimme, verstörende Geräusche, die man nicht einordnen kann, beklemmende Stille, dann schockierender Krach, der einem das Blut in den Adern gefrieren lässt – die Mittel des Horror- und Actionfilms als Aufmerksamkeit generierende Mittel der Werbung

Ein Spot für K-fee: Ein silberner Wagen der Luxusklasse gleitet durch eine sanfte, saftig grüne Hügellandschaft – malerisch unterlegt mit irisch anmutender Musik … Sehen wir die Anfangssequenz des Spots, läuft automatisch ein »Film« in unseren Köpfen ab – wir glauben, das Ende schon zu kennen: Klar, gleich kommt der gutaussehende Fahrer des Wagens auf seinem von uralten Bäumen umsäumten Anwesen an, steigt aus – und das Logo des Automobilherstellers wird eingeblendet. Während wir gedanklich schon längst abgeschaltet haben, dauert der Spot etwas länger, als er eigentlich sollte. Immer noch fährt die Luxuskarosse durch das saftige Grün, wir beginnen langsam, uns zu wundern … bis die konditionierten Erwartungen jäh durchbrochen werden: Plötzlich, einem Pop-up vergleichbar, taucht ein Zombie auf und stößt einen markerschütternden Schrei aus. Einfach so. Dann wird der Bildschirm schwarz und der Satz eingeblendet: »So wach warst du noch nie«. Die Aufmerksamkeit wird hier durch die Überraschung, den leichten Schock, erzeugt. Die Erwartungshaltung des Zuschauers jäh durchbrochen. Solche Abweichungen vom Schema haben aber nicht nur den kurzfristigen Effekt des Einschießens von Adrenalin, sondern wirken über den Moment hinaus. Spektakuläre Überraschungen wecken nämlich beim Publikum den Wunsch, das nicht Erwartungskonforme zu verstehen. Der Zuschauer erweitert seine Erwartungszone, indem er das Außergewöhnliche erstens lernend verarbeitet und zweitens in sein Gedächtnis einbrennt. »Schocks« wirken nicht nur kurz-, sondern auch mittel- und langfristig.[8]

Schockwerbung nimmt in Kauf, dass nicht alle Zuschauer begeistert sind. Sie wendet sich an ein kleineres Spezialpublikum, im Falle von K-fee an Jugendliche mit einem adoleszenztypischen Hormonspiegel sowie einem Faible für Schlaflosigkeit und Horrorfilme. Ein

Publikum das bei o8/15-Werbung gelangweilt, ja genervt wegschaut. Dass die letztlich doch harmlose, gewiss nicht jugendgefährdende Werbung wegen zahlreicher Beschwerden beim deutschen Werberat vom Markt genommen wurde, ist übrigens das eigentlich Schockierende.

Den Spagat, skandalträchtige Werbung für ein breiteres Publikum zu machen, wagte zuerst Benetton mit seinen tabubruchwilligen Plakaten und Anzeigen der Neunzigerjahre. Die Kampagnen zeigten Magersüchtige, ein Kind mit Down-Syndrom, ölverschmierte Vögel, die blutgetränkte Kleidung eines getöteten Soldaten, einen sterbenden Aids-Patienten, einen Todeskandidaten und so weiter. Die Benetton-Werbeserien waren spektakulär, neuartig, interessant, kontrovers. Sie erregten die Aufmerksamkeit der Menschen, der Medien sowie der Gerichte und erhöhten damit den Bekanntheitsgrad des Unternehmens ganz erheblich.

Außerdem, so die offizielle Benetton-Ideologie und das Plädoyer der gerichtlichen und außergerichtlichen Verteidiger, wurden so Themen wie Ölpest, Ausbeutung, Todesstrafe, Aids und Krieg öffentlich diskutiert und Missstände angeprangert. – Benetton, die Marke mit integrierter Weltverbesserung. Eine Marke, die die politjournalistische Aufgabe übernimmt, die Agenda öffentlicher Diskussionen neu zu justieren, die ihre Social Responsibility ernst nimmt.

Höher! Größer! Weiter! Schneller! Besser! Mehr!

Aufmerksamkeit wird vor allem durch Kommunikation erzeugt. Aber Marketing setzt zunehmend auch an der Leistung selbst an, indem es sie »megalomanisch« gestaltet:[9] Was bei den sieben Weltwundern richtig war, kann im Marketing nicht ganz falsch sein, weswegen ein bedeutender Pfad der Vermarktungsgegenwart über den Größenwahn führt. Drei Beispiele, die nah am Wasser gebaut sind:

Spaßbäder sind in den letzten Jahren und Jahrzehnten überall wie Pilze aus dem Boden geschossen. Inzwischen ist ihr Netz längst so dicht (und die Kunden so mobil), dass sie mit immer größeren Attraktionen aufwarten müssen. Die Therme Erding hat in diesem Wettlauf derzeit die Nase vorn und ist mit 16 Rutschen Europas größtes Rutschenparadies. 1400 Meter Rutschvergnügen – ein nicht zu unterschätzendes Marketingargument. Drei davon sind Extremrutschen: Die »High Fly« hat eine Schanze, von der aus man spektakulär mehrere Meter weit fliegen kann; die »Kamikaze« ist extrem steil und dadurch sehr schnell und die »X-Treme« ermöglicht Geschwindigkeiten bis über 70 Stundenkilometer bei Belastungen bis zu drei G (nicht Gramm, sondern Gravitation). Wer dort rauskommt, ohne blaue Flecke zu kassieren, in dessen Adern fließt kein Blut.

Hotels gibt es bekanntlich wie Sand am Meer. Auffallend ist da die Losung. In Belek an der türkischen Riviera behauptet das Adam & Eve, das »sexieste« Hotel der Welt zu sein. Hier ist nicht nur alles ein bisschen größer – der Outdoor-Pool 104 Meter, die Bar 88 Meter, die Lobby 10 000 Quadratmeter –, sondern auch ein bisschen raffinierter. So kann man beispielsweise per Fernbedienung einstellen, in welchen Farbton das Zimmer getaucht werden soll. Stimmung per Knopfdruck. Die Macher bezeichnen ihr Konzept mit dem schönen Begriff »Produkterotik«.

»Wir bauen das Unglaubliche«, kündigte die Reederei Royal Caribbean Cruise Line an und meinte damit das größte und teuerste Kreuzfahrtschiff der Welt, die »Oasis of the Seas«. Wie Manhattan hat der Mega-Kreuzfahrer einen Central Park, in dem abgezählte 12 175 Pflanzen für Frischluft sorgen. In gut 2 700 Kabinen bilden 5 400 Passagiere eine virtuelle Kleinstadt auf Zeit, inklusive eines Freizeitprogramms, das vergleichbare Städtchen üblicherweise nicht haben, beispielsweise gleich vier Theater, davon eines auf Eis. 269 Kreuzfahrtschiffe zählt der *Berlitz Guide to Cruising*, manche kleiner, manche größer, und alle kämpfen sie um die Gunst der Kreuzfahrer in spe. In diesem harten Wettbewerb ist die Oasis buchstäblich zu groß, um übersehen zu werden.

Aber die Therme Erding, das Adam & Eve und die Oasis of the Seas sind Augenblicksmonumente. Sie haben eine weitaus geringere

Halbwertszeit als die sieben Weltwunder – und sogar diese sind bis auf eines schon seit vielen Jahrhunderten von der Erdoberfläche verschwunden. Die heutigen Megalomanien sind noch viel direkter von der Vergänglichkeit bedroht, denn schließlich können sie schon bald von anderen Riesenprojekten getoppt und in den Schatten des Vergessens gestellt werden. In Dubai oder wo auch immer ist sicherlich längst ein imposanteres Projekt auf dem Weg. Vielleicht kennt schon in »15 Minuten« niemand mehr die Weltwunder von heute. Die Agenten der Überbietung schlafen nicht.

Wohnst du noch oder haust du schon?

Während Größenwahn im Marketing weit verbreitet ist, trifft man auf Kleinheitswahn verständlicherweise nur selten. Dass aber auch das Klein- und Schlechtreden von Leistungen zum Erfolg führen kann, beweist das Hans Brinker Budget Hotel in Amsterdam. Die Homepage des in jeder Hinsicht »billigen«[10], außerdem »schmutzigsten, kältesten und am spärlichsten beleuchteten Hostels« verspricht »Türen, die man sogar hinter sich zumachen kann«, »Klospülung umsonst«, »wasserverdünntes schales Bier« und das Wohngefühl eines »halboffenen Knasts«.

Ich muss Ihnen nicht verraten, dass das Hotel mit seiner Werbung ziemlich erfolgreich ist. Manche Gäste kommen sogar wieder. Anti-Megalomania für Fortgeschrittene. Eine tatsächlich kreative Strategie, die das Klischee der verranzten Absteige unterster Kajüte aufnimmt und daraus ein vergnügliches Spiel macht.

Jemand, der noch nie in Amsterdam war und nicht die leiseste Ahnung hat, wo das passende Bett steht, geht meist im Internet auf die Suche und vergleicht. Und er wird den Behauptungen, auf die er trifft, generell mit Misstrauen begegnen: Stimmt das wirklich? Was wird hier verschwiegen? Und weil Marketer das natürlich wissen, machen sie es dem Kunden doppelt und dreifach schwer. Ist ja ihr Job. Mit dem Ergebnis, dass die Nachteile wirklich kaum noch zu sehen sind und die Vorteile so verdächtig prangen, dass niemand mehr irgendetwas glaubt. Da steht er nun, der dumme Tor, und ist so schlau als wie zuvor. Und genau an diesem Punkt schlägt die Stunde von Hans Brinkers Absteige. Einem Hotel, das damit wirbt, dass der »Aufzug inzwischen nicht mehr ganz so oft zwischen zwei Etagen stecken bleibt«, wird man kaum mit Misstrauen begegnen. Man glaubt der Eigenwerbung keineswegs. Ganz im Gegenteil, beim Lesen entsteht eine Dynamik, in der man exakt *kein Wort* glaubt. Vielmehr werden alle Aussagen, die das Hotel über sich macht, zu Aussagen, die die Wahrheiten zu den Falschaussagen aller anderen Hotels frei Haus liefern. Kein Schatten fällt auf Hans Brinker, aber über alle Wettbewerber. Und das, obwohl das Hotel *tatsächlich* die Kaschemme ist, als die es sich ausgibt. Ein echtes Minus-5-Sterne-Hotel, nicht das einzige seiner Art, aber das einzige, das damit angibt. Erik Kessels, der Werber und Verführer des Hotels meint: »Es ist Low Budget mit 500 Betten, mitten in Amsterdam und der größte Dreck, den ich jemals gesehen habe … Aber es gönnt sich zumindest einen Luxus: Ehrlichkeit.«[11]

Das Hotel Hans Brinker macht alles falsch – und damit alles richtig. Der gute Hans macht etwas, was sonst niemand tun würde: was jeden Berater in den Wahnsinn treibt, was allen Lehrmeinungen spottet. Paradoxes, unkonventionelles Marketing, das aber die Aufmerksamkeit buchstäblich fesselt. Es bewirbt – augenzwinkernd – die (tatsächlichen oder nur angeblichen?) Schwachstellen seines Angebots. Das ist kreatives *Reverse Psychology Marketing*[12]. Ein denkbar unklassisches Außenseitermarketing, das man aber immer häufiger findet – freilich selten so spektakulär wie bei Hans Brinker. In Zeiten, da die Konsumenten für herkömmliches Marketing immer weniger empfänglich sind, schlagen immer mehr diesen Weg ein:

Eine Fastfood-Kette, die in Zeiten des Schlankheitswahns einen Monsterburger (1420 Kilokalorien, 107 Gramm Fett) nicht nur herausbringt, sondern damit bewirbt, er habe nur halb so viel Kalorien wie … zwei Monsterburger; Unternehmen, die nicht auf 24-Stunden-Verfügbarkeit setzen, sondern Produkte bewusst verknappen und so

»Out of stock«-Dringlichkeit erzeugen; der belgische Antiquitäten-
händler Noble Objects, der plakativ mit der Hochpreisigkeit seiner
Produkte wirbt – ein niedriger Preis, der durchgestrichen ist, ein viel
höherer, mit dem geworben wird (ein *reverse sales price tag*).

Solch erfindungsreiches Marketing ist kurz gesagt eine immense
Ausweitung der Aufmerksamkeitszone.

Guerilla

Jay Conrad Levinson hat 1992 den Begriff *Guerilla Marketing* sowohl
eingeführt als auch berühmt gemacht. Allerdings hat sich der Be-
deutungskern des Begriffs seitdem deutlich gewandelt. Das Levin-
sonsche Guerilla-Marketing kennt alle Mittel, die das klassische
Kotlersche Breitwandmarketing auch kennt – und einige mehr. Der
Unterschied besteht darin, dass das konventionelle Marketing diese
Mittel schematisch, systematisch und strategisch zur Anwendung
bringt, während der Guerillero überraschend, pointiert und taktisch
agiert. Normal-Marketing operiert mit allen sieben Ps; das Guerilla-
Marketing wählt oft nur eines oder wenige Instrumente des Marke-
ting-Mix aus und investiert in diesen Teilteilausschnitt ein extremes
Maß an Kreativität. Die Idee des Guerilla-Marketings ist, dass man
mit einer brillanten Idee gegen große Budgets und integrative Konzepte gewinnen kann. Die alte Geschichte von David und Goliath,
neu aufgerollt.

Wenn Carl von Clausewitz *der* Theoretiker des Kriegs ist,[13] dann
ist Thomas Edward Lawrence alias Lawrence von Arabien *der* Literat
des Guerilla-Krieges. Er schreibt: »Die orthodoxe Kriegslehre hatte
den Grundsatz aufgestellt, dass man am entscheidenden Punkt oder
im Augenblick des Angriffs an Menschenzahl überlegen sein müsse.
[…] Die meisten Kriege waren Begegnungskriege: beide Seiten streb-
ten danach, miteinander in Berührung zu kommen, um taktische
Überraschungen zu vermeiden. Unser Krieg musste ein solcher des
Ausweichens sein.«[14] Guerilla-Marketing ist nichts anderes als die

Kunst des Ausweichens, der taktischen Überraschung und der kreativen Einzelgefechte: »Da die Umstände, unter denen wir arbeiteten, nie zweimal einander glichen, konnten wir auch kein System zweimal anwenden, und unsere Wandelbarkeit verdarb dem feindlichen Nachrichtendienst das Konzept.«[15]

Die Kriegs- respektive Marketingführung der Guerilla setzt auf Nadelstiche, auf ein Operieren aus dem Untergrund, auf räumlich und zeitlich stark eingegrenzte Sichtbarkeit. Aufmerksamkeit generiert sie über überraschende Anschläge – was man durchaus mit »illegale Plakatierung« übersetzen kann. In Münster, um ein Beispiel zu geben, tauchten Mitte 2008 auf einmal unzählige Plakate auf Stromkästen und Altglascontainern auf. Darauf befand sich ein schwarzer Kreis, in ihm die Buchstaben FUSL. Sonst nichts. Ganz Münster begann zu rätseln. Die Printmedien machten prompt mit beim heiteren Rätselraten, sogar ein Fernsehsender nahm sich der Sache an. Kurz darauf neue Plakate: Sie zeigten eine Person, die sich ein dunkelbraunes Getränk, möglicherweise Fusel, über die Oberbekleidung kippt. Darunter die Worte: »Du hast da 'nen FUSL.«

Dann die Auflösung: FUSL – Fuck you, Sound Lovers – war (und ist) ein »temporärer« Club, der 2008 zum ersten Mal seine Pforten öffnete. Dass die Premiere gut besucht sein würde, ist einem sehr kleinen Einsatz (ein paar günstige Plakate) mit großer Wirkung zu verdanken, denn die umfangreiche »Öffentlichkeitsarbeit« machten Blogs, Presse und Fernsehen umsonst. Sehr hübsches virales Marketing, das Virus oder Mem – die kleinste gedankliche Einheit in Analogie zum Gen – hört in diesem Fall auf den Namen FUSL und verbreitet sich über Kanäle, die konventionellem Marketing halbwegs unzugänglich bleiben. Dieser Virus übertrug sich per Tröpfcheninfektion beziehungsweise Mund-zu-Mund- und Blog-zu-Blog-Propaganda.

Die Kampagne von FUSL entspricht Levinsons Definition des Guerilla-Marketings: Ein Marketing, das ohne »dicke Geldbündel und Lehrbuchtaktik«[16], sondern mit Kreativität und Intelligenz, Witz und Provokation zum Ziel kommt. Gedacht vor allem für kleine und neue Unternehmen sowie Einzelkämpfer, die den »Großen« mit Untergrundmitteln ein kleines Segment der Konsumzone abknöpfen wollen. Inzwischen haben sich die Methoden der Guerilleros jedoch längst überall herumgesprochen. Was kann man heute also noch unter Guerilla-Marketing verstehen, wenn die Mittel der Untergrundkämpfer längst bekannt sind? Nun, die Guerilla erkennt geltendes Recht ja bekanntlich nicht an. Anders gesagt, jede Guerilla ist illegal. Die hohe Kunst jeder Marketing-Guerilla ist der gekonnte Verstoß gegen das Gesetz. Der in Münster auf frischer Tat (also beim Wild-Plakatieren) gefasste Plakatierer musste sich vor dem Kadi verantworten, die mögliche Höchststrafe: 1 000 Euro. Die grundlegende Rechenoperation für Guerilleros lautet also:

$$E + B < A$$

Der Einsatz (E) und das Bußgeld (B) sollten, damit es sich sofort rechnet, geringer sein als die gewonnene Aufmerksamkeit (A). Dass man Aufmerksamkeit nicht mit dem Seismografen messen kann, macht übrigens nichts, sie sollte sich letztlich im Geschäftsergebnis niederschlagen. Oftmals wird bei dieser Rechnung übrigens das Bußgeld den Einsatz in den Schatten stellen. Genau das nahm der Autoverleih SIXT bei seinen Guerilla-Aktionen der letzten Jahre billigend und gerne in Kauf. Die doppelte Frage war: Wie viel Aufmerksamkeit bringt die Aktion? Und wie viel kosten die juristischen Nachwehen? Man wettete auf den eigenen Erfolg und verletzte umgehend die Persönlichkeitsrechte führender Politiker mit spitzer Zunge und getuneten Fotos: Angela Merkel wurde mit zerzausten Haaren und Struwwelpeter-Frisur abgebildet, darunter der sinnfällige Hinweis, dass Sixt auch Cabrios im Angebot habe. Spektakuläre Coups landete Sixt mit seinen Anzeigen, als Gesundheitsministerin Ulla Schmidt der Dienstwagen im schönen Alicante abhanden kam und als Google für Street View die Adresse der eigenen Hamburger Zentrale abfilmte: Dort stand ein Sixt-Transporter als »versteckte« Werbung – und die Menge jubelte ihm zu (siehe Bild). Und der jüngste Guerilla-Anschlag erfolgte beim Castor-Transport 2010 nach Gorleben, wo

ein Transparent mit der Aufschrift »Stoppt teure Transporte! Mietet Van & Truck von Sixt!« flugs entrollt war – und auf allen medialen Kanälen präsent. Ein Schelm, wer Böses dabei denkt …

Sixt konnte seine Guerilla-Taktik deswegen über Jahre anwenden, weil der erste Fall 1999 vor Gericht kam und sich sieben Jahre lang hinzog. Kurz nach dem Rücktritt Lafontaines als Bundesfinanzminister und SPD-Vorsitzender zeigte eine Sixt-Werbung Porträts von 16 Mitgliedern des rot-grünen Bundeskabinetts. Das Bild Lafontaines war durchgestrichen, darunter der gönnerhafte Hinweis: »Sixt verleast auch Autos für Mitarbeiter in der Probezeit«. Lafontaine war *not amused*, klagte wegen Verletzung seiner Persönlichkeitsrechte – und verlor schließlich in letzter Instanz. Das waren sieben Jahre Gratis-Aufmerksamkeit für Sixt – ein voller Erfolg! Seitdem klagen die Opfer – zum Leidwesen der verantwortlichen Guerilleros – nicht mehr, sondern beteuern – mit geballter Faust in der Tasche –, man müsse das »mit Humor« nehmen. Selten so gelacht!

Guerilla-Marketing ist eine der wirksamsten Aufmerksamkeitserregungsmethoden. Allerdings ist Aufmerksamkeit wie Erdöl: eine

Ressource, die zu versiegen droht. Der Guerillero verschiebt die Wahrnehmungsgrenze und verschlimmert damit das Ausgangsproblem. Wieder können wir die Phänomene Steigerungsdynamik und Eskalation beobachten. Das Geschäft des Untergrundkämpfers ist die Überbietung. Wenn aber alle Regeln, Tabus und Gesetze gebrochen sind, dann wird die Luft im Kampf um Aufmerksamkeit dünn und dünner.

Adwords und Eyetracking

Die wohl wichtigste Aufmerksamkeitszone im Internet ist die Liste mit Suchergebnissen bei Google. Wer oben steht, wird in der Regel auch angeklickt. Sucht ein User über Google nach einem Stichwort, so erscheinen nicht nur die Suchergebnisse, sondern rechts auch eine kaum davon unterscheidbare Werbezone.

Der Werber kann dabei exakt bestimmen, bei welchem Suchwort welche Anzeige erscheint, zu welcher Zeit und in welchen Städten oder Regionen. Das Ausgabeformat ist standardisiert und simpel. Vier Zeilen und ein Link. Man zahlt nur, wenn tatsächlich geklickt wurde. Werben mehrere Unternehmen mit den gleichen Wörtern, ergibt sich ein Ranking, über das der Preis entscheidet. Eine Art Auktion der besten Position, denn wer ganz oben erscheinen möchte, muss die Konkurrenz überbieten. Solche bezahlten Suchen gehören zu den Top-Einnahmequellen im Netz.

Zu unterscheiden sind zwei Arten: die allgemeine und die brandspezifische Suche. Ein Beispiel: Sie wollen nach Miami und suchen ein Hotel. Also geben Sie in Ihre Suchmaske ein: »Hotel Miami«. Sie finden unter anderem das Ritz Carlton, buchen aber noch nicht. Am nächsten Tag erinnern Sie sich und suchen nun gezielt nach »Ritz Carlton Miami«. Und schon ist das keine allgemeine Suche mehr, sondern eine *Branded Search*. *Click-Through-Rate* (der Surfer klickt) und *Conversion Rates* (ein Klicker kauft) sind bei brandspezifischen Suchen deutlich höher. Und kostengünstiger für das werbende

Unternehmen: Ein einzelner Klick kostet bei allgemeiner Suche 0,55 Dollar, bei spezifischer nur 0,18 Dollar. Die umgelegten Kosten auf einen Kunden, der tatsächlich eine Hotelbuchung vornimmt, belaufen sich auf 51,84 Dollar (allgemein) beziehungsweise 2,94 Dollar (branded) – hier wird der Unterschied also dramatisch.[17]

Adword-Marketing indes funktioniert invers zum gängigen Marketing. Während Unternehmen sonst versuchen, sich von Konkurrenten zu unterscheiden, suchen sie hier den Kanon des Gemeinsamen. Nicht die Unterschiede werden akzentuiert, sondern die Gemeinsamkeiten, die »points of parity« die alle Anbieter einer Branche teilen, werden beworben. Das sind die Suchbegriffe, unter denen man gefunden wird beziehungsweise gefunden werden will.

Die Aufmerksamkeitsverteilung auf Google-Ergebnisseiten ist durch Blickregistrierungsverfahren, durch sogenanntes Eyetracking, gemessen worden. Wohin wandern die Blicke zuerst – und wohin überhaupt? Der obere Bereich der generischen, allgemeinen Suche steht buchstäblich im Fokus der Nutzer. Dort befinden sich null bis drei gekaufte Suchergebnisse, rechts beginnt oder geht es dann weiter mit den durch Adwords generierten Ergebnissen. Wer sowohl in der Mitte als auch rechts die erste Position innehat, kann sich immense Wettbewerbsvorteile versprechen. Die Aufmerksamkeit ist ihm sicher. Eyetracking ist eine Analysemethode, die auch hinsichtlich kommerzieller Webseiten und Anzeigen wertvolle Ergebnisse liefern kann und vor allem bei Verpackungs- und Werbetests zum Einsatz kommt. Geprüft wird, ob die relevanten Elemente schnell und zielgenau erfasst werden: Markenname, Logo, Kernaussage und so weiter. Oft erweisen sich in solchen Untersuchungen ansprechende Bildmotive oder Ähnliches als Problem, weil aus ihnen der sogenannte Vampir-Effekt resultiert. Die Werbebotschaft kommt nicht an. Der Blick wird von den eigentlichen Informationen abgelenkt, die Aufmerksamkeit versickert im Dekor.

Unser Beispiel zeigt drei verschiedene Anzeigen eines Stromanbieters[18]. Die sogenannten Heatmaps, grafische Darstellungen zur Entwicklung und Erfolgskontrolle von Webseiten, offenbaren Auf-

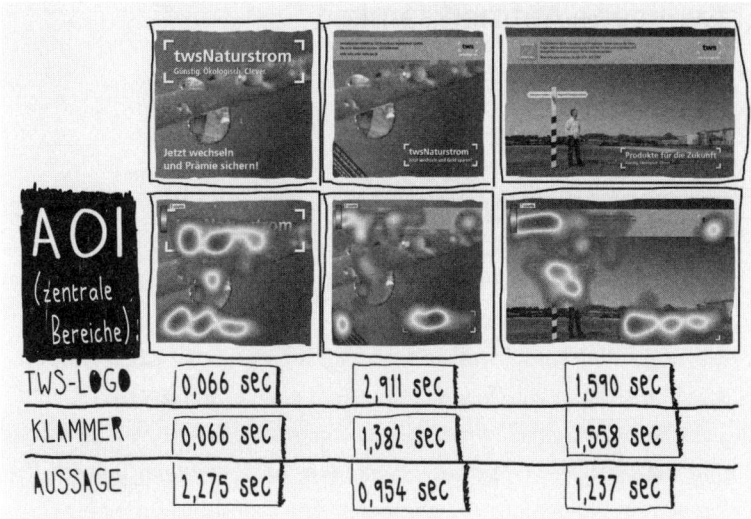

TWS-LOGO	0,066 sec	2,911 sec	1,590 sec
KLAMMER	0,066 sec	1,382 sec	1,558 sec
AUSSAGE	2,275 sec	0,954 sec	1,237 sec

merksamkeitsschwerpunkte mehrerer Betrachter auf zusammenge-
fasster Ebene. Die »Landschaften« lassen deutlich erkennen, welche
grafischen und textlichen Elemente erkannt, welche übersehen werden. Welche Anzeige der Anbieter auswählt, hängt vom Ziel ab. Will
man kommunizieren, dass TWS Naturstrom anbietet, und Kunden
zum Wechsel animieren, dann gewinnt Motiv A. Hier verharren
mehr Blicke deutlich länger auf den zentralen Aussagen. Diese AOIs
(*Areas of Interest*) gibt der Anbieter nun vor: in diesem Fall das Logo,
die Klammer und die Detailaussage. Unsere Abbildung macht deutlich, wie lange es dauerte, bis ein Motivbereich erstmals betrachtet
wurde. Warum das wichtig ist? Weil die Zeit bis zum Erstkontakt mit
dem Stimulus wichtig ist für die Erinnerung. In diesem Fall wiesen
die Forscher nach, dass die Erinnerung an Elemente, die man in den
ersten zwei Sekunden sieht, doppelt so hoch ist wie bei Elementen,
die man erst in Sekunde drei bis fünf erfasst. Schnelle Aufmerksamkeit zahlt sich aus!

Erzwungene Aufmerksamkeit

Ich bin der Geist, der stets wegklickt.
Denn alles, was aufpoppt, ist wert,
dass es geschlossen wird.

Ich bin, abgesehen davon, was ich noch bin, ein Gefangener des Cyberspace. Was Sherlock Holmes die Opiumhöhle, ist mir das weltweite Netz. Ein Paradies des endlosen Dahindämmerns und halbbewussten Umhersurfens. Aber ständig werde ich aus meiner wohligen Onlinedauerbetäubung geweckt. Sie kennen das Phänomen: Will ich einen Podcast konsumieren, einem Link nachgehen oder bloß irgendeine Seite aufmachen, werde ich dazu gezwungen, eine Werbung anzusehen, die ich nicht wegklicken kann, es gehen Pop-ups, Pop-unders, Layer Ads oder was weiß ich nicht auf, die ich nicht gerufen habe, die aber der Einladung trotzdem gefolgt sind. Und es sind längst nicht mehr nur halbseidene Anbieter, die einen mit ihren wohlfeilen Annoncen belästigen, sondern auch seriöse Unternehmen, die den Krieg um die Aufmerksamkeit mit fragwürdigen Mitteln führen.

Ich nenne das *erzwungene Aufmerksamkeit*. Hingucken ist ein Akt der Freiwilligkeit, wird man dazu genötigt, dann ärgert es einen. Und möglicherweise wird diese Verärgerung irgendwo im Bewusstsein oder Unterbewusstsein abgespeichert und führt dazu, dass mit diesem oder jenem Anbieter fortan ein negatives Gefühl assoziiert wird. »Aufmerksamkeit um jeden Preis! Sollen sie uns doch hassen, Hauptsache, sie kennen uns!« ist eine Parole, die nicht immer aufgeht. Auf dem langen Weg von der Keilschrift ins Internetzeitalter hat es immer Prozeduren und Methoden der Aufmerksamkeitserzwingung gegeben: Werbung, die den schönsten Film zerschneidet. Daran habe ich mich, wie alle Menschen, medienevolutionär angepasst. Vom Wegzappen und psychischem Ausblenden bis hin zu Werbeblockern reichen die Mittel. Oder ich wandere komplett in die einschlägigen Mediatheken des Internets ab ... Aber es gibt ein noch wirksameres Mittel, dem

Zwang, wahrnehmen und aufmerken zu müssen, zu entgehen: Abschalten. Aus! Im vielleicht ältesten Marketinggewerbe der Menschheit geht das dagegen nicht. Nichts, wirklich nichts ist penetranter als ... Außenwerbung. Die sinnliche Wahrnehmung im öffentlichen Raum ist schlicht unabschaltbar. Oder ich riskiere, blind gegen die nächste Wand zu laufen und mir die Nase blutig zu schlagen. Die Sinne ausschalten? In der Praxis nicht tauglich. Wie also der biblischen Heuschreckenplage namens Außenwerbung entgehen? Gar nicht, schließlich ist die ganze Welt mit Außenwerbung geflutet. Kein gallisches Dorf weit und breit. Oder? Doch, eine gallische Enklave hat sich seit ein paar Jahren an die visuelle Entmüllung des öffentlichen Raums gemacht. São Paulo, der 11-Millionen-Moloch, ist die einzige Metropole weltweit, wo Außenwerbung seit 2006 strikt verboten ist. Logorama[19], nein, danke! Die Geschäftsleute mögen das »Gesetz der sauberen Stadt« (»Lei Cidade Limpa«) von 2006 verfluchen, einer Umfrage zufolge begrüßen aber zwei Drittel der Einwohner die Verordnung zum »ästhetischen, kulturellen und ökologischen Wohlergehen«. Manche entdecken die Nacht wieder: »Endlich gibt es in der Stadt wieder Dunkelheit, endlich gibt es wieder Nächte.«[20]

Die Zukunft des Marketings im Allgemeinen und der Außenwerbung im Besonderen liegt jenseits der Erzwingung von Aufmerksamkeit. Die Unternehmen haben nicht nur eine »soziale« Verantwortung, die vielbeschworene Corporate Social Responsibility, sondern eine ästhetische. Außenwerbung hat auch einen nicht unbeträchtlichen Anteil an der relativen Hässlichkeit der Welt. Wenn Marketer wollen, dass nicht immer mehr Dörfer, Städte und Metropolen der Außenwerbung die Tür weisen, dann wäre es nicht nur recht und billig, sondern auch »nachhaltig« klug, die Marketing Aesthetic Responsibility ernst zu nehmen. Keine unterirdischen Billig-Plastik-Schrott-Logos, die Jugendstilfassaden verschandeln, sondern von Netzhautverletzungen absehende Arrangements, die sich mitunter sogar in Dezenz

üben. Warum das nicht oder kaum gemacht wird? Weil prollige, grelle Werbung oft die effektivsten Ergebnisse erzielt. Aber deswegen heißt es ja auch *Responsibility*. Verantwortung bedeutet, noch andere Ziele neben dem Hauptziel zu kennen. Schönheit, Wohlklang und Eleganz beispielsweise ...

REIZE

oder

Herrlich reizende Theorien über graue Quadrate, versprengte Ansichten über Semmeln, Design und Shopping-Center und warum Porno mehr zur Kundenbindung beiträgt als Sex

Die Grenzen der Reizzone

Beim Discounter. Im Supermarkt. Im Kaufhaus. In der Boutique. Im Onlineshop. Im Kiosk, dem Baumarkt, der Bäckerei, der Metzgerei, überall dort, wo wir konsumieren, reagieren wir auf Reize. Etwas ist schön bunt, irgendwie anders, ganz toll, trifft einen Nerv, gefällt einfach, zieht unseren Blick, der vorher ziellos umherzuschweifen beliebte, magisch in seinen Bann. Wir werden wie von Geisterhand angezogen, schenken unsere Aufmerksamkeit diesem Produkt, sind jetzt auf es fixiert und von ihm eingenommen – und wissen oft nicht einmal, warum. Vom Kauf eines Mobiles bis hin zum Erwerb einer Immobilie strömen die Reize auf uns ein, um uns zu verführen: »Komm her, kauf mich, ich mache dich glücklich!«.

Dieses Lied singen alle Produkte. Sie trällern allein vor sich hin, Produktserien stimmen einen Kanon an und die zusammengeballten Produkte einer Marke ergeben einen ganzen Chor. Gesänge hier, Gesänge da – wie entscheiden sich in dieser Gemengelage der Verführung und Bedrängung von allen Seiten die Kunden? Welche Reize schlagen erfolgreich durch, welche prallen erfolglos ab?

Alle Antworten darauf fischen letztlich im Trüben. Sonst wäre Marketing ja ganz einfach. Was den einen heiß macht, lässt den anderen völlig kalt. Aber worauf wir auch immer reagieren, unsere Wahl war entweder *stimulus based* oder *memory based*, reizbasiert oder gedächtnisbasiert[1]. Wir reagieren direkt und sofort auf einen Reiz oder aktualisieren abgespeicherte Reize. Ob präsent oder gut abgehangen – ohne Reiz keine Reaktion!

Eine wichtige Frage, die sich jeder Marketer stellt, ist zudem: Wie stark soll ein Reiz sein? Mit welcher Intensität werden optimale Ergebnisse erzielt?

Der Zusammenhang zwischen Erregungsniveau (Reizstärke) und Leistungsstärke (Reaktion), den Robert Yerkes und John Dodson[2] untersucht haben, und jener von Steuersatz und Steueraufkommen, den Arthur Laffer[3] analysiert hat, führen zum gleichen Ergebnis: dem »umgedrehten U«. Steigt die Reizstärke, dann steigt auch die Wahrscheinlichkeit der Reaktion. Allerdings nur bis zu einem bestimmten Punkt, bis zum »Optimum«. Wird die Stärke des Reizes zu hoch, nimmt die Reaktionswahrscheinlichkeit ab.[4]

Ab einer gewissen Reizintensität fühlt sich der Empfänger überfordert. Sind Quantität und Qualität, Anzahl und Stärke der Reize moderat und gut zu verarbeiten, zahlen sie sich signifikant aus. Nehmen die Reize an Zahl und Intensität zu, dann nimmt nicht der absolute, aber der Grenznutzen ab, während die Grenzkosten zunehmen. Ich sage es noch mal mit Marmelade, um nicht schon wieder einen anderen Reiz ins Spiel zu bringen: Gibt es nur wenige Marmeladensorten, sagen wir Erdbeere, Kirsche und Aprikose, dann zieht der Konsument einen beträchtlichen Nutzen daraus, wenn es nun zusätzlich noch die Geschmacksrichtung Heidelbeere gibt. Gibt es aber 173 Sorten, dann ist Nummer 174 nicht nur überflüssig, sondern sogar schädlich, denn der Fruchtaufstrich-Connaisseur hat jetzt das Gefühl, etwas zu verpassen, und er bedauert es vielleicht sogar, diese ge-

wählt zu haben und nicht eine andere Marmelade; seine steigenden Erwartungen können nicht mehr befriedigt werden.[5]

Der Effekt: Wer sich zu vielen und zu starken Reizen ausgeliefert sieht, macht die Schotten dicht. Ein Verführer-Imperativ lautet also: Vorsicht bei der Dosierung von und Penetration mit Reizen!

Kontexte

Reizen sind wir praktisch ständig ausgeliefert. Nicht nur an die nervenaufreibende Dauermassage durch Medien ist hier zu denken, sondern auch an den ganz normalen Alltag. Aber sehen wir uns eine alltägliche »Marketing-Situation« an. Im Kaufhaus sind wir von Reizen umzingelt. Wie duftet es? Welche Hintergrundmusik läuft? Wie ist die Beleuchtung? Wie spricht die Verkäuferin mit mir? Wie ist sie angezogen? Welche Stimmung wird insgesamt erzeugt? Und so weiter und so fort. Jede Kleinigkeit zählt. Die Gesamtheit aller sinnlichen Wahrnehmungen ergibt ein »Reizklima«, das die angebotenen Marken und Produkte rahmt. Alles, was verkauft werden soll, befindet sich in einer Reizzone, ist »referent-dependent«[6] – kontext-, rahmen- und umweltabhängig.

Natürlich erkennt man die kleinen Reize im Kaufhaus oder anderswo nicht immer. Oder man hält sie für Zufall. Irgendwie muss es ja riechen und aussehen, irgendwelche Geräusche gibt es ja immer. In der experimentellen Laborsituation werden die zumeist alles andere als zufälligen Reize aber schnell sehr gut sichtbar.

Über das klassischste und einfachste Experiment zur Rahmung berichtet Daniel Kahneman in seiner Nobelpreisrede. Man stelle sich zwei graue Quadrate, um genau zu sein – exakt gleich große graue Quadrate – vor, eines vor einem hellen, eines vor einem dunklen Hintergrund. Man nimmt dann das eine Quadrat heller wahr, das andere dunkler. Eine optische Täuschung, natürlich, aber solche Effekte gibt es zuhauf: in Kaufhäusern, Geschäften und Boutiquen. Eine Semmel schmeckt anders, wenn es in der Bäckerei köstlich nach frischem Backwerk duftet oder aber im Supermarkt nach abgestandenem Bier vom Leergut müffelt. Die gleiche Semmel, anders wahrgenommen. Und womöglich schmeckt einem Norddeutschen im Urlaub die süddeutsche Semmel besser als das heimische Brötchen, obwohl beide bau- und backgleich sind. Und dieses verschiedene Erleben des Gleichen hat weitreichende Folgen. Wir sind beispielsweise bereit, für einen Schokokuss mit klangvollem Namen im Supermarkt mehr zu bezahlen als für sein namenloses Pendant vom Discounter, das aus der gleichen Produktion stammt.

Die Verführer designen den Rahmen, die Strategen ziehen ihn auf. Trotz vieler anderslautender Vorgaben von Marketingprofessoren, -gurus und -stars haben die Verführer (oft auch die Marketingstrategen) keinen – oder nur minimalen – Einfluss auf das erste der vier Ps, das Produkt. Ihnen bleibt das Design des äußeren Rahmens. Und Vorgaben für die Errichtung der Reizzone. Schon die Architektur von Shopping-Zonen basiert auf Marketingüberlegungen. Eines der spannendsten Beispiele dafür stammt aus der Mitte des letzten Jahrhunderts und führt uns nach Wien und, wohin sonst, in die USA.

Der Gruen-Effekt

Victor Gruen, ein österreichischer Stadtplaner und Architekt, emigrierte Ende der Dreißigerjahre von Wien nach New York, später zog er nach Los Angeles. Mit seiner Frau Elsie Krummeck schrieb er 1943 einen nach eigener Auskunft »prophetischen« Artikel für eine Architekturzeitung: *Shopping Center. Über das multifunktionale Einkaufszentrum.* Gruen ist niemand Geringeres als der Erfinder des Einkaufszentrums. Jemand also, der die Erdoberfläche und die Konsumzone für immer umgeschaffen hat. Für uns ist das Einkaufszentrum längst etwas völlig Banales geworden, tatsächlich ist es aber gerade mal gut ein halbes Jahrhundert her, dass Gruen in Northland bei Detroit den ersten modernen Einkaufstempel aus dem Boden stampfte.

Shoppingcenter waren nie bloß graue Betonburgen oder vollverglaste Konsumtempel, sondern haben ein äußerst durchdachtes Innenleben, das nichts dem Zufall überlässt. Ein gut konzipiertes Shoppingcenter hat nämlich sozusagen viele Eingänge, aber wenige Ausgänge. Man findet zwar leicht herein, aber kaum wieder nach draußen. Von jedem einzelnen Shop sieht man viele andere Shops, den Weg heraus aus dem Labyrinth dagegen nicht. Der Konsument verirrt sich im Dschungel der Geschäfte, wird möglichst vielen Reizen ausgesetzt und vergisst, was er eigentlich wollte. Anstatt schnurstracks zu seinem Ziel zu gelangen, um das – und nur das – zu kaufen, was auf dem Einkaufszettel steht, verliert er die Orientierung, schlendert von einem Shop zum nächsten und konsumiert dies und das. Er wird vom zielstrebigen Einkäufer zum ziellosen Flaneur. Diese verkaufsfördernde Desorientierung des Besuchers hat man kurzerhand »Gruen-Effekt« genannt, »jenen Sog, der Einkaufende mithilfe verführerischer Designs von Verkaufsräumen dazu bringen soll, zielstrebiges Einkaufen aufzugeben und sich in Shopping und Flanieren zu verlieren«[7]. Schon die Idee und die Architektur des Shopping-Centers ist zugleich Verführung und Manipulation.[8] Neben seiner Tätigkeit als Architekt und Stadtplaner spielte Gruen politisches Kabarett und Theater. Daher wohl stammt die

Theatralisierung des Raums, die das Einkaufszentrum gewissermaßen zur »sozialen Bühne« von Sehen und Gesehen werden macht. Shopping-Center haben also gewissen optischen Anforderungen zu genügen, die ein anderer Pionier des modernen Einkaufszentrums nachdrücklich herausstreicht. Alfred Taubman, eine Generation jünger als Gruen, ist unter anderem für seine hochklassigen Malls bekannt geworden. Sein Vorgehen ist extrem detailversessen, weil er weiß, dass jede Kleinigkeit, ob der Kunde sie bemerkt oder nicht, entscheidend sein kann. Geländer beispielsweise, so meint er, sollten transparent sein, damit nichts, aber auch wirklich gar nichts den Blick auf ein gegenüberliegendes Geschäft verbaut[9].

In vino veritas

Da wir ja freie Sicht haben, spricht nichts dagegen, das gegenüberliegende Geschäft zu besuchen. Ein Weinhandel. Wir schlendern durch den Laden, unsere Augen gleiten über die Etiketten … ein italienischer Barbera, ein Spätburgunder aus Baden, ein sizilianischer Landwein, ein Tempranillo aus Kastilien … Einen guten Wein zu degustieren ist das eine, ihn auszusuchen das andere. Ziemlich offensichtlich, dafür braucht man keine Studie und keine Statistik, wissen die meisten Weinkäufer nicht, was sie tun. Aber sie tun es. Und das heißt, sie müssen sich irgendwie entscheiden. Viele Faktoren spielen dabei eine Rolle: persönliche Vorlieben, Erfahrungen, das gute Verhältnis zum Händler oder das Etikett, das gefällt oder nicht.

Aber es gibt noch andere Gründe, warum wir zu diesem Wein greifen statt zu jenem. Gründe, auf die man nicht so leicht kommt. Nämlich die Musik, die im Laden läuft (quasi als »Rahmenquadrat«). Wir haben es mit dem berühmten Weinexperiment zu tun[10]. Die Ausgangshypothese war, dass französische Hintergrundmusik dem Absatz von Beaujolais und Châteauneuf-du-Pape förderlich sei, deutsche dagegen dem von Riesling und Co. Und tatsächlich waren die Ergebnisse eindeutig.

Während französische Musik lief, gingen nur acht deutsche Flaschen, aber 40 französische über den Tresen. Bei deutscher Beschallung wurden 22 deutsche und nur zwölf französische edle Tropfen gekauft. Für die Auswertung dieser Zahlen braucht man keinen Taschenrechner, keine Erbsenzählmaschine und keine Hilfskraft für quantitative Erhebungen. Sie sprechen eine klare Sprache – obwohl die Kunden anschließend angaben, die Musik kaum oder gar nicht wahrgenommen zu haben. Chanson oder Schlager, Languedoc-Roussillon oder Müller-Thurgau – das alles war *bewusst* nicht die Frage, wurde aber *unbewusst* doch beantwortet. Unterschwellig und hintergründig lenkte die Musik die Kaufentscheidungen. Konsumenten lassen sich auf Stimmungen ein, folgen ihren Gefühlen, ohne gleich den ganzen Denkapparat in Bewegung zu setzen.

Lernen – Fühlen – Handeln

Fühlen oder Denken? Eine gewissermaßen falsch gestellte Frage, denn stets spielt beides eine Rolle. Unklar ist nur die Reihenfolge: »Learn – Feel – Do« oder »Feel– Learn – Do«, lautet die richtige Frage.

Und so ist die klassische Hierarchie: zuerst kognitiv lernen, dann ein Gefühl entwickeln, erst danach handeln. Konsumenten sind gut beraten, teure und damit risikoreiche Käufe so abzuschließen. Ein Auto, ein Haus oder Ähnliches erfordert zuerst den Verstand, dann das Herz und erst zum Schluss die Unterschrift unter den Kaufvertrag.

Es gibt aber auch zwei Hierarchien, die mit dem Tun beginnen. Sie sind zuständig für Dinge des alltäglichen Gebrauchs und für Nahrungsmittel. Während Kognition und Emotion bei Käufen von Gewicht vorgeschaltet werden, um falschen Entscheidungen vorzubeugen, sind risikoarme Alltagskäufe von jahrelangen Erfahrungen geprägt. Gewohnheiten, Routinen und Automatismen spielen hier eine große Rolle.

Zu den wichtigsten Zielen im Marketing gehört, solche fraglosen Formen des Konsums zu ermöglichen und wahrscheinlich zu machen. Dadurch entsteht Immunität gegenüber dem Wettbewerber und Sicherheit sowohl für das Unternehmen als auch für den Kunden. Nicht zuletzt die Aussage: »Da weiß man, was man hat!« zeigt, dass Menschen Gewohnheitstiere sind. 95 Prozent des Tages werden mit eingespieltem Verhalten bewältigt[11]. So entstehen Ressourcen für spannendere und wichtigere Aufgaben.

Die Reihenfolge von Handeln, Lernen und Fühlen spielt eine große Rolle für die Vermarktung eines Produkts. Sie hat erheblichen Einfluss auf die Art und Gestaltung von Kommunikation und Werbung. Kroeber-Riel unterscheidet emotionale, informative oder aktualisierende Werbung[12]. Im Marketing werden dann Gewohnheiten, Gedanken oder Gefühle zuerst und bevorzugt angesprochen.

Von einem rationalen Standpunkt gesehen ist es natürlich äußerst vernünftig, jede Kaufentscheidung vorab gründlich zu durchdenken. Im Extremfall würde das jedoch dazu führen, dass es gar nicht mehr zu Entscheidungen käme und wir uns hinsichtlich unseres Konsums selbst blockieren würden. Das heißt, ewig nachdenken und dann doch nichts kaufen. Eine Endlosschleife des Unentschiedenseins bis zum Sankt-Nimmerleins-Tag. Aber natürlich machen wir genau das nicht. Wir alle nehmen Abkürzungen, schneiden Argumentationsstränge ab, nehmen Informationen nicht wahr und blenden sie aus. Während ein Schachcomputer alle Möglichkeiten durchrechnet, beschränkt sich der Mensch auf wenige Varianten, die ihm interessant erscheinen.

Viele Maßnahmen, die im Marketing ergriffen werden, zielen darauf ab, synthetisierte Gefühlswelten zu steuern und nicht analysierende Denkoperationen. Eine denkintensive Analyse kann jedes Mal – wenn beispielsweise ein zusätzliches, bisher unbemerktes Argument hinzukommt – zu einem anderen Ergebnis kommen. Ist jedoch einmal ein gutes Gefühl für eine Marke entstanden, dann kann man mit relativer Stabilität rechnen. Wer Acne, Axe oder Aston Martin wirklich gerne mag, wird, ungeachtet rationaler Argumente, treu bleiben. Gefühle bilden eine verlässliche Großwetterlage, die erst an einem kritischen Punkt zu kippen droht. Es reicht dagegen mitunter ein einziges Argument, um ganze Denkkartenhäuser zum Einsturz zu bringen.

Marketing ist aus Gefühlen gemacht. Und, wenn es gut gemacht wird, mit Gefühl. Ganz bestimmt aber mit aufwändigen rationalen Analysen. Dies ist die grundlegende Asymmetrie des Marketings: Es ist selten gefühlsgeleitet, leitet aber die Gefühle. Genau das ist *Verführung*.

Ausweitung der Designzone

»Fast alles, womit wir uns beschäftigen, ist Design, Planung, Entwurf, denn Design ist die Grundlage jeder menschlichen Tätigkeit. Es ist Design, wenn man ein Epos schreibt, ein Fresko malt, ein Konzert komponiert, … es ist Design, einen schlechten Zahn zu ziehen, einen Apfelkuchen zu backen oder ein Kind zu erziehen«[13], schrieb Victor Papanek schon vor Jahrzehnten.

Design hat die Werbung als »Leitdisziplin« des Marketings abgelöst. Designer sind die Marketing-Superstars unserer Zeit. Wem fällt schon ein berühmter Werber ein? Designer dagegen kennt jeder: Ora Ito und Tom Ford, Dieter Rams und Raymond Loewy, Verner Panton und Stefan Sagmeister. »Design or Die«[14] heißt eine gängige Formel im Marketing.

Aber was macht Design eigentlich? Viele Antworten sind darauf möglich, ich gebe folgende: Design gestaltet die Schnittstelle mit der Welt. Die Benutzerschnittstelle von Marken und Produkten, von Unternehmen und Systemen zum Konsumenten.

Produkte und Marken sind auf Erkennbarkeit angewiesen. Das Design gibt ihnen Identität und Identifizierbarkeit. Der funktionale Leica-Stil, das Retrodesign der Olympus PEN, der Glamourstyle von Gucci, der Purismus von Prada – all das ist gut erkennbar und unverwechselbar.

Unternehmen regulieren ihre Darstellung über Design, Corporate Design. Gestaltung, Logo, Schrift, Farbe und Internet-Auftritt folgen den dort festgelegten Regeln konsequent und bis in die kleinste Verästelung.

Das eigentlich Spannende an Apple sind nicht iPod und iPad, sondern das System, welches alles mit allem einfach und klar vernetzt. Stadtplanung, der Entwurf des Systems, ist heute vielleicht interessanter als Architektur, der Bau von einzelnen Gebäuden, weswegen Oscar Niemeyer und Albert Speer jr. historisch vielleicht wichtiger sind als Peter Zumthor und Herzog & de Meuron. Und der Erfolg von McDonald's hat wenig mit kulinarischem Genuss und freundlichem Service zu tun, alles dagegen mit dem Design des Systems, des Erlebnisses, mit der Effizienz, Vorhersagbarkeit und Berechenbarkeit aller Systemaktivitäten.[15]

Aber noch in anderer Hinsicht ist Design Schnittstelle, nämlich zwischen Ökonomie und Ästhetik[16]. Dass Verpackungen und Produkte schön sein sollen, bedarf keiner Erklärung. Aber nicht nur Schönheit ist Ergebnis des Designs, sondern auch Bedienungsfreundlichkeit. Beides zusammen ist ein ansehnlicher Marktfaktor.[17] Nicht nur entscheidend beim Kauf, als schöner Reiz. Vielmehr erlebt der Konsument während der gesamten Nutzungsdauer die Funktionalität, Durchdachtheit, Ästhetik und Symbolik des Produkts. Und manchmal versteinern gelungene Designs, werden klassisch oder landen zuweilen im Museum.

Aber wann ist ein Design gelungen und kann sich Hoffnungen machen, irgendwann in der Zukunft ausgestellt zu werden? Nun, das Design-Ideal ist heute Einfachheit, sowohl hinsichtlich der Bedienung als auch in Bezug auf die Ästhetik. Ornamentales Design ist out, Eleganz ist in. Und die einfachste und klassischste Figur der Ästhetik ist der Goldene Schnitt, den der Mensch als besonders harmonisch[18] wahrnimmt und den wir garantiert nicht nur beim iPod und auf der Twitter-Startseite finden.[19]

Design ist eine Kunst für sich. Es muss die Marke, das Unternehmen und den Konsumenten gleichzeitig berücksichtigen und zudem einen stringenten, homogenen Stil komponieren. Es soll »etwas Neues bieten« *und* »erkennbar sein«. Design ist also die Verbindung

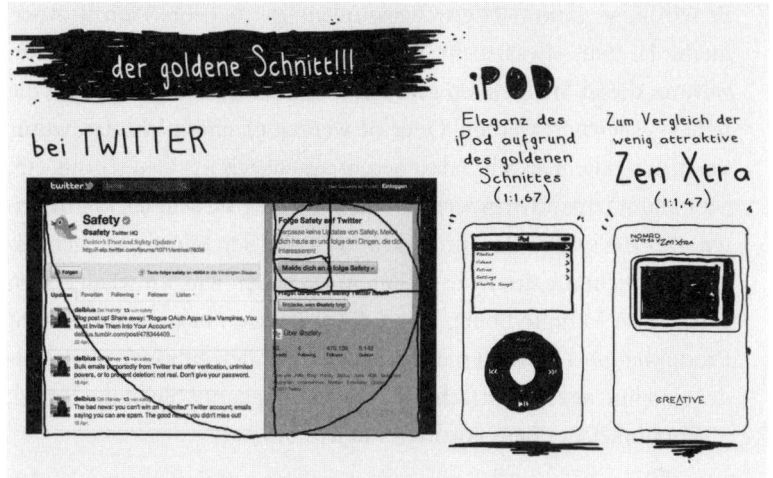

zwischen vorgestern und übermorgen. Neues und Typisches, Anderes und Gleiches, Retro-Design und *Future Memory* – um ins Museum zu kommen, muss Design eine Brücke zwischen Vergangenheit und Zukunft sein. MAYA[20] – most advanced, yet acceptable –: Das ist häufig das Ziel.

Sex sells!

Sex sells! So viel weiß jeder über Werbung und Marketing, insbesondere jene, die sonst nicht so viel darüber wissen. Aber stimmt's denn auch? Doch, doch, es ist schon richtig – im Prinzip, ja, aber längst nicht immer. Sagen wir mal so: »Sex sells sometimes«[21].

Im Werbespot, auf der Plakatwand: jede Menge Haut. Mehr Haut, als eigentlich sein müsste. Dieses auffällige Zuviel, das keinen Zweck hat, außer zu wenig zu sein. Zu wenig Kleidung, zu viel Haut, das neue und alte Traumpaar der Sex-sells-Werbung. Wenn Agenturen mal nichts einfällt, ziehen sie routiniert die Sex-sells-Nummer durch. Schließlich sind ja auch die meisten Entscheider und Strategen stolze Besitzer männlicher XY-Chromosome und Testosteronträger.

Er wird also garantiert durchgewunken, der beliebte Plan B. Aber, meine Herren, etwas mehr Vorsicht, um nicht zu sagen Klarsicht, wäre an dieser Stelle schon geboten. Sex-sells-Reize sind Stimuli, die selten gespeichert werden. Oder sie werden es, aber nicht das, wofür sie stehen. Die nackten Tatsachen brennen sich ins Gedächtnis ein, aber kaum jemand erinnert sich daran, wofür sie sich nackig machten. Der Reiz zieht die Aufmerksamkeit des Betrachters auf sich, allerdings nicht die des Konsumenten. Da haben wir ihn wieder: Den berühmten Vampir-Effekt, der die Aufmerksamkeit absorbiert und Produkten und Marken mehr schadet, als ihnen zu nützen. Die Bilder sind hot, aber unentfacht und damit unbekannt bleibt der Brand.

Ein Makel, der dem Porno fremd ist …

Porno

Meinen Vorschlag für ein gelungenes Gefühlsmanagement im Marketing, für eine substanzielle Methode der Verführung, habe ich Porno genannt.[22]

Was ist mit »Porno« gemeint? Nun, Sie werden davon gehört haben: Pornos bestehen aus aufeinanderfolgenden Nummern[23]. Eine Nummer, noch eine Nummer und noch eine Nummer … Und so weiter, würde der Porno nicht nach einer gewissen Lauflänge zu Ende sein. Eigentlich, dem Grundgedanken zufolge, ist die Serie der Nummern aber unbegrenzt. Im Porno enden alle Nummern mindestens befriedigend, das ist ein ungeschriebenes, aber ehernes Gesetz.

Diese Aufeinanderfolge: Nummer/Befriedigung, Nummer/Befriedigung, Nummer/Befriedigung … begründet eine Marketinglogik. Denn durch nichts befriedigt man den Kunden sicherer und nachhaltiger als durch dieses *Corporate Porno-Marketing* (CPM) – ein sehr effektives Instrument der Kundenbindung.

Ein Kunde und ein Unternehmen, ein Dienstleister oder ein Anbieter haben, ja, man muss es so sagen, ein Verhältnis miteinander. Ein Verhältnis, das aus diversen Nummern besteht. Aus sehr verschiedenartigen Nummern, will sagen Kundenkontakten. CEX, um es richtigerweise falsch zu schreiben, das sind die Customer EXperiences insgesamt. Die kumulierten Nummern.

Eine Bank und ein Kunde können auf mannigfaltige Art und Weise in intensiven Kontakt kommen: durch Werbung, am Schalter, auf dem Postweg, übers Onlinebanking, im Beratungsgespräch und so weiter. Jeder einzelne Kontakt, egal wo und egal wann, ist eine Nummer. Jede Einzelne dieser Nummern sollte für den Kunden mindestens befriedigend sein. Im Idealfall natürlich ein unerreichter, unerreichbarer Höhepunkt, ein reizendes Feuerwerk der Sinne.

Eine feste Beziehung des Kunden zu »seiner« Bank entsteht nur dann, wenn die bisherigen Nummern zuverlässig gut waren. Eine herausragende Nummer kann ihn vielleicht dazu bringen, hier und jetzt ein Geschäft abzuschließen, das vorher nicht geplant war. Viele sehr gute Nummern führen dazu, dass der Kunde ein stabiles positives Gefühl gegenüber der Bank aufbaut – mit anderen Worten: Es entsteht echte Liebe, die in die Ehe mündet, zur lebenslangen Treue in Sachen Finanztransaktionen und Kontoführung wird.[24]

Ein so beschriebenes Porno-Marketing ist sehr aufwändig, denn niemand kann mit absoluter Sicherheit wissen, wo, wann und wie es zu einer Nummer kommt. Das heißt, der Anbieter muss die riesige Nummernzone abdecken. Das ist in letzter Konsequenz nicht möglich, aber immerhin kann der Claim abgesteckt und das Feld bereitet werden. Damit werden zwei Wahrscheinlichkeiten signifikant erhöht: jene auf *die* herausragende Nummer und jene auf *viele* sehr gute. Auf sofortige Geschäfte, weil der Kunde positiv erregt ist. Und auf zukünftige Geschäfte, weil der Kunde, wenn er von Gipfel zu Gipfel eilt, keinen Grund und keine Zeit hat, sich nach einem anderen Partner umzuschauen.

Ein aufwändiges Marketing der Eventualität, das systematisch betrieben werden muss. Man bereitet eine Paradenummer, ein verführerisches Glanzstück, vor, das sich abhebt und mit dem man hoch punkten kann. Ein solches Marketing ist in der Fläche eng gewebt, damit nicht zu viele Nummern unkontrolliert durch die Maschen schlüpfen können, und es muss in der Spitze das Besondere anzubieten haben, etwas, das verblüfft, erstaunt, über Alltäglichkeit attraktiv hinausgeht – kurz: etwas, das hervorragt.

Und das heißt nicht zuletzt, dass der Slogan, der alles deckelt, in glaubhafter Beziehung zur Realität stehen muss. Wer mit der These »Jeder Mensch hat etwas, das ihn antreibt« aufwartet, muss damit rechnen, dass der Kunde den Mitarbeiter nach seinem Antrieb fragt. Und wer verbreitet, das Unternehmen werde »jeden Tag ein bisschen besser«, wird mit dem kritischen Blick seitens des Kunden leben müssen.

Plädoyer für ein ungesundes, dreckiges, verschwenderisches Marketing

Ich bin der Geist, der stets tief inhaliert!
Und das mit Recht; denn alles, was zu Asche werden soll,
ist wert, dass es vom Stängel glimmt.

Die Zigarette gewinnt ihre Attraktivität aus dem Negativen, gerade ihre Schädlichkeit macht sie erhaben.[25] Wie auch schnelles Autofahren die Umwelt verpestet, das zu teure Liebesgeschenk das Budget ruiniert und natürlich einem eine durchtanzte Nacht einen unproduktiven Morgen danach beschert. Aller Glamour hat etwas Zwiespältiges und Gefährliches, aber er macht auch glücklich. Großzügigkeiten, Verschwendungen, Heiterkeit, Rauschzustände, Schamlosigkeit, Unappetitlichkeiten machen das Leben erhaben. Ohne all das wäre das Leben bloß eine vorhersehbare Abfolge von »Bedürfnisbefriedigungsakten«[26].

Die grassierende Lustfeindlichkeit hingegen verordnet uns die Entgiftung des Lebens[27]: fettfreie Schlagsahne »ohne Reue«, alkoholfreies Bier, entkoffeinierter Kaffee, körperloser Sex. Ist es das, was wir wollen?

Spannende Produkte sind zwiespältig: nützlich und schädlich zugleich. Und das gilt ebenso für das Marketing. Die Zigarette ist nicht nur ein klassisches Produkt, das durch Marketing, Werbung, Design und PR »Reaktionen hervorruft«, sondern auch eine Metapher für das Marketing selbst. Auch das Marketing schadet und nutzt gleichzeitig. Aber während es den Nutzen in un(glaub)würdiger Art und Weise unter das mediale Vergrößerungsglas zerrt, kehrt es seine Schädlichkeit mit aller Macht unter den Teppich. Und kennt in dieser Beziehung keinen Spaß. In *Thank you for Smoking*[28], einer Filmsatire über einen Lobbyisten der Tabakindustrie, raucht niemand – eine subtile Ironie, die Marketingverantwortlichen meistens völlig fehlt.

Marketing ist allzu oft die Austreibung aller Ambivalenz. Zu viele Marketer gehen nach Lehrplan und »Schema F« vor, nach Kassenstand und Marketing-Plan-Vorgabe. Marketing ohne Witz und ohne Mut. Hässliche Logos, langweilige Konzepte, verdrießliche Ideen ohne jede Sensibilität. Marketing, so provinziell, penetrant und paralysierend wie Uriah Heep, so schmierig, allgegenwärtig und unerträglich wie Xavier Naidoo[29].

Das Marketing muss wieder dreckig werden. Sich richtig im Schlamm suhlen. Es muss verrucht werden – knisternde Erotik bieten statt sauberer Sex-sells-Langeweile. Im Marketing sollte wieder mehr geraucht werden, auch wenn es nicht um den Absatz von Zigaretten geht. Marketing sollte maßlos sein und die profanen Sachzwänge in den Wind schießen. Es sollte das Heilige, Schöne und Erhabene promoten, anstatt den Durchschnitt zu etwas Besonderem machen zu wollen. Ein Marketing sein der »verschwenderischen Verausgabung«, nicht der »ausgeglichenen Zahlungsbilanz«.[30]

Mit anderen Worten: Das Marketing sollte sich endlich wieder trauen, echte *Reize* zu setzen. Und ich mich endlich wieder trauen zu genießen.

| 6 |

SYMPATHIE

oder

Ein ungemein freundliches Kapitel, das mit allen Mitteln um die Gunst des verehrten Publikums buhlt, in dem BMW letztmalig Erwähnung findet und das die Frage, ob Konsumenten magnetresonanz-entzifferbar sind, offenlässt

Sympathie lernen

Von 100 Marken, die eine Frau kennt, verwendet sie 20. Von 100 Marken, die eine Frau sympathisch findet, verwendet sie 50. Von 100 Marken, die eine Frau kennt, aber nicht sympathisch findet, verwendet sie nur sieben. Das hat die Brigitte-Marktforschung herausgefunden.[1] Wäre aber auch ohne gegangen. Denn diese Ergebnisse unterstreichen, was wir sowieso schon wissen: dass Sympathie ein wichtiger Faktor im Konsum ist. Aufmerksamkeit, schön und gut, Bekanntheit, zweifelsohne wichtig, aber wenn ein Produkt sowohl allgemein bekannt ist als auch unsere Aufmerksamkeit auf sich gezogen hat, dann ist das alles doch nichts, wenn wir uns mit Ekel, Grausen oder einem einfachen Kopfschütteln abwenden. Sympathie, das heißt, sich etwas zuzuneigen, Antipathie dagegen, sich abzuwenden. Eine körperliche Reaktion also. Zu diesem einen Produkt fühlen wir uns hingezogen und drehen unseren Körper hin, von jenem wollen wir nichts wissen und sehen zu, dass wir auf Distanz bleiben.

Anders gesagt: Ein Mindestmaß an Sympathie ist notwendig, damit ein Kunde ein positives Markenimage formt und tatsächlich zugreift. Aus der Sicht der Strategen ist Sympathie eine Art »Markenguthaben«, das den Wert der Marke als Vermögensgegenstand mitbestimmt und mitverantwortlich ist für das Vertrauen in die Marke.[2] Und zu den Hauptfächern in Sachen Markensympathie gehört, ganz klar, die Werbung. Allen Unkenrufen zum Trotz wirkt sie, und zwar genau in diese Richtung.

Das Medium ist die Massage

»The medium is the message – Das Medium ist die Botschaft«, heißt der berühmte Schlüsselsatz des Medientheoriepapstes Marshall McLuhan, den er selbst noch einmal leicht abwandelte: »The medium is the massage – Das Medium ist die Massage«, lautete er nun.[3] Ich denke, die Werbepraktiker wussten das schon, bevor der Medientheoretiker auf den Plan trat. Seit eh und je setzt Werbung auf die Dauermassage der Konsumenten. Dass viele freiwillige und unfreiwillige Werbezuschauer sich darüber aufregen, dass jetzt schon wieder diese oder jene Werbung im Fernsehen kommt, die sie schon zigtausendmal gesehen haben, ist kein Argument, sie nicht noch zigtausendmal zu zeigen.

Man spricht hier vom sogenannten »Mere-Exposure-Effekt«. Er besagt, dass oft und in kurzen Abständen wiederholte Werbung sich nicht nur in die Köpfe einbrennt, sondern auch zu einer deutlichen Steigerung der Sympathie gegenüber dem beworbenen Produkt und seiner Marke führt. Zwar lehnen wir hochfrequente, aufdringliche, penetrante Werbung *bewusst* ab – sie geht uns schließlich auf die Nerven –, *unbewusst* passiert jedoch das Gegenteil[4]. Es entsteht durch die Massage so etwas wie Vertrautheit und Nähe, und das sind schließlich positive Gefühle. Insbesondere dann stellt sich dieser Effekt ein, wenn die Kampagne der Marke ein emotionales Image verleiht, wenn sie den Infight der Gefühle sucht.

Wir speichern also zu allen möglichen Produkten und Marken quasi doppelt Inhalte ab: bewusst und unbewusst. Und beide Speichervorgänge können sich sowohl inhaltlich als auch hinsichtlich der damit verbundenen Wertungen widersprechen. Eine Marke kann einerseits positiv und andererseits negativ besetzt sein. In der Fachterminologie nennt man das eine »duale Einstellung«, eine Sonderform der Ambivalenz.

Die duale Einstellung

Die impliziten, unbewussten Einstellungen resultieren oft aus tiefen emotionalen Erlebnissen und sind nur schwer zu verändern, während die expliziten, bewussten Einstellungen im Vergleich dazu deutlich leichter beeinflusst werden können.[5]

»Unbewusste« Einstellungen sind typischerweise unbekannten Ursprungs. Sie rufen quasi automatische Reaktionen hervor, sie sind, wie ein nervöses Muskelzucken, nicht kontrollierbar, sondern erscheinen vielmehr als spontan.[6]

Entscheidend in konkreten Situationen ist das Verhältnis zwischen expliziter und impliziter Einstellung. Für den Fall, dass sich beide widersprechen, stellt sich natürlich die Frage, nach welcher Seite die Waage ausschlägt – und warum? Weiß jemand überhaupt, dass er neben seiner bewussten Meinung noch eine implizite Einstellung besitzt? Schafft es eine unbewusste Einstellung, die bewusste zu »überschreiben«? Kann die leichter irritierbare explizite Einstellung genügend Kraft, Motivation und Durchhaltevermögen aufbringen, um die tiefsitzende, extrem stabile implizite niederzuringen?

Bei solchen Entscheidungsprozessen kommt es auf das jeweilige Energielevel an. Während die implizite Einstellung konstant ein relativ hohes Level aufweist, muss es für die explizite in jedem einzelnen Fall ad hoc aufgebracht werden. Bei Low-Involvement-Entscheidungen, bei denen wir nicht groß darüber nachdenken, was wir gerade tun, hat daher die implizite Einstellung fast immer die Nase vorn. Bei High-Involvement-Entscheidungen, bei denen wir alles noch einmal und noch einmal überdenken, wird sich dagegen die explizite öfter durchsetzen.[7]

Sympathie ist, um an den Kerngedanken zu erinnern, ein zentraler Faktor für Kaufentscheidungen. Und deswegen liegt es für das Marketing nahe, die verführerische Karte zu spielen. Sich einzuschleichen. Zu schmeicheln. Anzubiedern. Sympathie mit allen erlaubten und unerlaubten Mitteln zu ergattern. »Flattery« ist der englische Ausdruck dafür.

Flattery

Eine Allianz aus gesundem Menschenverstand und zahlreichen wissenschaftlichen Studien ist der Meinung, dass dieses Anbiedern, dieses Einschmeicheln und Schöntun, wenn es als solches erkannt wird, vom Kunden »abgestraft« wird. Durch Nichtbeachtung, durch Entzug der Sympathie, ganz einfach dadurch, dass die betroffenen Produkte und Marken nicht gekauft werden. Das ist aber im Großen und Ganzen ein Trugschluss. Wenn Konsumenten die Anbiederung bemerken, verändert das möglicherweise ihre explizite Einstellung, die implizite bleibt dagegen mit großer Wahrscheinlichkeit unbeeinflusst. Während sich vielleicht Ekel einstellt, wird die Anbiederung unbewusst oft sogar regelrecht genossen.[8] Und weil die expliziten Einstellungen instabil sind, wie das Fähnlein im Wind, ist eine mögliche Kaufablehnung meistens nur eine kurzfristige Angelegenheit; langfristig sieht es dagegen ganz anders aus: Die positiven Auswirkungen der Umschmeichelung setzen sich durch. Anbiederndes Marketing und allzu schleimige Werbung schaden also mitunter kurzfristig ein wenig, auf Dauer gesehen überwiegen aber die positiven Effekte. Man könnte sogar sagen: Es hilft nichts, das Marketing und die Werbung zu durchschauen, am Ende wird man doch zum willenlosen Opfer …

Aber natürlich sind auch Veränderungen der impliziten, eigentlich stabilen, langfristigen Einstellungen möglich. Jedoch ist das erstens zeitintensiv und zweitens aufwändig. Dafür sind nämlich Lernprogramme nötig, die die stabilen, fest verankerten Einstellungen überschreiben können, sozusagen eine komplette Neuprogrammierung. Deswegen ist und bleibt es naheliegender, im Marketing auf die expliziten Einstellungen abzuzielen. Immer verbunden mit der Möglichkeit, dass unter der Dauermassage mit der Zeit die alten Muster doch verblassen und neue Vorstellungen an ihre Stelle treten ...

Emotionale Konditionierung

Zu den klassischen Lernprinzipien, die auch und vor allem die impliziten Einstellungen prägen, gehört die Konditionierung à la Igor Pawlow. Fürs Marketing adaptiert wurden seine Ideen von Werner Kroeber-Riel, dem Gründer der Konsumentenforschung in Deutschland. Seine Aussage der »Emotionalen Konditionierung« durch Werbung war seinerzeit revolutionär und neu. Zuvor hatte man die emotionalen Aspekte von Werbung weitgehend stiefmütterlich behandelt und sich vor allem um kognitive Aspekte gekümmert. Kroeber-Riel konnte aber beweisen, dass der Mensch emotional konditionierbar ist. Dass Emotionen also erlernbar sind, beispielsweise durch die genannte Dauermassage durch gefühlsintensive Werbung, durch eine Dauerberieselung mit Gefühlen, die dann mit den beworbenen Produkten und Marken verbunden werden.

Als einer der wichtigsten deutschen Beiträge zur Marketinggeschichte überhaupt gilt das »Hoba-Experiment«. Kroeber-Riel konnte zeigen, dass und wie Produkte emotional differenziert, wie positive Gefühle mit Produkten assoziiert, wie letztlich Sympathien für Produkte aufgebaut werden.[9]

Das Prinzip ist folgendes: Ein neutraler Reiz – ein Logo, eine Marke, ein Wort – wird wiederholt mit einem prägnanten emotionalen Reiz – schöne Landschaft, schnelles Auto, üppige Frau – ver-

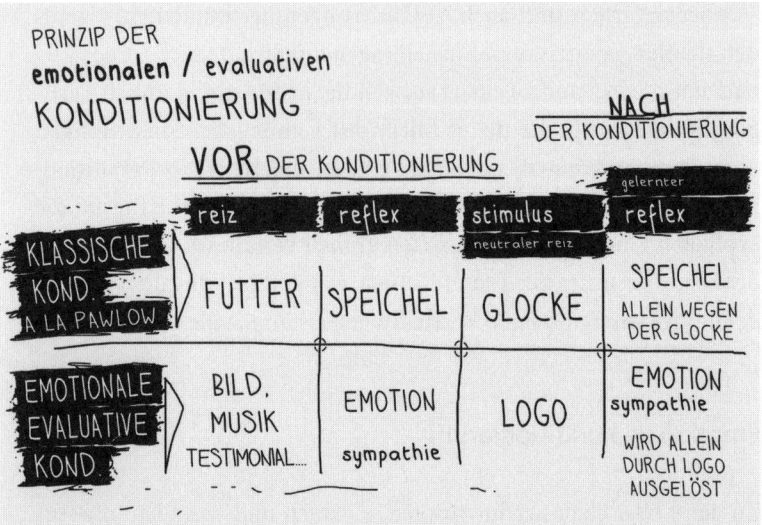

PRINZIP DER
emotionalen / evaluativen
KONDITIONIERUNG

VOR DER KONDITIONIERUNG

NACH DER KONDITIONIERUNG

	reiz	reflex	stimulus neutraler reiz	gelernter reflex
KLASSISCHE KOND. A LA PAWLOW	FUTTER	SPEICHEL	GLOCKE	SPEICHEL ALLEIN WEGEN DER GLOCKE
EMOTIONALE EVALUATIVE KOND.	BILD, MUSIK TESTIMONIAL...	EMOTION sympathie	LOGO	EMOTION sympathie WIRD ALLEIN DURCH LOGO AUSGELÖST

knüpft. Der neutrale Reiz wird so emotional aufgeladen und kann dann dauerhaft von dem sekundären Stimulus profitieren. Die Konditionierung ist durchgeführt, eine unmittelbare Reiz-Reaktions-Kette hergestellt. Der komplizierte Umweg über gedankliche Prozesse entfällt. Wir empfinden quasi »automatisiert«.

Damit eine solche Konditionierung wirklich funktioniert, sind zahlreiche Wiederholungen notwendig. Konkret bedeutet das, dass der Konsument die gleiche Werbung vielfach sehen, sie durch wiederholte Wiederholung verinnerlichen muss. »Werbedruck« heißt der Begriff, der dafür geprägt wurde.

Kroeber-Riel arbeitete in seinem Experiment mit den völlig neutralen, unscheinbaren Namen »HOBA-Seife« und »SEMO-Ordner«. Die Bezeichnungen waren für die Versuchsteilnehmer neu, also noch ohne jede Bedeutung: Die Markennamen ließen die Versuchspersonen kalt. Aber dann wurden sie aufgeheizt, und zwar durch reizstarke Bilder, die den Probanden in einem simulierten Filmtheater präsentiert wurden. Zu sehen waren verschiedene Motive: soziales Glück, sorgenfreier Genuss, harmonische Natur, Urlaubsstimmungen und last, but not least knisternde Erotik – immer in Verbindung mit dem HOBA- oder SEMO-Schriftzug samt Logo. Die Union von kalter Marke und heißem Bild wurde als Bildwerbung jeweils etwa fünf Sekunden lang gezeigt.

Durch die permanente Wiederholung verbanden sich die reizarme Seife und die reizvollen Versprechungen der Bilder. Die nichtssagende Seifenmarke und der auch nicht übermäßig attraktive Aktenordner partizipierten an der verführerischen Kraft der Bilder. Und damit gewannen sie die Sympathie der Probanden, will sagen Werbezuschauer. Der Effekt: Auf diese Weise steigt die Kaufwahrscheinlichkeit, außerdem die Bereitschaft, höhere Preise zu zahlen – und letzten Endes steigt auch die Loyalität.

Attraktive Bilder sprechen den Menschen tatsächlich so direkt und stark an wie nichts sonst. Grundsätzlich sind aber auch andere Wege möglich, um Sympathie zu erzeugen: bestimmte Farbkombinationen, emotional aufgeladene Worte oder umschmeichelnde Musik.

Ein gelungenes Beispiel, gefunden im Duty-free-Katalog der Fluggesellschaft Swiss: eine Anzeige von Camel, die zwei starke Emotionen, nämlich Urlaubsstimmung und soziales Glück, glänzend kombiniert. Zu sehen sind weder rauchende Personen noch irgendein Hinweis darauf, wie toll das Geschmackserlebnis der Zigarette ist. Stattdessen wird eine sehr angenehme Atmosphäre kreiert, die auf den ersten Blick, und zwar im Bruchteil einer Sekunde, erkennbar ist. Sogar wenn man die Zeitschrift nur durchblättert, wenn man die Anzeige nur kurz streift, kann sich der gewünschte Effekt einstellen. Wer aber nicht blättert, sondern hängen bleibt, wird zusätzlich belohnt. Wer noch mal genau hinschaut, sieht irgendwann, was vorher nicht zu sehen war. Erst leuchteten dort Kerzen und Lampen, dann aber, wenn man zu sehen versteht, sieht man plötzlich ein … Kamel, pardon Camel, die »versteckte« Botschaft des Rätselbilds.

Die Anzeige schlägt quasi zwei Fliegen mit einer Klappe: Wenn man sie achtlos überblättert, dringt sie über das Prinzip der emotionalen Konditionierung in die Regionen des Unbewussten ein. Wer ihr seine Aufmerksamkeit schenkt, wird über das »Suchbild«

tiefer hineingezogen. Ein perfektes Beispiel also für eine Werbung, der man kaum entkommen kann, die implizit und explizit wirkt, emotional und kognitiv.

Angriff auf das Unbewusste

Als Kroeber-Riel seine Experimente durchführte und so zum Pionier der Werbepsychologie wurde, dachte außer ihm noch niemand an unbewusste Beeinflussungen und implizite Einstellungen. Heute hat sich das Verhältnis im Prinzip umgedreht. Das implizite Gedächtnissystem und seine Beeinflussung stehen immer mehr im Vordergrund aller Überlegungen und Forschungen. In der Praxis gibt es einen deutlichen Trend zur Beeinflussung der impliziten Einstellungen. Und dafür sind Konditionierungen bestens geeignet, wie aktuelle Marketingstudien nachweisen konnten.[10]

Das Unterbewusstsein ist damit zum ersten Ziel des Marketings geworden. Hier, jenseits des rationalen Denkens und des Bewusstseins, ist die Konditionierung von »Sympathie« und »Antipathie«, von »mögen« und »nicht mögen«, von »likes« und »dislikes« möglich. Das entsprechende begriffliche Stichwort im Marketing ist »Evaluative Konditionierung«, also die Beeinflussung von Urteilen, Meinungen und Einstellungen.[11]

Dem Marketing und den Unternehmen steht dafür die gesamte Palette der Werbemöglichkeiten zur Verfügung: Product Placement, Sponsoring, Promotions und so weiter. Insbesondere der Einsatz von Berühmtheiten, von sogenannten Testimonials, zielt in die Richtung der evaluativen Konditionierung: Die Sympathie für die berühmte Sportlerin oder den berüchtigten Schlagersänger soll sich auf das Produkt übertragen. Ab jetzt und für alle Zukunft sollen die positiven Gefühle auch dann verfügbar bleiben, wenn man längst vergessen hat, dass dieser oder jener Promi mal für das Produkt geworben hat.[12]

Das Problem bei dieser Erzeugung von Sympathie: Eskapaden und Skandale im Privatleben der Testimonials können schnell, sehr schnell, buchstäblich über Nacht dazu führen, dass ganze Werbekampagnen eingestampft werden müssen. Während Deutschlands bekanntester Wetterfrosch einst bestens dazu geeignet war, Joghurt anzupreisen, der angeblich die Abwehrkräfte stärkt, konnte davon, als sich der Orkan über ihm selbst entlud, plötzlich nicht mehr die Rede sein.

Sympathie kann also von überall herkommen. Von schönen Bildern bis hin zu berühmten Stars und Sternchen. Aber wie kann man sie messen? Nun, wenn Marktforschungsstudien durchgeführt werden, dann befragt man die Teilnehmer. Die Probanden werden gebeten, einen kurzen Fragebogen auszufüllen und auf einer Skala von eins bis fünf anzukreuzen, wie sehr sie das Produkt mögen, wie sympathisch es ihnen ist. Der Haken an der Sache ist natürlich: Das funktioniert nur, wenn man davon ausgeht, dass die Probanden sich ihrer Bewertung vollumfänglich bewusst sind. Dass ihre bewusste und ihre unbewusste Haltung, ihre explizite und implizite Einstellung identisch sind. Wir haben aber gesehen, dass das nicht zwingend der Fall ist. Dass die unbewusste der bewussten Haltung oft entgegensteht. Um es mit Sigmund Freud zu sagen: »Das Ich ist nicht Herr im eigenen Haus, wie soll man sich also auf es verlassen können?«

Deswegen kommt für die Messung der impliziten Einstellung und Sympathie vor allem eine Methode zum Einsatz, die zwei Forscher der University of Washington Ende der Neunzigerjahre entwickelten und die heute quasi der Standard für einfache Messungen ist[13]: Der »Implicit Association Test« (IAT), den Sie unbedingt einmal selbst ausprobieren sollten. Zum Beispiel auf der Webseite der Harvard-Universität: implicit.harvard.edu.

Der IAT macht das Lügen schwer, wenn nicht gar unmöglich, allein deswegen, weil die Probanden in der Regel nicht durchschauen, wie er funktioniert und was gerade passiert. Die Ergebnisse des Tests entziehen sich der Kontrolle – und damit der Manipulationsmöglichkeit – durch den Probanden. Fürs Denken wird dem Teilnehmer gar keine Zeit gelassen. In diesem Sinne ist er »objektiver« als alle herkömmlichen Tests. Ich verzichte aus guten Gründen darauf, Ihnen den IAT an dieser Stelle Schritt für Schritt vorzustellen. Erwähnen möchte ich jedoch die Warnung, die jeder Nutzung des Tests vorgeschaltet wird: »Ich bin mir darüber im Klaren, dass ich möglicherweise Auswertungen über meine IAT-Ergebnisse bekomme, denen ich nicht zustimmen würde.« Ich wünsche Ihnen viel Spaß!

Neuronen und Magnetresonanzen

Das Konzept des impliziten Gedächtnisses hat in den letzten Jahren eine regelrechte Goldgräberstimmung im Marketing ausgelöst. Endlich mal wieder ein fundamental neues Feld zum Austoben …

Wenn ein Konsument sich im bewusst-explizit Modus befindet, dann ist er sozusagen der Pilot seiner Entscheidungen und hat die

Kontrolle. Gleitet er dagegen in den unbewusst-impliziten Modus ab, dann kommt ihm die Kontrolle abhanden und der Autopilot übernimmt.[14] Das passiert besonders gerne dann, wenn Menschen unter Druck stehen, zum Beispiel unter Zeitdruck, wenn sie mit Informationen überlastet sind, wenig Interesse für die Sache aufbringen oder sich wegen mangelnder Kenntnisse unsicher hinsichtlich ihrer Entscheidung fühlen. Gerald Zaltman, der berühmte Konsumforscher der Harvard Universität, schätzt, dass knapp 95 Prozent der Konsumentscheidungen durch den Autopiloten gefällt werden; Martin Lindstrom schätzt vorsichtiger auf 80 Prozent[15].

Während uns der explizite Pilot sagt, es sei vernünftig, einen umweltfreundlichen Kleinwagen zu kaufen, eilen doch die ungleich verbrauchsstärkeren SUVs von Erfolg zu Erfolg. Auch ein typischer Fall von *Attitude Behavior Gap*, von autopilotenhaftem Handeln wider besseres Wissen. Und noch ein Beispiel, diesmal aus dem Bankensektor. Deutsche Bank und Commerzbank rangieren auf der expliziten Ebene in etwa gleichauf. Beide gelten im Privatkundenmarkt als mittelmäßig sympathisch und seriös. Aber die Deutsche Bank ist im Privatkundengeschäft sehr viel erfolgreicher, und zwar aufgrund ihres im Vergleich zur Commerzbank besseren Images: Sie wird als deutlich vertrauenswürdiger, kundenfreundlicher und sympathischer wahrgenommen.[16]

Um Einblicke in automatisiertes Verhalten und implizite Gedächtnisinhalte zu bekommen, setzen Marketingforscher und -praktiker immer mehr auf neuropsychologische, apparative Verfahren wie die funktionelle Magnetresonanz-Tomografie fMRT, die Gehirnaktivitäten abbilden kann. Diese Technik macht sich die unterschiedlichen magnetischen Eigenschaften von sauerstoffreichem und -armem Blut zunutze. Anhand eines sehr starken Magnetfeldes, wie es der fMRT-Scanner produziert, kann gemessen werden, welche Gehirnareale gerade besonders aktiv sind.

Die Testpersonen werden in ein ungemütliches Labor geführt und dann in eine Röhre geschoben. Jeder, der schon einmal im Kernspintomografen lag, weiß, dass das kein Spaß ist. Man fühlt sich wie lebendig begraben und versucht, sich selbst, so gut es geht, die aufsteigende Panik auszureden.

Subsumiert werden all diese Versuche, den sogenannten »Buy Button« im Gehirn zu finden, mit dem schillernden Ausdruck »Neuromarketing«.

Was bisher gelang, ist vor allem die neuronale Identifizierung und Lokalisierung marketingrelevanter Konstrukte. So konnte nachgewiesen werden, dass Konsumenten sich besser an Bilder erinnern, wenn sie diese für mindestens zwei Sekunden betrachten. (Nun ja, diese Erkenntnis erscheint mit Recht ein wenig banal angesichts der dafür benötigten komplexen und teuren Versuchsanordnung.) Weiter konnte festgestellt werden, dass attraktive Anzeigen zu einer stärkeren Aktivierung von Hirnarealen führen, die im Zusammenhang stehen mit Belohnung.

Eine Forschergruppe der Universität Münster konnte neurowissenschaftlich eine Art Lieblingsmarkeneffekt nachweisen.[17] Sie fanden heraus, dass bei starken Marken mit hoher Bekanntheit und starker Reputation ein doppelter Effekt eintrat. Sie stellten nämlich eine gedrosselte Aktivität im Vorderhirn fest, die sogenannte »kortikale Entlastung«, bei der für rationale Entscheidungen zuständige Hirnareale sich entspannen und sozusagen in einen leichten Schlaf fallen. Gleichzeitig ist eine Aktivitätssteigerung der emotionalen Zentren zu beobachten. Ich übersetze das mal aus dem Neuroökonomischen ins Deutsche: Wenn Konsumenten eine starke Marke sehen, dann schaltet der Verstand auf Standby. Und das heißt auch: Die Verteidigungsschilde sind unten. Die rationale Abwehr funktioniert nicht mehr, der Kunde lässt sich über seine »anfälligen« Gefühle zu diesem oder jenem Konsum verleiten, den er im Vollbesitz seiner geistigen Kräfte vielleicht nicht einmal in Betracht gezogen hätte. »Kortikale Entlastung« ist also die weiche Flanke des Konsumenten, über die starke Marken fast ungehindert angreifen können.

Die starke emotionale Bindung des Kunden ist dafür jedoch notwendige Bedingung. Und Markenmanager folgen dieser Dienstanweisung. Sie versuchen, die Marke stark zu emotionalisieren, auf diese Weise starke Bindungen wahrscheinlicher zu machen und in der Folge rationale Entlastung und emotionale Belastung zu bewirken.

Michael Koenigs und Daniel Tranel legten den berühmten Pepsi-Test mit Probanden neu auf, die unter einer Schädigung des präfrontalen Cortex litten, des Gehirnareals, das für Emotionen von überragender Bedeutung ist.[18] Beim Pepsi-Test wird Probanden Coca-Cola und Pepsi-Cola angeboten. Im Blindtest wird Pepsi vorgezogen, wissen die Probanden Bescheid, hat Coca-Cola die Nase vorn. Die Probanden mit besagten Schädigungen blieben dagegen dabei: Pepsi ist leckerer. Die Folgerung: Das normale Muster (Bevorzugung von Coca-Cola, wenn man es weiß) wird durch Emotionen gesteuert.

Neurowissenschaftliches Zwischenfazit: Emotionen steuern Marken. Sie führen zu einer langfristigeren Verinnerlichung von Werbebotschaften. Emotionale Erlebnisse sind das beste Werkzeug, um Botschaften tief zu verankern.[19] Nur »Lieblingsmarken« schaffen es, den präfrontalen Cortex in unserem Hirn zu knacken. Und da die Marketer und Werber das natürlich längst wissen, werden wir mit emotionalen Bildern regelrecht überflutet.

Neuromarketing ist eine Disziplin, die noch in den Kinderschuhen steckt und in der praxisorientierten Marktforschung nur eine Nebenrolle spielt, nicht zuletzt wegen der immensen Kosten[20]. Die umstrittene Disziplin, die extreme Euphorie, aber auch nicht minder extreme Kritik ausgelöst hat, hat zumindest einen kaum bestreitbaren Vorteil: Nervöse Führungskräfte, die immer mehr quantitative Formen der Marktforschung für oberflächlich und alle qualitativen sowieso für Kaffeesatzleserei halten, werden durch die naturwissenschaftlichen, scheinbar oder tatsächlich objektiven Methoden beruhigt. Die neurobiologische Marktforschung vereint zwei große Vorteile: Man braucht nur wenige Probanden, um Aussagen über die Gesamtheit machen zu können. Und sie liefert gut vergleichbare, harte Ergebnisse. Damit erleichtert das Neuromarketing strategische Entscheidungen extrem. Nicht ein fehlerhafter Mensch, der (falsch) interpretiert, macht irgendeinen subjektiven Vorschlag, sondern die

Maschine spricht, nämlich ohne Umwege, die Wahrheit aus. Daran stoßen Universitäts- und Marktforschung sich gesund. Und die Manager träumen von einer Welt, in der der Kunde endlich ganz und gar durchschaut wird. Und sich nicht dagegen wehren kann …

BMW und der Mantel des Schweigens

Ich bin der Geist, der stets stramm loslegt.
Denn jedes Gaspedal, das entsteht, ist wert,
dass es durchgetreten wird.

Nein, im Ernst, ich bin ein wirklich defensiver Fahrer. Schaue beim Fahren die ganze Zeit rechts und links, ob ich eine Oma mit Rollator sehe, die ich über die Straße lassen könnte. Welche Marke ich fahre? Dazu später mehr ...

Manche Marken findet man einfach sympathisch. Manchmal ist man sogar ein richtiger Fan. Informiert sich regelmäßig, was es so Neues gibt. Andere dagegen kann man einfach nicht leiden. Ich kann es ja auch nicht ändern: Die Bayerischen Motoren-Werke kommen mir nicht in die Tüte. Kann ich einfach nicht ab. Und das als waschechter Bayer. Und obwohl geschätzte 94,8 Prozent meiner Studenten liebend gerne bei BMW arbeiten würden. Obwohl gute Freunde von mir es tun. Obwohl ich selbst drei Jahre BMW gefahren bin. Was habe ich mich geschämt. Gott sei Dank hat das niemand gemerkt ...

Und warum das Ganze? Weil in jedem BMW so ein »hochleistungsorientierter Konformist« hockt, für den das Blech um ihn herum Ausdruck von Erfolg und Achtung ist. Weil das Design so unendlich gewollt und bemüht ist. Weil die Bajuwaren in ihren Kommunikationskampagnen so penetrant auf cooles Design und Kreativität, auf Kurzfilme, Jazz Awards und postmoderne Erlebniswelten setzen – und das, obwohl die Marke eigentlich und im Kern doch unendlich uncool ist ... Einfach lächerlich!

Aber indem ich hier lautstark verkünde, dass ich BMW nicht leiden kann, stärke ich die Marke doch nur – und bin sozusagen ein wertvoller »Kunde«. Denn Marken leben nicht nur von ihren Fans, sondern auch von ihren Feinden. Von denen, die sie ablehnen, die sie hassen. Wir Anti-Fans machen die Marke nur noch stärker, weil wir den Zusammenhalt der Fans stärken und die Abgrenzung nach außen sichtbar machen. Um im Freistaat zu bleiben:

Bayern München ist nicht nur die erfolgreichste, wichtigste, beste deutsche Fußballmarke, weil sie so viele Fans hat, sondern auch, weil so viele die Bayern zum Kotzen finden. »Zieht den Bayern die Lederhosen aus!« Ein Schmähgesang, der in Wahrheit die Marke nur noch stärker macht ...

Und das ist mein Problem: Ich will BMW nicht stärken, ich will keinen Fan dazu bringen, noch stärker an die Marke zu glauben. Was also nun?

Nun, Marken können die Welt in zwei Lager einteilen.[21] Die einen sind dafür, die anderen dagegen. Und gleichzeitig für eine andere Marke, gegen die wiederum die anderen sind. Prada oder Gucci? Geha oder Pelikan? Coca-Cola oder Pepsi? Bond oder Bourne? Arte oder 3SAT? Blackberry oder iPhone? Dualität – will ich nicht. Ich bin für Dreifaltigkeiten: »Eins, zwei oder drei, nur noch einen Hopp, dann bleibt es dabei.« Deswegen gilt: Nicht Prada oder Gucci, sondern Bottega Veneta. Nicht True Religion oder Seven for all mankind, sondern Citizens of Humanity. Nicht BMW oder Audi, sondern ... Mercedes.

Das überrascht Sie? Mercedes? Die Spießerkarosse der Hutträger, Metzger und Bauern? Platz für die Klorolle mit Häkelüberzug auf der Heckablage? Geschenkt! Aber einen 300 SL in korallenrot, ein silbernes SLR 300 Uhlenhaut-Coupé, einen Smart Roadster – diese Eleganz ist für die Ingolstädter und Münchner Konkurrenz in 100 Jahren nicht zu erreichen. No way! Never ever!

BMW, das ist gefälliges Einheitsdesign, ein bisschen aufgewichst, aber doch völlig langweilig. Bemüht, aber nicht elegant. Gewollt, aber nicht gekonnt. Alles andere als eine Ikone. Die Zeiten der Isetta, des »Krankenfahrstuhls mit Hilfsmotor«, sind eben lange vorbei. Aber was rede ich hier die ganze Zeit über BMW, damit kurbel ich doch bloß den Umsatz an und schweiße die Fangemeinschaft zusammen. Also Schluss damit! Ich bin nun still und mache, was in meiner Macht steht, um die Marke zu schwächen: Ich schweige sie tot. Kein Wort mehr über BMW! Nicht mal als negatives Beispiel. Versprochen!

Ach ja, ich fahre übrigens einen Skoda Roomster Scout, Diesel, in Weiß. Sehr praktisch. Passt was rein. Sparsam im Verbrauch. Zuverlässig. Freier Blick in alle Richtungen. Exzellente Hutablage ...

| 7 |

DATEN

oder

Das mit Abstand langweiligste Kapitel dieses Buches, vor dem eindrücklich zu warnen ist, das dafür aber zur Organspende bedingungslos bereit ist, in dem Mephisto frei hat und von Gretchen vertreten wird, die mal eine Frage hat

Messen, messen, messen ...

Marketing ist eine Veranstaltung zur Beförderung des Konsums. Konsum ist eine Veranstaltung mit Kunden; ihnen bessere, passendere Leistungen anzubieten eine der zentralen Aufgaben der Strategen, vielleicht die wichtigste. Ein Arrangement auf Gegenseitigkeit, von dem letztlich beide Seiten profitieren.

Damit das Spiel in die Gänge kommen kann, damit beide Seiten auf der Gewinnerseite stehen, ist eine Grundvoraussetzung unabdingbar: Dass der Stratege über Wissen verfügt – Wissen über den Kunden. Seine Erwartungen, Wünsche, Träume, Verhaltensweisen, Vorlieben ... Wie sollte es sonst möglich sein, Angebote und Leistungen auf ihn abzustimmen? Um es kurz zu machen: Marketing ist in weiten Teilen nichts anderes als die Sammlung, Auswertung und Nutzung von Daten.

126

Der Daten-Imperativ lautet: Wisse vieles, besser alles über deine aktuellen und potenziellen Kunden, dann kannst du bessere Angebote machen, die attraktiver sind und exakter passen. Die Folge: mehr Absatz, mehr Umsatz, mehr Gewinn.

Weil die Datenernte die wichtigste Hintergrundoperation des Marketings ist, weil auf ihrer Grundlage erst die sichtbaren Anschlussoperationen erfolgen können, hat sich eine ganze Datenindustrie entwickelt, die nichts anderes macht, als Kunden statistisch einzulesen, große Speicher anzulegen, Einsen und Nullen immer wieder neu zu sortieren und anzuordnen. Marktforschungsunternehmen beliefern die Produzenten mit Wissen, Adressverlage die Händler mit Personendaten. Daten werden selbst zum Produkt mit großer Nachfrage. Und die Inflation der Datenmengen gewinnt im Zeitalter des Internets und der sozialen Medien eine ganz neue Qualität. Die Daten sind buchstäblich überall, völlig grenzenlos, der Cyberspace ist der erste unendliche Datenspeicher. Und wir hinterlassen, sobald wir ihn betreten, mit jedem Klick unsere Spuren, die von den Fahndern und Fährtenlesern in ihren CSI-artigen Spacelabs entziffert und ausgewertet werden. Um uns zu überführen ... als Mitglieder einer Konsumzielgruppe.

Aber, verehrter Leser, bevor Missverständnisse aufkommen: Die Herren der Daten sind keine Pfadfinder, und es wird weder Räuber und Gendarm noch Cowboy und Indianer gespielt. Hier geht vielmehr alles mit rechten Dingen zu, genauer gesagt mit Mathematik. *Marketing Metrics* heißt das Zauberwort, mit dem man hofft, das Marketing steuern zu können. Es geht also um Vermessung, Exaktheit, Quantifizierbarkeit. Allein die metrische, mathematisch exakte Auswertung der Kundendaten führt zum Ziel. »If you can't measure it, you can't manage it« – Was man nicht messen kann, kann man nicht managen, lautet der einschlägige Spruch. »Du bist, was du misst«[1] oder »Ich wurde verdatet, also bin ich«, könnte man auch sagen.

Im Visier der Vorstände sind folgerichtig Marketingstrategen, die die Sprache der Produktivität, des *Return on Investment*, sprechen und bereit sind, mess- und damit bewertbare Leistungen abzuliefern. Kreatives Flair und flippige Ideen zählen nichts, buchhalterische Datenverwaltung und Disziplinierung der Finanzen alles. »Metrics« sind also auch eine Art »interne PR«, eine Selbstlegitimation, um die Glaubwürdigkeit und das Image der Marketingabteilung mit Zahlen zu unterfüttern.

Die eine Zahl, die alles erklärt, gibt es freilich nicht. Deswegen gehen die Datenjongleure mit einer Vielzahl von Parametern ans Werk, um Struktur in die Flut der Einsen und Nullen zu bringen. Marktanteil, Deckungsbeiträge, Kundenzufriedenheit und -profitabilität, *Cost per Click*, die Kosten per Mausklick, und *Return on Marketing Investment*, um nur einige zu nennen. Egal ob zur Standortbestimmung, Zukunftsplanung, Ressourcenverteilung oder Strategieausrichtung – Zahlen beeinflussen die Aktionen und Entscheidungen von und in Unternehmen erheblich. Die hohe Kunst der Strategie besteht allein darin, die richtigen Ziele festzulegen, die richtigen Indikatoren auszuwählen und die richtigen Parameter zu isolieren.

Das leere Wohnzimmer

Die üblichste aller mathematischen Operationen ist die Berechnung von Mittelwerten. Denn schließlich fahnden die Unternehmen nach dem Durchschnittsbürger und -konsumenten. Alles will man über ihn wissen: Einkommen, Alter, Geschlecht, Bildungsstand, Konsumbudget, Kinderzahl, Anzahl verbrachter Stunden vor dem Fernseher, Beschaffungsrhythmus des Autos, Urlaubsfrequenz, Ex-Partner, Jobwechsel …

Dabei zählt selbstredend nicht das Individuum, sondern der Durchschnittstyp. Das Beste an ihm: Man kann ihn besuchen. In seinem Wohnzimmer. Genauer gesagt, im »WoZi«, das die Strategen von Jung von Matt ermittelt und eingerichtet haben. Das Zimmer, in dem, statistisch gesehen, der deutsche Normalbürger einen beträcht-

lichen Teil seines Lebens verbringt: »Deutschlands häufigstes Wohnzimmer«².

Das WoZi – ein Puzzle mit vielen Teilen. Jedes Detail beruht auf immensen statistischen Datenmengen, aufwändigen Umfragen, Meinungsanalysen und Besuchen bei auskunftsfreudigen Familien. Es ist 22 Quadratmeter groß, hat eine Deckenhöhe von zwei Meter vierzig, eine Raufasertapete mittlerer Körnung, einen dunkelblauen Veloursteppich, eine Deckenleuchte von Ikea, einen Wandschrank aus hellem Holz, eine honiggelbe Polstergarnitur und einen leicht geschwungenen, niedrigen Couchtisch, auf dem aufgeschlagen eine TV-Zeitschrift liegt. Im Bücherregal steht Dan Browns *Sakrileg*, hier und da schmückt etwas Nippes die Regale, der Fernseher ist ein 32-Zoll-Flatscreen, und Papa hat durchgesetzt, dass auch der PC im WoZi steht. Den Urlaub verbringt die deutsche Durchschnittsfamilie, originellerweise auf den Namen Müller getauft, an der Ostsee oder in Bayern, das Geburtstagsgeschenk für Mama sind Ferreros Beste, zu Muttertag ist ein Strauß Rosen fällig.

Warum das alles? Wieso haben die Jung von Matts ein solches Wohnzimmer nachgebaut? Gibt es doch schließlich millionenfach?

Richtig, das stimmt natürlich. Aber nicht bei den Jung von Matts. Die kennen so was nur aus der Theorie und mittels aufwändiger Datenerhebungen. Das WoZi ist ihnen eine fremde, unverständliche, ja unverstehbare Zone. All die jungen Texter, Grafiker und Filmer leben schließlich entweder in schicken Lofts oder in chaotischen Wohngemeinschaften. Für sie ist es eher irritierend, ein solches Wohnzimmer zu betreten. Etwa so wie eine Zeitreise in die Fünfzigerjahre – eine völlig andere Welt, die man mit Daten rekonstruiert, obwohl sie doch überall ist. Nur so können die denormalisierten, unter- und überdurchschnittlichen Werber den Normalkonsumenten verstehen, erleben und fühlen …

Segmentierung

Der durchschnittliche Typ. Gibt's den überhaupt? Sie, ja, Sie da. Sie, der Sie gerade diese Zeilen lesen: Sind Sie dieser Durchschnittstyp? Können Sie sich damit anfreunden? Identifizieren? Wie sieht Ihr Wohnzimmer aus? Oder leben und arbeiten Sie gar in einer Werbeagentur?

In der freien Wildbahn trifft man den Durchschnittsmenschen, egal wie lange man sucht, nicht an. Obwohl er unglaublich häufig existiert, gibt es ihn nämlich nicht. In unserer Gesellschaft ist Pluralität Trumpf, nicht Uniformität, Individualität, nicht Konturlosigkeit. Wir alle sind nicht Durchschnitt, wohl aber durchschnittliche Abweichler. Vom statistisch, aber nicht real existierenden Allerweltsmenschen weichen wir so oder so ab, aber weder sehr stark noch ganz wenig. Wir sind nicht ganz und gar eigenartig, aber auch nicht durch und durch standardisiert.

Deswegen ist das Konzept der Segmentierung möglicherweise realitätsgerechter als das Modell des Durchschnitts. Nicht mehr bloß der deutsche Michel, sondern auch der alleinerziehende Bohemien in der Midlife-Crisis, nicht mehr nur Frau Mustermann, sondern auch die radikal-tolerante Oma im Wii-Fit-Wahn, nicht alleine der

08/15-Kunde und Otto Normalverbraucher[3], sondern eine ganze Parade von Gruppen und Typen bevölkern die Konsumzone. Es gibt heute deutlich mehr Kundenmilieus und Marktsegmente als noch vor wenigen Jahrzehnten, und ein Ende der Segmentierung ist nicht abzusehen.

Schon 1956 fand das Konzept der Segmentierung Eingang ins Marketingvokabular. Wendell Smith[4] sah darin eine Alternative zur seinerzeit vorherrschenden Produktdifferenzierung. Während Letztere sich am Angebot orientiert, steht bei der Segmentierung die Nachfrage im Mittelpunkt. Weniger neutral gesagt: Während die Preisdifferenzierung den nachfragenden Kunden unter das Diktat des Angebots zwingen möchte, antwortet Segmentierung auf die Erfordernisse einzelner Kundengruppen. Ein Modell, das sich sowohl in der Wissenschaft als auch der Praxis durchgesetzt hat.

Seither gehen die Marketer auf die Suche nach interessanten Marktsegmenten, um sie zu entdecken, zu verstehen und Angebote an sie anzupassen. Gebildet werden Segmente auf Basis vieler Kriterien: Alter, Wohnort, Geschlecht, Einkommen, Bildung, Einstellungen, Werte und Verhalten, Kundenwert oder Lebenszeitwert.

Zoomen wir auf einen Wohnort: die mikrogeografische Marktsegmentierung. Sie geht von der Prämisse »gleich und gleich gesellt sich gerne« aus, von der Annahme, dass Menschen mit ähnlichen Parametern, wie etwa dem sozialen Status, sich in den gleichen Kleinstgebieten ansiedeln. Luftaufnahmen, Postleitzahlen oder Wohnquartiere können so Basis von Mikrosegmenten werden, der mittlere Zustand der Häuser und Gärten, die geparkten Autos und vieles mehr. Wenn man das Verhalten einiger Kunden des Segments kennt, schließt man auf den Rest. In Siedlungen, wo an Wochenenden die Rasenmäher leise singen, lohnt sich eine spezielle Kampagne, nicht aber in Innenstädten. Die Kunden eines bestimmten Postleitzahlbezirks sind bei Versandunternehmen schlechte Zahler, also macht man Vorkasse zur Pflicht.

Eine andere mögliche Segmentierung basiert auf dem Kundenwert. Es ist alter Marketingbrauch, Kunden mit einem hohen Lebenszeitwert Service- und Preisvorteile einzuräumen. Sie sind schließlich Topkunden. Wenn Telefonjunkies mit einem teuren Vertrag bei der Hotline ihres Mobilfunkanbieters anrufen, hängen sie mitunter weniger lang in der Warteschleife. Das System erkennt und bevorzugt sie. Wer bei American Express Kunde wird, muss sich in der Kartenhierarchie hocharbeiten: von der blauen über die grüne, goldene, platine bis zur ultimativen schwarzen Centurion Card. *Upselling* nennt man das.

Eine verhaltensbestimmte Segmentierung ist der *AIO-Approach* von Conrad & Burnett aus den späten Sechzigerjahren. Er gilt seither als das wichtigste Konzept der Lifestyle-Typologisierung. Die Konsumenten werden dafür auf Basis ihrer Aktivitäten, Interessen und Meinungen in Lifestyle-Segmente differenziert: Yuppies (*Young Urban Professionals*), Dinks (*Double Income No Kids*), Dins (*Double Income No Sex*), Lohas (*Lifestyle of Health and Sustainability*), Yeppies (*Young Experimenting Perfection Seekers*), um nur einige zu nennen, die es in unseren Wortschatz geschafft haben. Lebensstile sind verdichtete Segmente, die man gezielt ansprechen kann. Der Bodenständige, der Arrivierte, der junge Individualist, der Familienmensch, der Hedonist … Oder man rechnet nicht in der Einheit Lifestyle, sondern mit Milieus: Niveau-, Harmonie-, Integrations-, Selbstverwirklichungs- oder Unterhaltungsmilieu.[5]

In Deutschland folgt man heute vor allem dem Milieuansatz des Heidelberger Sinusinstituts. Die Sinusmilieus sind relativ komplex, deswegen aber auch besonders realitätsnah: Milieus, die es »wirklich gibt«, so Sinus. In ihnen verbinden sich demografische Eigenschaften (Alter, Bildung, Beruf, Einkommen) mit Lebensauffassungen und Lebensweisen. Zehn Milieus unterscheiden die Forscher, wobei es weitere Binnendifferenzierungen geben kann. Zur »Bürgerlichen Mitte« etwa gehören 14 Prozent der deutschen Bevölkerung, unterteilt in 8 Prozent Harmonieorientierte und 6 Prozent Statusorientierte.

Noch einmal weiter geht die Segmentierung nach kollektiven Identitäten[6]. Kunden fühlen sich solchen Kollektiven zugehörig,

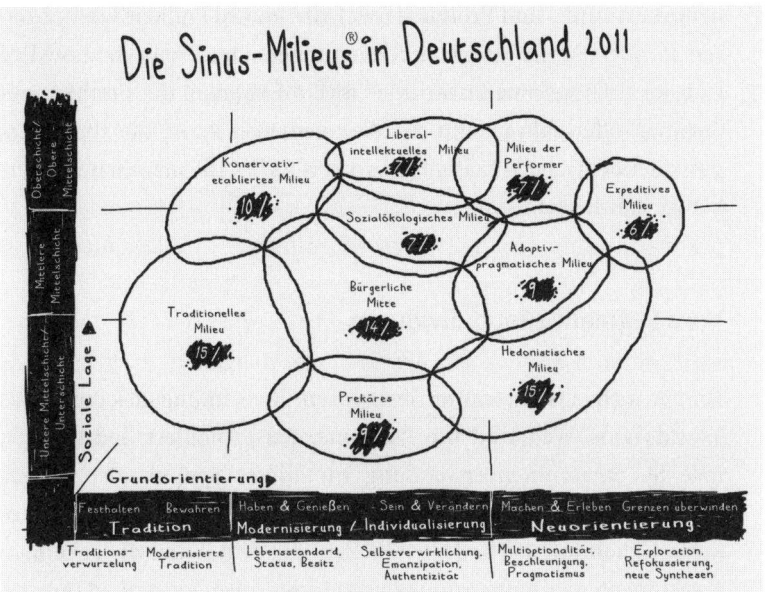

Die Sinus-Milieus® in Deutschland 2011

weswegen viele Entscheidungen nicht immer neu gefällt werden müssen: Was ziehe ich an? Wen wähle ich? Welche Musik höre ich? Welchen Film schau ich an? Welche App lade ich runter? Vorlieben, Lebensstile und insbesondere Generationen sind die Generatoren kollektiver Identitäten, und längst spricht man von der Generation X, Y, Golf, Doof oder Praktikum.

Generationen werden von bestimmten Ereignissen geprägt. Die aus Marketingsicht so interessanten heute 20- bis 35-Jährigen sind mit Krisen aufgewachsen: der 11. September, die Bildungs-, die Globalisierungs-, Umwelt- und Finanzkrise. Das Prekäre[7] ist das zentrale Merkmal dieser Generation, die Grundlage ein Lebensgefühl der Unsicherheit. Die Lebensverhältnisse sind instabil und können sich jederzeit ändern. »Liquid Life« – ein Leben in der flüchtigen Moderne.[8] Deswegen stehen nicht existenzielle Diskussionen und politische Provokationen auf dem Stundenplan der Generation Krise, sondern klassische Werte (wie Erfolg, Fleiß, Disziplin, Heimat, Familie), quasi als Kompensation[9]. Für diese Generation, die den Konsum heute bestimmt, sind Produkte ideal, die sowohl Freiheit symbolisieren als auch Sicherheit garantieren können. Der Prototyp: das Mini Cabriolet. Diese »Spaßmaschine« ist ein Exponent der Freiheit, mit der man offen fahren und die Welt genießen kann, die aber auch, dank der deutschen Qualitätsarbeit von BMW, die maximale Sicherheit gewährleistet.

Vom Segment zum Individuum

Immer mehr Daten, immer komplexere Berechnungen – durch das World Wide Web sind die Datenmengen explodiert. Jeder Klick, jede Suchmaschinenverwendung hinterlässt Spuren, also Daten. Der Konsument kann sich nicht mehr verstecken. Im Netz gibt es keine Geheimnisse. Die Datenquellen sprudeln – und die geheimen Konsumentenwünsche kommen ans Licht: Aufmerksamkeit (Klicks, Transaktionen), Absichten (Internet-Suche), Verbindungen (Soziale Graphen) und Situationen (Lokalisierung, GPS), Gedanken, Stimmungen und Emotionen (Facebook) sind nicht mehr in der Privatsphäre geborgen, sondern in öffentlichen Räumen ausgestellt.

Und die Daten werden munter gespeichert. Den Kunden bleibt nichts anderes übrig, als ihre Absichten mit den Unternehmen zu teilen. Amazon beispielsweise hat angeblich alle Daten von Anfang an aufbewahrt.[10] Das Problem solch gigantischer Speicherungen ist die Menge. Die meisten Daten verrotten ungenutzt. Nach den Butterbergen nun die Datengebirge.

Weil einerseits die digitalen Wertstoffdeponien längst überfüllt und unübersehbar geworden sind und andererseits der Kunde nicht als Segment, sondern als Individuum verstanden werden will, sind Vorratsspeicherungen oft nicht der Weisheit letzter Schluss. Persönliche Daten, Individualdatensätze, sind vielleicht noch interessanter, schließlich ermöglichen sie äußerst zielgenaue Marketingaktionen.

Und die Kunden spielen mit: Sie geben freiwillig Auskunft über sich und liefern Daten in erheblichem Umfang: ihre Vorlieben, Erkleckliches über ihre Freunde, die Produkte, die sie mögen und vieles mehr. Die Unternehmen wiederum ermutigen die Kunden zur Herausgabe privater Daten, indem sie eine kleine Gegenleistung in Aussicht stellen.

In der Welt der schnellen Informationsflüsse und der »Ökonomie der sozialen Daten«, des sozialen Web und der sozialen Medien, werden Daten geteilt. Nicht nur mit Unternehmen, sondern auch mit anderen Kunden. Die einstige Informationsasymmetrie zwischen Verkäufer und Käufer ist aufgehoben, da Kunden Daten für andere bereitstellen, um bessere Entscheidungen zu ermöglichen. Dadurch entsteht mehr Transparenz und letztlich mehr Chancengleichheit auf der Konsumentenseite. Und *Social Data* funktionieren in Echtzeit, wodurch eine ganz neue Qualität ihrer Präsenz und Verbreitung entsteht. Die Konsumzone wird zum offenen Spielfeld.

Soziale Daten werden zukünftig möglicherweise mit biometrischen verknüpft, um dem Kunden immer schneller und immer genauer »auf die Spur« zu kommen. Stellen wir uns Folgendes vor: Sie kaufen ein. Im Supermarkt – genauer im Future Store von Metro. Sie nehmen einen Mozzarella aus dem Regal, legen ihn zurück und wählen die fettreduzierte Variante. Über »magische Kanäle« weiß ein Computerhirn, das sie längst biometrisch erfasst hat, sofort von ihrer Diätproduktaffinität. Auf ihrem weiteren Weg durch den Markt werden durch intensivere Beleuchtung, mit einem extra Spot vielleicht, niedrigkalorische Produkte akzentuiert, und die Preisschilder gehen in die Höhe, wenn sie vorbeigehen … denn schließlich wollen Sie ja nächste Woche in Urlaub fahren, sorgen sich um Ihre Bikini- oder Badehosen-Figur und sind bereit, höhere Preise zu bezahlen. Noch ist das zwar Zukunftsmusik, aber doch schon in der Testphase – die direkte Erhebung und vollzugslose Umsetzung von Daten.[11]

Haßloch in der Pfalz ist seit 1985 der Testort für Marketing in Deutschland schlechthin. Hier testet die Gesellschaft für Konsumforschung (GfK) neue Markenartikel und Konsumprodukte an rund 3000 Haushalten. Sowohl die TV- als auch die Zeitschriftenwerbung ist hier anders als in Restdeutschland – die Haßlocher bekommen schließlich Produkte angeboten, die es (vorerst) nur hier gibt. Die Werbedaten und die Daten der Einkäufe an den dortigen Scannerkassen werden in Relation gesetzt und die nötigen Rückschlüsse gezogen. Haßloch ist keine Simulation, es gibt keine Laborsituation und nicht die üblichen Verzerrungen – alles hier ist real: die Käufer, die Daten und das Verhalten.

Prognosen, Trends und Zukunftsbilder

Eine Prognose ist eine Mutmaßung auf Basis aktueller und vergangener Daten. Das Muster, das man in dieser Zeitfolge erkennt, wird als Trend abgebildet. Und am Horizont des Trends entstehen die Konturen eines Zukunftsbilds.

Das alles sind Projektionen und Spekulationen über die Zukunft. Die Basisannahme ist jedoch fragil: Vergangenes muss auch in Zukunft gültig sein. Brüche, Diskontinuitäten und schnelle Veränderungen sind aber in flüchtigen Zeiten die Regel, nicht die Ausnahme. Trotzdem wird munter weiter hochgerechnet, und die Strategen sind so zu Wahrsagern auf Basis trügerischer Vergangenheitsdaten geworden.

Manche Trends sind aber einigermaßen stabil, wie das Altern der Gesellschaft, die Zunahme der Singlehaushalte, die Verstädterung, die Zunahme an Lebensmittelunverträglichkeiten sowie das Interesse an biologisch und ethisch einwandfreiem Konsum. Solche halbwegs verlässlichen Trends sind gute Ansätze für Produktion, Kommunikation und Marketing. Allerdings sind die genannten Trends allgemein bekannt und verwertbar. Sie taugen also kaum zur Differenzierung von Wettbewerbern.

Deswegen geht es für das Marketing nicht nur darum, auf die Zukunft zu warten, sondern sie vielmehr zu »machen« – indem Innovationen auf den Markt gebracht werden, mit denen kein Konkurrent rechnen kann. Das ist offensives Marketing. Aber Innovationen sind seltsame Gewächse. Ihren Erfolg vorherzusagen ist annähernd unmöglich. Vielfach traut man nicht einmal dem Kunden zu, darüber Auskunft geben zu können, weil er ein Gefangener der Vergangenheit und seiner Gewohnheiten sei. »Von Fokusgruppen abgelehnt« gilt unter Marketern heute fast als Auszeichnung.[12] Rover warb 1999 mit dem frivolen Slogan »Rejected by focus groups«, um klarzumachen, dass mit dem Rover 75 kein durchschnittliches, von einem Kundenkomitee abgenicktes Einheitsdesign auf den Markt kam. Fokusgruppen liebten den Geschmack der 1985 auf den Markt gebrachten »New Coke«, die sich als eines der größten Desaster der Marketinggeschichte entpuppte; Red Bull dagegen soll bei Verkostungen durchgefallen sein, kam trotzdem auf den Markt und wurde zur Megaerfolgsgeschichte. Manchmal ist es also klüger, die Datenzone weiträumig zu umgehen.

Unsichere Prognosen, fragile Trends, unscharfe Zukunftsbilder, unverlässliche Konsumenten – was wir nicht wissen können, hört auf den Namen Zukunft. Trotzdem werden auf Basis dieser und jener Daten pausenlos Vorhersagen zu diesem und jenem getroffen. Einer der am lautesten tönenden Gesänge ist jener vom »chinesischen Zeitalter«, das nicht mehr fern oder sogar schon angebrochen sei. Als Beweis dienen Wachstumsraten und andere signifikante Wirtschaftsdaten. Müssen wir deshalb mit einem chinesischen Zeitalter des Marketings rechnen? Damit, dass die USA als dominierende Wirtschaftsmacht abgelöst wird? Ich denke nicht. Für mich ist China kein Kandidat. Zweifelsohne ein Riesenmarkt, und freilich wird es dort bald mehr Hochschulabsolventen und Superreiche geben als in den USA. Aber China inspiriert den Konsum nicht. China fehlt Hollywood, Bollywood und das europäische Kunstkino. Ein chinesisches Produkt als Must-have? Nicht in Sicht. Was hat das Riesenreich zu bieten, das den Rest der Welt inspirieren könnte? Kann man die Kultur des Konsums prägen, wenn man die Kreativen verhaftet, anstatt sie zu fördern?

Es mag anders kommen, als ich denke. Aber ich möchte doch vor allzu blinder Datenhörigkeit warnen. Daten gaukeln Gewissheit oft nur vor, ohne uns aber wirklich voranzubringen.

Data

Daten können individuell erfasst sein oder gezielt gesammelt, das heißt aggregiert werden; sie können aus Online- oder Offline-Quellen stammen. Aus der Kombination beider Differenzen ergeben sich vier Möglichkeiten, an Daten zu kommen und mit ihnen zu operieren, um kundenindividuelle Angebote auf den Markt bringen zu können.

Retargeting

Viele Kaufprozesse finden in Episoden oder Etappen statt, die Kaufentscheidung entwickelt sich über mehrere Stufen und dauert damit eine gewisse Zeit. Retargeting heißt, den Kunden immer wieder an den Kauf zu erinnern. Der Prozess wird im Fluss und am Laufen gehalten. Voraussetzung dafür sind Informationen über den Kunden: dass und was er kaufen will. Besucher von Webseiten, die etwas in ihren Warenkorb legen, aber nicht sofort kaufen, die Aktionen beginnen, aber nicht abschließen, werden aufgespürt und immer wieder angesprochen. Ein Beispiel:

Sie surfen im Internet, um neue Sommerreifen zu kaufen, informieren sich aber zunächst nur. Sie unterbrechen ihre Suche, surfen dann hierhin und dorthin, irgendwann zu einer Online-Zeitschrift. Dort wartet bereits eine individualisierte Anzeige, die Ihnen Ihre bisherigen Reifen-Favoriten plus zwei weitere Modelle präsentiert. Sie ignorieren das, checken Ihre E-Mails. Und schon wieder ist der Igel vor dem Hasen da. Die Massage zeigt Wirkung: Sie kaufen. Weiter geht es auf die Seite eines Boulevardblattes, wo die passenden Felgen zu Ihren neuen Reifen angepriesen werden.

So werden in Echtzeit dynamische und personalisierte Werbemittel erzeugt, der Kunde regelrecht durch das Netz gejagt. Das ist Stalking im Namen des Absatzes. Um das zu vermeiden, werden sogenannte *Frequency Caps* gesetzt. Die Anzahl und Frequenz der

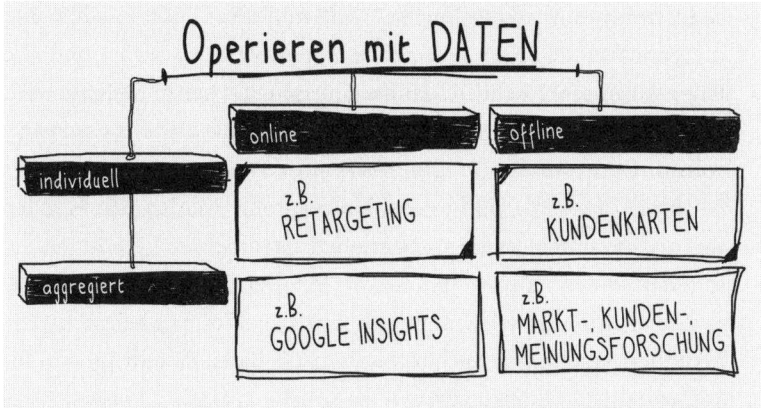

Werbemittelkontakte werden limitiert. Die sogenannte Konversionsrate, das Verhältnis von Webseitenbesuchen und Kaufvorgängen, ist bei diesem Instrument übrigens »beeindruckend«, wie viele Anbieter schwärmen.

Google

Google betreibt, wie wir alle wissen, die beiden größten Suchmaschinen des Planeten: Google und YouTube. Die größte Datensammlung der Welt und des Datenspaces – nicht nur resultierend aus Suchanfragen, sondern auch durch Routensuchen bei Google Maps oder den Browser Chrome. IP-Nummern und Spuren verdichten sich zu Verhaltensprofilen.

Google hat erkannt, meint der Internet-Pionier und Google-Vordenker Vint Cerf, dass alles von Werbung abhängt.[13] Das Prinzip ist denkbar einfach. Wer nach Autoreifen googelt, hat höchstwahrscheinlich Bedarf an Autoreifen – also warum nicht Anzeigen eines Reifenhändlers einblenden? Und zwar nicht versteckt in den Suchergebnissen, wie es die Konkurrenz tat, sondern klar getrennt und markiert. Vier kenntlich gemachte Zeilen am rechten Rand. Ein Vorsprung an Glaubwürdigkeit.

Irgendwann wird das Internet nicht nur unser Suchverhalten und die Seitenverweildauer aufzeichnen, sondern auch wann und wie lange wir unsere Nachttischlampe eingeschaltet haben, welches Buch wir lesen und ob währenddessen die Mikrowelle uns das Essen aufwärmt. Dann werden Programme mutmaßen, was der Mensch als Nächstes tun wird. Und exakte Nutzerprofile werden den Kunden mit maßgeschneiderten Informationen versorgen.

Oder wir versorgen uns selbst mit den »kostenlosen« Informationen von »Google Insights for Search«. Wo man beispielsweise erkennen kann, dass Suchanfragen nach Bademänteln in der Nikolaus-Woche Hochkonjunktur haben. Die Händler können diese Information nutzen, um zur rechten Zeit das Schaufenster mit Bademänteln zu bestücken. Offline vom Internet lernen. Im Netz informiert, im Laden gekauft. Ein typischer Fall von ROPO: »Research Online, Purchase Offline«. Eine sehr beliebte Konsumentenstrategie …

Markt-, Meinungs- und Motivforschung

Das Interview, die Befragung, gilt als Königsweg der Marketingforschung. Wieso kaufen die angeblich intelligentesten Lebewesen auf diesem Planeten einen Panzer mit dem Namen BMW X5 XDrive, der knapp 300 Gramm CO^2 in die Umwelt bläst und für den man etwa 100 000 Euro hinblättern muss? Ist Mon Chéri ein Sorgentröster, eine kleine Belohnung oder ein hipper Girlie-Snack? Da muss man doch mal nachfragen … Die Marktforschung versucht, den Konsumenten von innen zu erforschen, sogenannte *Consumer Insights* zu generieren. Sie wollen den Kunden also nicht nur vermessen, sondern ihn auch verstehen[14].

Wie effektiv solche Consumer Insights sein können, erkennt man am folgenden Beispiel: In England ist der sehr spezielle, aber auch sehr wichtige Markt für Organspenden ähnlich problematisch wie in Deutschland. In der Bevölkerung finden 90 Prozent Organspenden wichtig, aber nur 27 Prozent sind in einer Spenderdatei registriert. Die Zahl der Registrierten sollte von 16 Millionen (2010) auf 25 Millionen (2013) gesteigert werden. Ehrgeizige 37 600 neue Registrierte wollte man in den ersten fünf Wochen der Kampagne generieren. 187 820 Antworten kamen in diesem Zeitraum, wovon 128 218 in Registrierungen umgewandelt werden konnten. Anders gesagt: Das Ziel wurde um 400 Prozent überboten. Man hatte irgendetwas ziemlich richtig gemacht.[15]

Die Marktforschung hatte im Vorfeld herausgefunden, dass eine Reihe von Barrieren die Menschen vor einer Organspende abschreckt. Zuerst die Registrierung selbst, die daraufhin vereinfacht wurde. Außerdem war die psychologische Schwelle sehr hoch: Die Konfrontation mit dem eigenen Tod – denn Organe gibt man schließlich nur ab, wenn man selbst nicht mehr ist. Gedanken an Schuld, das Schicksal und das eigene Sterben lähmen die reale Organspendefreudigkeit. Und noch ein Problem: Die Menschen fühlen sich zwar gut, wenn Leben gerettet werden, aber sie verschieben ihr postmortales Geschenk immer wieder, so als hieße sich sofort registrieren zu lassen, den eigenen Tod herbeizurufen. »Nicht jetzt … später … noch bin ich ja quicklebendig …«

In einem nächsten Schritt versuchte man, noch tiefer zu forschen, warum sich so wenige Menschen als Organspender registrieren lassen. Man bat die Befragten, ihre Gefühle in Worte zu fassen, die sie bei dem Gedanken »Lass dich noch heute als Organspender registrieren« befielen. So stießen die Marktforscher in den Antworten auf ein wichtiges Motiv: Die befragten Menschen verbanden durchgängig äußerst positive Gefühle mit dem Bild der Lebensrettung. Man setzte schließlich auf die Karte »reziproker Altruismus«, dank dieses Motivs und der erfolgreichen Verlinkung der Marktforscher, Psychologen und Strategen mit einem Experten für … Vampirfledermäuse. Diese Kreaturen der Nacht »spenden« ihr überlebenswichtiges Blut nicht nur Verwandten, sondern allen Fledermäusen – ohne dafür eine direkte Blutgegenlieferung zu erhalten. Indem jede Fledermaus von jeder anderen gefüttert wird, erhöht die Art ihre Überlebens-

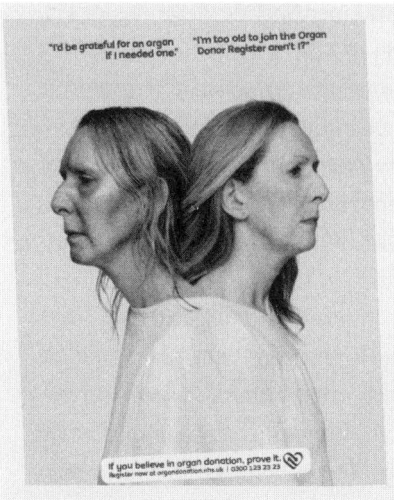

chance. Diese Idee des reziproken Altruismus trat in das Zentrum der Kampagne.

Organe werden nämlich nicht nur gespendet, sondern auch empfangen. Man kann nicht bloß toter Geber sein, sondern auch lebendiger Empfänger. Man überbrückte den Attitude-Behavior-Gap, die Differenz zwischen der Einstellung (Ja zum Spenden) und dem tatsächlichen Tun (Passivität), indem man die Reziprozität der Spende akzentuierte. Indem man die beiden Seiten der Medaille spiegelte: das Nehmen und das Geben. In Deutschland wurde eine ähnliche Idee mit Testimonials umgesetzt, die ebenfalls ein Geschäft auf Gegenseitigkeit anboten: »Du bekommst alles von mir. Ich auch von dir?«

Ein zentrales Problem der Marktforschung ist die Wahrheit. Konsumenten sagen in Interviews zwar weitgehend die Wahrheit, aber sie lügen auch gerne mal. Beugen die Wahrheit. Finden nicht die richtigen Worte. Verhehlen ihre Gefühle. Verdrängen die Wahrheit. Deshalb macht man das Antworten immer einfacher, um Missverständnisse zu vermeiden. Oder man misst die Körperreaktionen, um dem Konsumenten die Antwort zu ersparen.

Und man setzt verstärkt auf Projektiv-Techniken, die in den goldenen Zeiten der Motivforschung Mitte des letzten Jahrhunderts populär waren, die indirekte Fragetechnik zum Beispiel. Berühmtberüchtigt ist die *Shopping-List-Technique*, die Mason Haire 1950 vorgestellt hat.[16] Nescafé war damals in den USA ein Flop. Er schmecke halt nicht, sagten die Kunden. Aber so einfach war es nicht. Eine tiefere Wahrheit kam ans Licht, als man einige Probanden Einkaufszettel interpretieren ließ. Zwei verschiedene, um genau zu sein. Auf beiden standen dieselben Produkte, vom Hamburger über Dosenpfirsiche bis zum Brot. Nur eine Position unterschied sich. Eine Gruppe bekam eine Liste mit Nescafé-Instantpulver, die andere eine mit gemahlenem Bohnenkaffee der Marke Maxwell House Coffee. Je 50 Probanden wurden gebeten, die jeweilige Hausfrau zur Liste zu charakterisieren. Die Hausfrau, welche Nescafé auf der Liste hatte, wurde als faul und unfähig beschrieben. Es wurde sogar gemutmaßt, sie sei nicht nur keine gute Hausfrau, sondern eine ebenso miserable Ehefrau. Instantkaffee repräsentierte eine Sünde wider das amerikanische Familienbild, mangelhafte Sorge um den Kreis der Lieben.

Daraufhin bewarb man Nescafé in den USA anders, indem man mehr auf die Familienwerte setzte, nicht mehr auf die Sekretärinnen als Zielgruppe, sondern die Hausfrauen. Man nahm dem Convenience-Produkt die Anrüchigkeit, indem man die Werbung mit Familienmotiven aufpolsterte. Mit Erfolg, denn knapp 60 Jahre später ist Nescafé immer noch eine echte Erfolgsgeschichte, die niemand mehr mit Lieblosigkeit gegenüber der eigenen Familie in Verbindung bringen würde.

Kundenkarten

»Sie zahlen mit Karte? Bitte geben Sie Ihre Geheimzahl ein!« »Haben Sie eine Paybackkarte?« Unsere Geldbörsen quellen über vor kleinen, bunten Plastikkarten. Und man bekommt sie so leicht. Name, Adresse, Alter – schon hat man sie, und gleich beim nächsten Einkauf hilft sie sparen, Punkte sammeln, man bekommt besseren Service und einen Newsletter. Uns allen sollte klar sein, dass Kundenkarten nicht nur unseren Namen, Adresse und Alter sammeln, sondern fortwährend Daten. Jeder Einkauf macht die Strategen klüger, fügt einen weiteren Pinselstrich zum Bild des Kunden hinzu. Wann er kauft, wo er kauft, was er kauft. Ob er Sonderangebote jagt oder Fachgeschäfte bevorzugt. Das Profil des Kunden wächst. Und die Profiler schlafen nie. Bargeldloser Zahlungsverkehr und Rabattierungssysteme machen ein beinahe lückenloses Bewegungs-, Verhaltens- und Konsumprofil möglich. Damit wird das Netz des Direktmarketings immer dichter. Der datenbesorgte Kunde hat es zunehmend schwerer, der konsuminteressierte Kunde profitiert von immer mehr individualisierten Angeboten.

Und irgendwie spielen fast alle mit. Die großen deutschen Rabattprogramme Payback, Deutschland-Card, Miles & More – um nur einige zu nennen – sind längst zu riesengroßen Datensammlungen ausgeufert und zu einer Art Unternehmenswährung geworden. Rabattwährungen haben aber mindestens einen Nachteil. Sie sind – noch – nicht konvertierbar. Mit Lufthansa-Meilen können sie keinen Virgin-Atlantic-Flug buchen. Und weil der Media Markt nicht an Payback teilnimmt, können Sie Ihre Punkte dort auch nicht einsetzen. Wenn allerdings das Vertrauen in nationale Währungen sinkt, werden solche »Währungen« an Bedeutung gewinnen.

Gretchenfrage

Tausche Daten gegen geringere Preise und besseren Service ... Das ist Marketing! Und die Menschen sind bereit, ihre Daten zu veräußern. Schließlich lohnt es sich. Und es zahlt sich nicht nur aus, nämlich zurück, sondern ist gewissermaßen auch Pflicht: Ein einzelner Facebook-Nutzer ist ungefähr 110 Dollar wert.[17] Und für diesen unseren Kundenwert zahlen wir ein, nämlich unsere Daten, die dann ganz dem Cybergiganten gehören.

Anonymität im Netz? Vergessen Sie es! Aus verstreuten Datenbruchstücken können Spezialisten längst ganze Identitäten rekonstruieren. Arvind Narayanan und Vitaly Shmatikov haben die Urheber anonymer Filmbewertungen der Online-Videothek Netflix ausfindig gemacht. Das war möglich, insofern wir, die Kunden, sich auch anderswo im Netz namentlich zu Filmen geäußert hatten. Die Enttarnung, die Deanonymisierung, gelang fast immer, selbst wenn nur wenige Daten vorhanden waren. Die Sehgewohnheiten und Filmvorlieben, insbesondere jenseits des Mainstreams, verrieten uns. Sie formten sich zu einer Art digitaler DNA, selbst politische Einstellungen und sexuelle Präferenzen wurden aufgedeckt.[18]

Damit wir im digitalen Netz zappeln, müssen keine Datenbanken gehackt oder Phishing-Mails verschickt werden. Die Datenströme werden wie Plankton durchgesiebt, es bilden sich Profile, die dann irgendwann so komplex sind, dass sie Individuen zugeordnet werden können. Wehe dem, dessen Daten in die falschen Hände geraten!

Aber wir Menschen sind widersprüchliche Wesen. Zwar bestehen die meisten von uns darauf, der Datenschutz sei ihnen sehr wichtig, aber oft sind wir nicht einmal bereit, für den Schutz der Privatsphäre auch nur einen einzigen Euro auszugeben. Bei einem Experiment in Deutschland sollten Studenten der Technischen Universität Berlin DVDs bei Onlineshops bestellen, die sich nur hinsichtlich der Preise und Datenschutzbedingungen unterschieden.[19] Shop A war einen Euro billiger, dafür mussten die Käufer aber zusätzlich noch Geburtsdatum, Jahreseinkommen und andere Daten preisgeben. 92 Prozent entschieden sich für den billigeren Anbieter. Zugleich aber beteuerten 75 Prozent, Datenschutz sei ihnen »sehr wichtig«. Sie erinnern sich an die Attitude Behavior Gap? »Meine Daten gebe ich nicht heraus, bitte schön, hier sind sie!«

Noch ein Experiment vom Verhaltensforscher Acquisti: Konsumenten ließen sich von Rabattgutscheinen locken, obwohl ihre Daten dann zur freien Verfügung an eine unbekannte Marketingfirma weitergegeben wurden. Offensichtlich unseriöse Webseiten haben es sogar leichter, an sensible Daten zu kommen, als offensichtlich seriöse. An der Carnegie Mellon University wurde dazu ein Feldversuch durchgeführt: Für eine angebliche Umfrage unter Studenten zu ihren Feier- und Trinkgewohnheiten wurde diese einmal unter der Überschrift »How Bad Are U?« mit einem knallig roten Comic-Teufel als Logo versehen online gestellt, und einmal als hochprofessionelle, durch und durch seriöse Verhaltensstudie des Carnegie Mellon University Executive Councils. Dabei zeigte sich, dass die Probanden gegenüber der eigentlich weit weniger vertrauenerweckenden Seite mit dem Teufelchen und dem lockeren Spruch deutlich auskunftsfreudiger waren als gegenüber der wissenschaftlichen Studie.[20] Verlangen Sie nicht, dass ich Ihnen das erkläre!

Was kostet die Privatsphäre? Sie ist einerseits Privateigentum, andererseits billig abzugeben – buchstäblich für weniger als eine Handvoll Euro. Der geringe Nutzen wird dem Kunden schnell zugestellt, die versteckten Kosten zeigen sich vielleicht erst Jahre später. Die Konsumenten handeln implizit offenbar nach dem berühmten Bonmot des Großökonomen John Maynard Keynes: »In the long run, we are all dead!«

Die Gretchenfrage stellt sich heute also anders und neu: »Nun sag, wie hast du's mit deinen Daten?« Geben Sie sie leichtfertig heraus, oder tun Sie alles, um den Datenprofilern zu entwischen? Stimmen Ihre Haltung und Ihre Handlungen überein, oder sind Sie ein schwerer Fall von Attitude Behavior Gap? Wie, lieber Leser, halten Sie's mit Ihren Daten?

| 8 |

PREISE

oder

Warum nicht nur Produkte kosten, sondern auch Kunden, wieso Preisschilder auf Gummibäumen wachsen und weshalb Ihre Ausweisnummer alles über Ihr Konsumverhalten sagt

Superschnäppchen und Premiumpreise

Alles hat seinen Preis. Umsonst ist bekanntlich der Tod. »There's no such thing as a free lunch!«[1], um es mit Milton Friedman, dem US-amerikanischen Ökonom, zu sagen. Es ist selbstverständlich, dass wir für Kreuzfahrten und Marmelade einen Preis bezahlen. Auch und gerade Menschenleben haben ihren Preis.[2] Denken wir nur an Auftragsmorde und Lösegeldforderungen oder die Transfersummen von Fußballern. Und natürlich steht dem Preis ein Wert, ein Nutzen gegenüber. Geld schießt eben doch Tore. Erfolg kann man kaufen, ob im Fußball und anderswo: Marmelade, Kreuzfahrten und Pkws (von BMW, Mercedes oder Skoda), ein gutes Gewissen, ästhetisches Erleben, soziale Zugehörigkeit ... – was auch immer.

Mit *The Best Things in Life Are Free* eroberten Janet Jackson und Luther Vandross 1992 die Charts – von ihren Gagen konnten sie sich also was kaufen. Für alle zweit- und drittbesten Dinge muss man allerdings zahlen. Ganz gleich, ob niedrige oder hohe Preise.

Unternehmen stehen natürlich auf höhere Preise, weil dadurch bei gleichen Kosten höhere Gewinne entstehen. Und die sind der Nährstoff für Innovationen, das Rekrutieren interessanter Mitarbeiter und den Aufbau von Netzwerken ... Vernünftige Preise sind die Voraussetzung für ordentliche Gewinne. Kein Wunder also, dass man unter Marketing mitunter den »Aufbau von Zahlungsbereitschaft« versteht. Luxusmarken wie Gucci, Prada und Hermès erzielen so ein Preispremium, eine erhebliche Preisdifferenz zu Konkurrenzprodukten. Und Otto-Normalverbraucher-Produkte wie Snickers, Sheraton und die Sojamilch von Alpro natürlich auch ...

Im Supermarkt dominieren dagegen die Billigangebote. Insbesondere im Schnäppchenjägerland Nummer eins, in Deutschland, machen niedrigpreisige No-Name-Produkte teureren Markenartikeln das Leben schwer. Nicht »umsonst« spielen neun der zehn am stärksten beworbenen Marken des Jahres 2010 in dieser Liga[3].

Also: Vom inklusiven Superschnäppchen bis zum exklusiven Premiumprodukt ist alles im Angebot und hat seinen Markt. Aber wie kommt es überhaupt zu einem Preis? Warum kostet dieses Produkt soundso viel und jenes doppelt so viel oder halb so wenig?

Komplexe Fragen, denen man mit simplen Antworten nicht beikommt. Also versuchen wir, eine Perspektive zu finden, aus der man klarer sehen kann: Schauen wir doch einmal nicht darauf, wie viel den Konsumenten ein Produkt, sondern wie viel dem Unternehmen ein Kunde kostet. Der zentrale Begriff lautet hier *Customer Lifetime Value,* der Lebenszeitwert eines Kunden.

Wie viel ist ein Kunde wert?

Um die Gewinne nach oben zu treiben[4], stehen viele Mittel zur Verfügung. In öffentlichen Diskussionen wird beispielsweise oft und gerne von Kostensenkungen gesprochen (beispielsweise durch

Rationalisierung, Outsourcing, Globalisierung), aber hier ergeben sich Grenzen – gewissermaßen von selbst. Ein anderes Mittel ist die Neukundengewinnung. Natürlich ist sie wichtig, aber sie ist auch teuer – sehr teuer. Die Preissteigerung – ohne Kundenverluste und Absatzminderungen – ist dagegen eine rentable und »kostengünstige« Methode der Gewinnmaximierung. Wenn es beispielsweise der TUI gelänge, die Preise im Schnitt um zwei Prozent anzuheben (und dabei keine Kunden zu verlieren), würde der Gewinn um 184 Prozent steigen. Die Deutsche Post käme auf 58 Prozent, Volkswagen auf 33 Prozent[5]. Kein Wunder, dass die Unternehmen versuchen, höhere Preise durchzusetzen, und das ganz unabhängig von Kostensteigerungen. Damit steigt dann auch der »Kundenwert«, die seit Jahren im Marketing heiß diskutierte *Customer Equity*.

Mit Customer Equity bezeichnen die Strategen die Summe der Lebenszeitwerte aller Kunden. Nicht also die Frage, was ein Produkt dem Kunden, sondern was die Kunden für ein Unternehmen wert sind. Der einzelne Kunde wird dabei an seinem Lebenszeitwert gemessen. Darunter versteht man die auf den heutigen Zeitpunkt abdiskontierten Geldbeträge, die ein Kunde im Laufe seines Lebens für die Produkte und/oder Dienstleistungen eines Unternehmens ausgibt (eventuell abzüglich der direkt auf den Kunden zurechenbaren Kosten). Den zukunftsbezogenen Kundenwert exakt auszurechnen[6] oder nur ungefähr zu prognostizieren, ist ziemlich komplex, aber auch nicht so wichtig. Merken sollten wir uns bloß, dass die Kunden für Unternehmen einen bestimmbaren Wert haben, der mit der Zukunft zusammenhängt – der gemeinsamen Zukunft.

Die Aufsummierung dieser Lebenszeitwerte aller Kunden ergibt nun den Kundenwert, den Customer Equity. Dessen Steigerung ist eine der strategischen Hauptaufgaben des Marketings. Dafür gibt es zwei klassische Mittel: die Kundenakquise und die Kundenbindung. Während sich die Werber fragen, wie sie es schaffen, den Wert des Kunden aufzubauen und auszuschöpfen, fragt sich der Kunde, warum er sich binden soll. Die Antworten der Unternehmen auf diese Fragen münden letztlich in drei Großkonzepte: erstens die Optimierung des Nutzens für den Kunden, zweitens die Marke und drittens der Beziehungswert.[7]

Mumpitz-Features

Wichtig ist, was hinten rauskommt. Ab und zu muss man an diesen vielleicht wichtigsten Satz eines Altkanzlers erinnern, zum Beispiel im Falle des *Customer Delivered Value*. Ich spreche vom Netto-Kundennutzen, davon, wie viel Produkt der Kunde wirklich für seinen Einsatz bekommt. Welche Eigenschaften hat ein Produkt? Welche Qualität bekommt man fürs Geld? Welche Features bietet es?

Um den Kunden zu befriedigen, packen Unternehmen immer mehr Merkmale in ihre Produkte. Früher waren Telefone mal zum Telefonieren da. Heute kann man spielen, fotografieren, Videos drehen, mailen, simsen, surfen …

Oder Mauspads. Von weltberühmten Designern kreiert, für den Nachwuchs sogar mit süßen Mäuseöhrchen. Oder Shampoo mit Seide, das zwar »really doesn't do anything to your hair«, wie der zuständige Manager bekannte[8], aber egal … Nun würde der gemeine, gesunde Menschenverstand sagen: Wenn die Seide im Shampoo nichts bringt, dann ist sie auch kein Kaufkriterium – anders als günstige Preise oder praktische Verpackungen. Aber Konsumenten sind irrationale Entscheider. Sie tendieren zu naiven Folgerungen, glauben Mumpitz à la:»Große Lautsprecher liefern einen besseren Sound« (der berühmte Size-matters-Irrtum). Die Rückschlüsse von Kunden sind oft Trugschlüsse. Sie unterliegen dem Halo-Effekt[9], bei dem faktisch voneinander unabhängige Eigenschaften assoziativ miteinander verschmolzen werden: Helle Gegenstände sind (bei gleicher Form und gleichem Gewicht) leichter; Schweizer Firmen sind per se seriöser als chinesische; schön verpackte Produkte sind qualitativ besser. Sie möchten das alles nicht glauben? Bitte schön:

Für eine hübsch verpackte Schokolade wird doppelt so viel gezahlt wie für eine hässliche.[10]

Auch wenn die Kunden wissen, dass der Mumpitz Mumpitz ist, greifen sie zum Mumpitz. Das Shampoo mit Seide ist eben »anders«, hebt sich vom Heer der Gleichförmigkeit ab. Und kommt in die Tüte, auch wenn's Blödsinn ist. Da können sich die Verbraucherzentralen auf den Kopf stellen – überflüssiger Popanz zieht. Irrelevante Attribute, bedeutungslose Differenzierungen – all das wird erfolgreich genutzt, um Produkte und Marken relevant und erfolgreich zu machen. Eine Prise Kommunikation dazu, und schon steigt die Preisbereitschaft.[11]

Bei manchen Produkten ist regelrecht ein Kampf um immer mehr Merkmale entbrannt. Insbesondere in der Kommunikations- und Unterhaltungselektronik. Aber das Ganze ist ein zweischneidiges Schwert. Je mehr Features, desto mehr möglicher Nutzen. Gleichzeitig aber wird das Produkt auch komplizierter und ist schwieriger zu bedienen.

Unternehmen wissen, dass für die Kaufentscheidung aber die 1000 Möglichkeiten wichtiger sind als die paar wenigen tatsächlich praxistauglichen Features. Zwar wissen die Kunden, dass sie mit dem ganzen Schnickschnack nichts anfangen werden, doch darauf kommt es eben in diesem Moment nicht an. Erst nach dem Kauf, wenn die Geräte wirklich genutzt werden, verändert das die Sicht. Dann werden wir Kunden von undurchschaubaren Features genervt und sehnen uns zurück nach Bedienungsfreundlichkeit. Auf einmal überholt das einfache das hochgerüstete Modell. *Feature fatigue* hat man das genannt[12], die Übermüdung und Ermattung über so viele Möglichkeiten …

Das perfekte Handy ist also die Quadratur des Kreises: Es hat vor dem Kauf unendlich viele Features, nach dem Kauf nur noch ein paar und ist leicht zu bedienen. Die Balance, den glücklichen Mittelweg zu finden, das ist die hohe Kunst des Designs. Apple schafft's, Nokia nicht. Leica kriegt's hin, Canon nicht …

Mehrwert der Marke: mehr Wert für den Kunden?

Marken sind überall. Marken schaffen einen Wert. Schaffen mehr Wert. Die Konsumenten sind bereit, für ein Markenprodukt mehr zu bezahlen. Aber wieso akzeptieren wir diesen Aufschlag eigentlich?

Die beiden Standardantworten auf diese Frage lauten: Sicherheit und Prestige.

Kauft man ein Markenprodukt, weiß man, was man bekommt. Die Qualität steht von vornherein fest. Sie ist hoch, konstant, standardisiert. Jeder Aufenthalt bei McDonald's – ob in Catania, Caracas oder Chemnitz – ist annähernd gleich. Darauf kann man sich verlassen. Das Versprechen wird immer eingelöst. Und wenn nicht, dann muss die Marke mit Bestrafung rechnen. Dann gibt es eben drei Wochen lang keine Hamburger mehr. Und wenn ich noch mal minutenlang in der Schlange anstehen muss und aus Fastfood Slowfood wird, dann Gnade dir Gott, Ronald McDonald …

Die Sache mit dem Prestige ist etwas komplexer. Hier geht es um grobe, manchmal auch um feine Unterschiede[13]. Um das Sichtbarwerden und Vorzeigen sozialer Unterschiede.

Marken sind symbolische Embleme, mit denen die Kunden ihr Selbstimage entwerfen. Marken sind Statussymbole oder symbolisieren Gruppenzugehörigkeiten. Und natürlich auch die Nichtzugehörigkeit. Mein Sohn ist (noch) nicht markenkrank, hoffe ich wenigstens, aber die Codes seiner Schule, Klasse und Clique hat er verstanden: Nichts ist peinlicher als Schuhe von Geox – obwohl oder gerade weil sie, anders als Seiden-Shampoo, echte Features, wirkliche Innovation und realen Nutzen zu bieten haben. Darum, so klärt er mich auf, kaufen er und seine Freunde Schuhe auch lieber mit ihren Vätern. Mütter gehen nämlich dem Produktmarketing auf den Leim, glauben an die tollen Belüftungssysteme der Schuhe. Väter verstehen viel eher, warum Geox für einen Zwölfjährigen ein absolutes No-go ist. Undenkbar! Untragbar! Mega-uncool! Muttersöhnchenalarm!

Prestige ist »sozialer Nutzen«. Er kann nur innerhalb von sozialen Gruppen oder als Effekt des Gefälles zwischen sozialen Gruppen entstehen. Die Rolex ist das Signet des erfolgreichen Yuppies. Mit einem Aston Martin kann man den Nachbarn auf die Neidpalme bringen. Die Schwarze Amex, die wie zufällig aus dem Portemonnaie rutscht … Das Prestige von Marken schenkt uns eine Art »symbolische Selbstergänzung«. Marken werden zu Accessoires auf der Bühne des Lebens, zu Signalen, durch die wir verstanden werden wollen. Oder die niemand verstehen kann: Ein zwölfjähriger Knabe mit Geox? Ein Wirtschaftsprüfer in einer True-Religion-Jeans?

Die True Religion hat auf dem Hintern ein deutlich sichtbares Logo, das jeder Eingeweihte (er)kennt. Sie ist ungefähr so teuer wie eine logofreie Dior-Jeans. Und *beide* sind in Sachen Prestige ganz oben dabei. Denn sowohl subtile Unsichtbarkeit als auch pfauengleiche Schrillheit sind differenzierende, markierende Symbole. Aber das noch in den Achtzigerjahren übergroß und überdeutlich applizierte Logo als ornamentaler Schmuck hat bei vielen Zielgruppen ausgedient. Eine Sonnenbrille oder Ledertasche mit aufdringlichem Gucci-Logo kaufen nur »Unwissende«, vom marktschreierischen D&G-Schriftzug erst gar nicht zu reden. Viele Codierungen sind heute viel zurückhaltender und – fast – unsichtbar. Eine Balenciaga-Tasche erkennt man nicht auf den ersten Blick. Und auch dann nur mit geschultem Auge. »We don't have logos«, bekannte Tom Ford, seines Zeichens exklusiver Herrenschneider und früherer Gucci-Designer, und machte damit deutlich, dass die Entzifferung des Prestigenutzens nur dem Kenner möglich ist. Exklusivität entsteht so nicht nur und nicht zuerst durch den Preis, sondern durch das Wissen. Nicht das finanzielle Kapital ist entscheidend, sondern das kulturelle.

Zwei extreme Konsumhaltungen sind also festzuhalten: Der demonstrative Konsum, den schon Thorstein Veblen 1899 in seiner *Theorie der feinen Leute* beschrieben hat. Der Kunde möchte auffallen, erzwingt die Aufmerksamkeit der Passanten, um durch Produkte seine reale oder imaginäre Identität zu kommunizieren. Er zeigt, was er ist oder sein möchte. Kleidung, Accessoires und Autos sind das Ornament, der Schmuck, durch den er glaubt, sich symbolisch ausdrücken zu können. Eben keine Jeans, sondern eine True

Religion, keine Uhr, sondern eine Rolex, nicht nur ein paar Schuhe, sondern Manolo Blahniks … solch ressourcenaufwändiger, pfauengleicher Schmuck ist ein effizientes Signal an die Umwelt.[14] Auf der anderen Seite der subtile Konsum, bei dem die Logos stark schrumpfen, Ton in Ton sind oder ganz verschwinden. Ein Konsum, der den Protz meidet und auf den Neid verzichten kann. Ein Luxus- und nicht Prestige-orientierter Konsum. Aber trotzdem verzichtet er natürlich nicht auf Signale, nicht darauf, symbolisch zu kommunizieren. Doch diese Zeichen haben eine andere Adresse: Die subtilen Symbole richten sich exklusiv an Insider. Und diese Art des Konsums provoziert (mitunter genüsslich) Missverständnisse, da die Unterscheidung zwischen billigem und teurem logofreiem Produkt die Nicht-Experten überfordert.

Sowohl sehr billige als auch sehr teure Produkte sind hinsichtlich ihrer Marken-Auffälligkeit zurückhaltend, während mittelpreisige zeigefreudig sind. Ein typischer Fall von umgedrehtem U: Designer-Sonnenbrillen unter 50 Dollar haben nur zu 21 Prozent ein Logo, bei denen, die zwischen 100 und 300 Dollar kosten, sind es 81 Prozent. Jedoch weniger als 30 Prozent der Brillen, die über 500 Dollar liegen, setzen auf das sichtbare Zeichen. Günstige Handtaschen unter 100 Dollar haben deutlich weniger Logos oder entzifferbare Zeichen als mittelpreisige (200 bis 300 Dollar), die richtig teuren (ab 600 Dollar) vergleichbar viel wie die billigen.[15] Subtile Signale werden natürlich häufiger missinterpretiert, von richtigen Experten, den »Insidern«, aber deutlich vorgezogen – vor allem dann, wenn sie identitätsrelevant sind und in öffentlichen Situationen konsumiert oder präsentiert werden.

Unternehmen, die ihre Produkte verkaufen möchten, sind naturgemäß sehr daran interessiert, dass die Kunden die »Marke« identifizieren können. Andernfalls wäre es für den Konsumenten schwierig, zum Wiederholungstäter zu werden. Er würde die True Religion möglicherweise gar nicht wiederfinden. Logos ermöglichen dem Kunden das Wiedererkennen und Erinnern. Ein anderer Weg sind Attribute. Wir sollen lernen, dass Coca-Cola amerikanisch, jung, cool, erfrischend ist. Also wird uns diese frohe Botschaft rund um die Uhr und auf allen Kanälen durch Dauermassage eingebläut. Die eleganteste und modernste Art, eine Marke im Radar des Kunden zu verankern, ist das Storytelling, mit dem das episodische Gedächtnis angesprochen wird. Es ist zurzeit sehr *en vogue*, in den Augen der Unternehmen *die* Methode. Während Attribute das Schicksal von Vokabeln teilen – schnell vergessen zu werden –, »vernetzen« Geschichten das Wissen über Produkte mit etwas ganz anderem. Mit einer spannenden Anekdote, einer kleinen Szene, dem eigenen Erleben. Vor unseren Augen entstehen lebendige Bilder, Impressionen, Assoziationen, die wir später erinnern und abrufen können. Das Gehirn entdeckt Muster in den Geschichten, die schließlich Eingang ins semantische Gedächtnis finden und so den Status von Fakten erhalten (*derived memory*). Solche Fakten haben einen unschlagbaren Vorteil: Sie sind lebendig, glaubwürdig und handlungsleitend. Dafür sind Strategen bereit, ihr letztes Hemd zu geben.

Zum Beispiel American Express: Die Amex hat es geschafft, sich zur Marke zu erklären und zum mit Abstand wertvollsten Kreditkartenanbieter zu werden – mit einer Mischung aus Ausladung (Exklusivität) und Einladung (demonstrativer Konsum). Mindestbruttojahreseinkommen und nicht unbeträchtliche Jahresgebühren sind Formen der Exklusion, das stärkste Mittel der Ausladung ist die Einladung: Besonders exklusive Karten kann man nicht kaufen, man wird dazu eingeladen, sie haben zu dürfen. Und damit die Kunden ihren Exklusivitätsstatus auch gebührend nach außen tragen können, sind die Karten gut sichtbar differenziert. Jeder Eingeweihte kann sofort den (angeblichen oder realen) sozialen Status sehen, wenn er die Amex seines Gegenübers zu Gesicht bekommt.

Die schwarze Centurion-Card von American Express? Zaubert ein Lächeln auf das Gesicht vieler. Allerdings ein mitleidiges. Denn schließlich ist es alles andere als smart, mit ihr zu zahlen, will sagen anzugeben. Die einfacheren Varianten sind eindeutig »cooler«. Eine goldene Karte reicht völlig aus. Sie kann (fast) dasselbe, heischt aber nicht nach Aufmerksamkeit und lebt vom gleichen Versprechen, das

Michael Mittermeier in seinem Programm ZAPPED kabarettistisch zum Besten gab – eine Story, die die Markenessenz auf den Punkt bringt: »Bei American Express bist du irgendwo am Amazonas im Dschungel. Du kämpfst gerade mit einem Krokodil. Plötzlich fällt dir aus Versehen deine goldene American-Express-Karte ins Wasser – oh! Du ziehst dein Handy: ›American Express. Karte verloren. Bitte Ersatz!‹ – ›American-Express-Ersatzkarte? Kein Problem, schicken wir Ihnen sofort zu!‹ Zehn Stunden später kämpft sich ein Mitarbeiter von American Express mit einer Machete durch den Dschungel, am ganzen Körper von den Pfeilen der Eingeborenen durchbohrt, und überreicht dir deine American-Express-Ersatzkarte. Und erst danach stirbt er.«

Beziehungen: Communitys

Gebundene Kunden sind wertvoll. Das wissen nicht nur die Unternehmen, sondern längst auch jeder Kunde. Der Nutzen für das Unternehmen bedarf keiner Erklärung, aber was hat eigentlich der Kunde davon? Was hat er selbst von seiner Loyalität?

Wie schon ausgeführt, vermindert der Kunde die Unsicherheit und Ungewissheit bei jedem Kauf. Auf Bewährtes zu setzen ist eine Art Risikoreduzierungsstrategie. Für ihre Bindung erhalten die Kunden ein Stück Sicherheit. Und noch mehr. Als Stammkunde beispielsweise. Denn man kommt sich näher. Es kommt zu konsumistischen Intimitäten – und schon ist man Stammkunde und wird gehegt, gepflegt und gepampert …

Daneben gibt es ganz und gar unerotische Rabattierungen über Punktesysteme, von denen Kunden (zu) profitieren (meinten). Für einen Kinobesuch, eine Flugmeile oder eine Kreditkartenzahlung etwa bekommt der Konsument soundsoviele Punkte, welche er in Prämien eintauschen kann. Je mehr er kauft, desto billiger wird es – scheinbar. Gleichzeitig nimmt aber auch die Preisbereitschaft zu, man ist bereit, ein vergleichsweise teures Produkt zu kaufen, um auch ja ein paar Punkte gutgeschrieben zu bekommen. Vorsicht, Falle!

In sogenannten Community-Building-Programmen wachsen die Emotionen, und ohne Emotionen keine Beziehung. Wer dazugehört, ist Teil einer Gemeinschaft und kann sich mit Gleichgesinnten austauschen.

Mein französischer Kollege Bernard Cova sagte über Communitys: »Le lien importe plus que le bien«. Das heißt: Der Link (die Verknüpfung, die Bindung) ist wichtiger als die Sache (das Ding, das Objekt).«[16] Er meint damit nichts anderes, als dass Communitys zwar einen Anlass haben (beispielsweise eine Marke), sich dann aber verselbstständigen. Die Marke tritt in den Hintergrund, ohne ganz zu verschwinden. Und das Netzwerk beginnt, ein Eigenleben zu führen. Der *Linking Value* entsteht, eine Art Verbindungsnutzen, aus dem die Teilnehmer Profite ziehen, die ihnen das Produkt und die Marke alleine nicht geben können.

Die Unternehmen haben das lange nicht verstanden. Von Kunden aufgebaute Communitys wie Mynutella wurden sogar bekämpft.[17] Aber das ist Schnee von gestern. Heute gibt es zwei Arten von Unternehmen: die eine hat eine Community, die andere hätte gerne. Nämlich eine eingeschworene Gemeinschaft von Fans, die mit dem Unternehmen durch dick und dünn gehen, Ideen liefern, Geschichten weitertragen, und damit den Wert des Produkts und der Marke steigern – letztlich eine Art outgesourcte, preiswerte Marketing- und Innovationsabteilung.

So entsteht eine Art Zweitterritorium eines Anbieters. Neben der zivilisierten Markenzone, wo die Marke – mittels Werbung, Promotion, Produktdesign und ähnlichem – mit Bedeutungen aufgeladen wird, entsteht ein Neuland, die Wildnis der Community, in der die Fans sich austoben können, wo alte Bedeutungen neu definiert werden und neue Themen, Fragen und Ideen entstehen.

Communitys befriedigen die Nachfrage von Kunden, zu einer Ingroup zu gehören. Hier entstehen Rituale und Traditionen, die Halt geben, und oft entdecken die User auch ein Gefühl der Verpflichtung. So setzen sie sich voll für »die gemeinsame Sache« ein. Eine solche Community ist eine Netzwerkmanufaktur, in der die Beziehungen zwischen Unternehmen und Kunde, Marke und Kunde, Produkt und Kunde sowie Kunde und Kunde gebündelt werden. Die Praktiken, die dabei verwendet werden, reichen vom *Social Networking* – dem Begrüßen neuer Mitglieder, Regelkunde, gegenseitiger Unterstützung und so weiter – über die Evangelisierung – gute Nachrichten werden geteilt, besondere Leistungen belohnt – bis hin zu einem regelrechten Verbesserungsmanagement für die Produkte und Marken.[18]

So profitieren die Markenfans von einer gut funktionierenden Community, und sei es nur durch die Zugehörigkeit zu einem »inneren Zirkel«. Zwar sind diese Mitgliedschaften normalerweise entgeltlos, trotzdem »kosten« sie. Denn die Preisbereitschaft unter den Markenfans ist erheblich höher als bei sonstigen potenziellen Kunden. Für Luxusautos beispielsweise, für die Markenuninteressierte einen Preis von 100 Prozent zu zahlen bereit wären, würden abwanderungsgefährdete Markenbesitzer 105 Prozent zahlen, Markeninteressierte 118 und Markenfans sogar 123 Prozent.[19]

In vino veritas reloaded: höhere Preise

Ökonomen sind Verfechter einfacher Mathematik: Sie meinen, dass Menschen sich generell für die billigere Option entscheiden. Aber ist die Flasche Wein nicht attraktiver, wenn sie 50 statt 5 Euro kostet? Der höhere Preis macht den Wein attraktiver, begehrenswerter und lässt die Neuronen tanzen.

Ein Forscherteam um Weinkritiker, Statistiker und Ökonomen hat uns den Gefallen getan, die Resultate Tausender Blindverkostungen auszuwerten[20]. Getestet wurden Weine, die zwischen 1,65 Dollar und 150 Dollar die Flasche kosten. Und das sind die Resultate: Otto Normalverbrauchern scheint – in Unkenntnis des Preisschildes – billigerer Wein besser zu munden. Experten dagegen bevorzugten teurere Weine. Aber auch bei den Weinkennern schrumpfen die Distanzen. Aus drastischen Preisdifferenzen werden mickrige Qualitätsunterschiede.

Wie gelingt es aber, dass der teurere Wein gekauft wird? Ganz einfach: Man muss wissen, dass er teuer ist. Das erledigen das Preisschild – und der Verkäufer. Er gibt eine Theorie zum Besten, erzählt eine Geschichte, die den Tropfen zu etwas ganz Besonderem macht. Er setzt einen orientierenden Reiz, im Fachjargon *Priming*, der es dem Kunden erleichtert, den Weg zur Kaufentscheidung mitzugehen. Er formuliert ein Versprechen, das eben genau dieser Wein aus diesen oder jenen Gründen einzulösen verspricht.

Eine Sonderform des Priming ist das *Anchoring*, das Verankern eines Preises. Das funktioniert wie folgt: Ein »normaler« Preis für »solch ein Produkt« wird gesetzt, mit dem dann alle anderen Fälle verglichen werden können: »Für einen guten Barolo muss man bestimmt 70 oder 80 Euro hinlegen. – So ein Glück, dieser liegt drunter, ist aber wirklich ein schönes Tröpfchen … und das für *den* Preis!«

Der Psychologe Dan Ariely hat dazu ein entzückendes Experiment durchgeführt[21]. Sehr effektvoll, sehr gemein, sehr erhellend. Er versteigerte Wein an seine Probanden. Davor ließ er sie aber die beiden letzten Ziffern ihrer Sozialversicherungsnummer aufschreiben. Anschließend stellte er die unverschämte Frage, ob sie die zweistellige Summe, die sie gerade auf den Zettel gepinnt hatten, für den Côtes du Rhône zu zahlen bereit wären. Na, ahnen Sie schon, was dabei herauskam? Die hohen Hausnummern wollten durchschnittlich glatt dreimal so viel blechen wie die niedrigen. Priming beziehungsweise Anchoring ist also keine Kunst: Denken Sie sich einfach eine schön hohe Zahl aus! Und schauen Sie zur Sicherheit mal nach, womit Ihre Sozialversicherungsnummer endet. Auf 99? Und Sie sind ständig pleite? Dann beantragen Sie eine neue!

Gut gemachtes Ankern ist dezent. Idealerweise merkt kein Mensch, dass geankert wird. Eine einfache Form ist die Platzierung eines teuren Luxusprodukts im Schaufenster. Freilich – eine risikobehaftete Methode, schließlich werden dadurch potenzielle Kunden abgeschreckt, über die Schwelle und in den Laden zu treten. Aber wer sie überquert, bei dem fängt der Schmerz schnell an nachzulassen. Im Schaufenster eine Handtasche zu 10 000 Euro, das Vertu-Handy zu 4 000, der Bordeaux für 1 300? Und im Laden: ausschließlich Schnäppchen. Noch mal davongekommen!

Das korrespondiert mit einem Effekt der »extremness aversion«[22], das als das Anbieten verschiedener Produktversionen zu in der Regel unterschiedlichen Preisen verstanden wird. Wenn Kunden unsicher sind – und alle Weinkäufer fischen letztlich im Trüben –, dann schrecken sie vor extremen Angeboten, dem teuersten wie dem billigsten, zurück. Die gemäßigte bis gehobene Mitte gewinnt. Und hier haben wir wieder den Effekt des umgedrehten Us.

Plaste und Elaste: günstige bis wechselhafte Preise

Das Schnäppchen: Der Liebling der Deutschen. Niedrigstpreise sind Trumpf – oder anders gesagt: »Geiz ist geil«. Und nichts ist endgeiler, als mit dem Porsche Panamera zwei Parkplätze bei Aldi zu belegen.

Discountpreise machen Absatz. Trotz geringer Margen läuft das Geschäft. Cola für 19 Cent? Ab in den Wagen! Das gleiche Koffeinbrausesurrogat kostet aber am Flughafen diverse Euro. Der Preis für dasselbe Produkt scheint also sehr dehnbar zu sein, sehr »elastisch«.

Im Marketing spricht man von Preiselastizität, ein rätselhaftes Phänomen. Wenn die Reaktion auf Preisänderungen und -unterschiede stark ausfällt, dann ist die Elastizität hoch, wenn nichts das Konsumverhalten erschüttern kann, dann ist sie niedrig. Den Idealfall bilden elastische Preise zusammen mit unelastischer Nachfrage – wenn also unabhängig vom Preis munter weiterkonsumiert wird. Ein seltener Fall, der aber tatsächlich vor allem Ladenbesitzer am Flughafen beglückt, da der Fluggast vor dem Abheben keine Zeit für profane Dinge wie Cola-Preise hat.

In welchen Fällen werden also Preissteigerungen nicht durch Senkung der Nachfrage bestraft?[23] Wenn unverschämtes Drehen an der

Preisschraube nicht oder in vernachlässigenswertem Ausmaß zu Gegenbewegungen an der Nachfrageschraube führt. Und tatsächlich: Viele Produkte sind überraschenderweise relativ starr. Grundnahrungsmittel etwa sind wenig elastisch, denn was sollte man sonst essen? Einen paradoxen Fall von umgedrehter Elastizität gibt es beim grundsätzlichsten aller Grundnahrungsmittel: dem Brot. Steigen die Preise, dann steigt die Nachfrage. Die Erklärung des sogenannten Giffen-Paradoxons: Viele Haushalte haben dann noch weniger Geld für andere Lebensmittel zur Verfügung und kompensieren das durch Konsum von mehr Brot. Die französische Königin Marie Antoinette soll im 18. Jahrhundert angeblich auf den Vorwurf, die Armen könnten sich nicht einmal mehr Brot leisten, geantwortet haben: »Dann sollen sie eben Kuchen essen!«. Sie hatte dabei offenbar aber nicht auf ihrem hochwohlgeborenen Radar, dass die Preiselastizität bei Kuchen erheblich höher ist als bei Brot.

Brot und Kuchen, Discounter- und Flughafen-Cola, Dior- und No-Name-Jeans – Preise sind nicht nur Preise, sondern auch Signale. Bei einem Produkt mit einem hohen Preis vermuten die Kunden auch hohe Qualität. Was nichts kostet, ist nichts. Und umgekehrt.[24] Dieses Phänomen bremst die Preiselastizität erheblich. »Der Preis steigt – dann kaufe ich nicht mehr!«, das ist Preiselastizität in ihrer einfachsten Form. »Der Preis ist hoch – da muss Qualität dahinterstecken«, sagt die Gegenstimme, die gewillt ist, im hohen Preis das Positive zu sehen. Beide Stimmen rumoren bisweilen in uns, aber welcher schenken wir Gehör? Wiederum beiden, allerdings macht die Position, die Preis und Qualität verknüpft, nur oder immerhin 15 bis 30 Prozent des Gesamteffektes hinsichtlich der Preiselastizität aus.[25]

Kein Schnickschnack

Bei allen Mutmaßungen über die Qualität, die sich hinter dem Preis verbirgt: Oftmals misstrauen wir den Preisen auch. Der Discounter-Schokokuss und der Qualitäts-Dickmann unterscheiden sich deutlich in ihren Preisen. Aber ist nicht beide Male im Prinzip das Gleiche in der Schachtel, der einzige Unterschied die Schönheit der Verpackung? Oder Billigbier, hinter dem nichts anderes steckt als die überproduzierten Mengen von Markenbier? Der deutsche Markenverband kann sich noch so abstrampeln; die Konsumenten haben durchaus verstanden, dass sie mitunter mit hochpreisigen Markenartikeln hinters Licht geführt werden.[26]

Wenn die Vermutung, für den höheren Preis auch mehr Qualität zu bekommen, zu kollabieren droht, dann greifen die Unternehmen gerne zu leicht durchschaubaren, in der Praxis aber oft funktionierenden Tricks: ein bisschen Kosmetik, eine etwas ansprechendere Verpackung und (noch) mehr Werbung. Sehr weit kommen sie damit allerdings nicht mehr. Und das sind gute Nachrichten für Verbraucher, denn die Unternehmen geraten schließlich doch in Zugzwang und müssen sich etwas einfallen lassen. Bessere Produkte, günstigere Preise, interessantere Features, Linking Values. Wer bloß Dienst nach Vorschrift macht, ist schnell weg vom Fenster.

Niedrige Preise und beste Qualität – das ist der Traum eines jeden Konsumenten. Und Billig-Airlines, Direktbanken und qualitätsstarke Discounter wie Aldi versuchen, dieses Versprechen auch tatsächlich umzusetzen. Ordentliche Basisqualität für vernünftige Preise. Einfache Leistungen, kein Schickschnack, keine bodenlosen Versprechen. Preiswert und den Preis wert.[27] Und Aldi hat es sogar geschafft – wie Apple oder manche Computerspielfirmen –, mit tadellosen Computern, MP3-Playern sowie Flug- und Bahntickets lange Schlangen vor Sonnenaufgang zu generieren.

Und was ist billiger als Discounter? Wenn etwas nichts kostet, wenn es kostenlos ist. Damit sind wir bei dem extremsten aller Preise: null. Da beginnen die Augen zu leuchten. Eine amerikanische Fluggesellschaft beispielsweise bemerkte, dass Promis an Bord im wahrsten Sinne des Wortes eine tolle Geschichte sind, die die Fluggäste nachher ihren Verwandten und Freunden erzählen können. Also hatte man die glorreiche Idee, Tickets an Promis zu verschenken. Pete Sampras zum Beispiel flog umsonst (nun ja, nicht ganz, er musste nämlich neben mir sitzen. Keine Ahnung, ob das »teuer erkauft« war …) – was wiederum für die Fluggesellschaft keineswegs umsonst war, sondern eine Steigerung des Markenwertes.

Manche Produkte, die verdächtig günstig, beinahe umsonst sind, stellen sich erst später als echte Kostenfresser heraus. Jeder kennt den Drucker, der einem quasi hinterhergeworfen wird, aber wehe, die Tintenpatrone ist leer. Ein Prinzip übrigens, das Gillette erfunden hat. Als die leichten Klingen bei der Markteinführung 1903 wie Blei in den Regalen lagen, verteilte man die Rasierer umsonst an das Militär und große Unternehmen. Mit durchschlagendem Erfolg, und noch heute sind die Rasierer günstig, die Klingen nicht ganz so.

Ein Tsunami des Billigen: 86 Prozent der Menschheit haben ein Familieneinkommen von weniger als 10 000 Dollar pro Jahr, Menschen am unteren Ende der Pyramide oft nur 2 Dollar am Tag. Das verlangt nach niedrigen Preisen und einfacheren Produkten.[28] Teure Gillette-Klingen[29] sind in diesen Märkten irrelevant. Das Unternehmen bietet deswegen in einkommensschwachen Ländern erschwingliche Einfachlösungen an: Ein Rasierer mit Plastikgriff und nur einer Klinge kostet in Indien umgerechnet wenige Cent. Einfaches Design[30], geringe Kosten und niedriger Preis – dem ein riesiger Markt gegenübersteht. Auch so kann man hohe Gewinne einfahren …

Von dehnbaren Preisen

Kommen wird noch mal zur Cola zurück. Sie wissen schon, die Cola, die am Flughafen billiger sein könnte, es aber nicht ist. In den USA hat man einen weiteren Versuch gemacht, an der Preisschraube zu drehen und einen Automaten mit integrierter Temperaturmessung entworfen, der die Cola an kalten Tagen billiger, an heißen teurer machte. Der *San Francisco Cronicle* erregte sich über »Coca-Colas automatische Preiseinstellung«, der *Philadelphia Inquirer* sah darin den »neuesten Beweis, dass die Welt zur Hölle fährt«, und schon war es um die doch eigentlich sehr marktgerechte Innovation geschehen[31]. Ein perfektes Beispiel für Preisdifferenzierung. Und auch die Preise für Mietwagen sind auf erstaunliche Weise dehnbar. Bei einigen Anbietern sogar auf seltsame Weise sehr flexibel. Gehen Sie beispielsweise im Internet auf die Seite Ihres bevorzugten Unternehmens und loggen sich mit Ihrer Kundennummer ein, bekommen Sie in der Regel einen Wagen für einen anderen Preis angeboten, als wenn Sie stattdessen über Google oder dergleichen suchen. Sie dürfen drei Mal raten, welcher Preis höher ist. Der, welcher dem Stammkunden angeboten wurde. Erstaunlich! Doch man hat eben festgestellt, dass Suchmaschinenkunden preisempfindlicher sind: Sie vergleichen und finden den besten Preis. Der Stammkunde hingegen verzichtet auf die Suche, weiß, was er bekommt, bezahlt dafür aber auch mehr.

Preise verändern sich. Ein Produkt, das in den Markt eingeführt wird, steigt später im Preis – oder aber es wird günstiger. Neuheiten der Unterhaltungselektronik kommen teuer auf den Markt, weil der, der sie zuerst haben will, für den Prestigegewinn bereit ist, einen höheren Preis zu zahlen. Wenn dann die erste Welle nach der Einführung abebbt, werden die Preise flugs gesenkt – und fallen so lange, bis auch wirklich jeder so eine Neuheit besitzt.

Man spricht in diesem Fall von einer Abschöpfungssstrategie: Eine absehbare Nachfrage wird kräftig gemolken und dann durch Preissenkung dafür gesorgt, dass sie nicht versiegt. Dringt man dagegen mit billigen Preisen in ein neues Marktsegment ein, spricht man von der Penetrationsstrategie. Der frische Markt wird mit günstigen Produkten überschwemmt, um Wettbewerber vor der Tür zu halten. Aber ganz gleich, ob Penetrieren oder Abmelken – heute geht es in allen Märkten darum, herauszukitzeln, was geht. Es sei also jedem Kunden geraten, sich nichts anmerken zu lassen, das Lachen zu unterdrücken und seinerseits zurückzukitzeln. Denn Preisfestlegungen sind wie Eierläufe über stark vermintes Gebiet. Und manchmal sind Preise einfach vom Mond. Der Einzige, der sie dahin zurückschießen kann, ist der preissensible Konsument.

Auch die Preisfindung der Produkte ist längst nicht mehr traditionell: Erst wird produziert, dann wird auf die Produktionskosten ein »Gewinn« aufgeschlagen. Vielmehr geht man heute zunehmend andersherum vor: Es wird die Preisbereitschaft ermittelt, die der Markt hergibt oder nahelegt – und dann werden Produktion und Design danach ausgerichtet. Die Kostenziele stehen nicht am Anfang, sondern werden abgeleitet, das Pferd also von hinten aufgezäumt. Der Kunde ist der Anfang von allem.

Schönheit konsumieren, schön konsumieren

Ich bin der Geist, der stets gut zahlt! Und das mit Recht;
denn alles, was entsteht, ist wert, dass man es angemessen ehrt.

Der Schriftsteller Martin Suter schreibt über seinen neuen Serienhelden Johann Friedrich von Allmen: »Allmen verachtete Schnäppchen. Sie waren unter seiner Würde und sollten unter jedermanns Würde sein. Die Dinge sollten das kosten, was sie wert waren, alles andere war schäbig.«[32]

Dieser Allmen ist vor allem ein Dandy. Ein Mann, der den täglichen Gelderwerb verachtet und die Schönheit verehrt. Jemand, der nicht mit Geld umgehen kann, aber zu seltenen, abseitigen Exponaten der Kultur- und Kunstgeschichte ein heißes und inniges Verhältnis pflegt. Doch trotz seiner finanziellen Klemme verschwendet er nicht einen Gedanken daran, von erlesenen Einzelstücken auf massenproduzierte Schnäppchen umzusteigen. Dafür hat er nur Verachtung übrig. Und das mit Recht, denn alles, was entsteht, ist wert, dass es in Würde lebt. Denn Schönheit, das weiß er, ist mit Geld und Gold nicht aufzuwiegen. Sie ist selten, viel seltener, als man annimmt, und man weiß nie, wann man ihr begegnet. Dafür aber ziemlich genau, wann man ihr nicht begegnet: Im Falle des Schnäppchens nämlich, das garantiert nicht »schön« ist. Darauf kann man sich verlassen.

Zum Schnäppchen werden Produkte insbesondere dann, wenn sie als ästhetisches Desaster auf die Welt und in den Laden kommen. Wenn das Design so hässlich ist, dass niemand es zum Normalpreis konsumieren würde. Unsere Kultur des Schnäppchens ist eben auch eine Kultur des Billigen. Des Geschmacklosen. Des Augenschmerzes.

Und die Kultur des »billig, billiger, am billigsten« fängt nicht erst bei kostengünstig zusammengezimmerten Angebotsartikeln an, sondern schon vor den Geschäften. Unseren Straßen fehlt der Glamour, die Größe. Die einstigen Prachtstraßen sind schäbig – die Champs-Élysées geben ein ähnlich tristes Bild ab wie die Neuhauser Straße in München oder die Schildergasse in Köln. Ruinen der konsumistischen Notdurft. Ich meine, unsere Einkaufswelten sollten künstliche Paradiese sein, »paradis artificiels«, um es mit Charles Baudelaire, einem der großen Dandys, zu sagen. Sie sollten unsere Sinne betören, ein Spiel der Verführung anzetteln, das uns in ihren Bann zieht und uns dazu bringt, mit allen Sinnen zu konsumieren.

Und auch die heutigen Marken suchen nicht mehr die Nähe des Glamours, der Schönheit und des edlen Scheins, sondern der grauen Zahlen. Eine »starke Marke kreieren«, das heißt vor allem, den *Brand Equity* zu pushen. Und Agenturen errechnen daraus den Markenwert. Zahlen, die niemand buchstabieren kann. Unglaubliche, fantastische Zahlen[33]. Da ist dann (BrandZ von Millard Brown, 2010) Google die Nummer eins mit einem Wert von über 114 Milliarden Dollar, gefolgt von IBM, Apple, Microsoft und Coca-Cola. Bei anderen Rechenkünstlern (Interbrand 2010) gewinnt Coca-Cola (70 Milliarden Dollar), und Google landet mit 43 Milliarden Dollar nur auf Platz 4 (hinter IBM und Microsoft). Die deutsche Nummer eins ist hier Mercedes (25 Milliarden Dollar, Platz 12), während bei BrandZ BMW (Platz 25, knapp 22 Milliarden Dollar) die Nase vorn hat. Ein deutsches Ranking (Semin) listet BASF vor Bayer, dritter wird Mercedes mit 18 Milliarden Euro.

Süße Zahlen, Bestätigung für manche Manager, Anreiz für andere, aber sagen sie uns etwas über den emotionalen, verführerischen Wert der Marke? Über den Glamour-Faktor? Über ihre Anziehungskraft und Schönheit? Ich finde nicht. Wir Kunden wollen nämlich schöne, coole, attraktive, glamouröse, sinnliche, begehrenswerte, geile Marken. Viel entscheidender als in Zahlen ausgedrückter Unternehmenswert ist für uns der »Begehrens-Wert«. Und Magie, Glamour und Faszination sollte wieder zur Basis des Marketings werden.

Den Zahlensklaven in den Unternehmen und ihren willigen Helfern in den Agenturen scheint es jedoch »bloß« darum zu gehen, »erwartungskonform« und »kundenorientiert« zu sein. Die Strategie ist, reichlich defensiv,

Risikovermeidung. Investiert wird nur, wenn es sich bald, optimal sofort rechnet. Nüchterne Kalkulation erdrückt Eleganz. Kalte Zahlen besiegen das heiße Herz. Markenverwaltung verhindert den kühnen Entwurf.

So verfehlt das Marketing möglicherweise nicht die ökonomischen Ziele, ganz bestimmt aber seine kulturelle Verpflichtung. Die Pflicht, einzigartige, stolze Marken zu kreieren. Marken, die uns, weil sie ihre Ambivalenz bewahrt haben, das Leben eben nicht immer einfacher machen. Marken, die Kontroversen entfachen. Marken, die nicht *Everybody's Darling* sind, für die wir bereit sind, mehr zu zahlen, weil sie uns den Glamour zurückgeben, uns verzaubern. Marken, die Allmen zwar stehlen, aber niemals verhökern würde ...

9

STRATEGIE

oder

Der Marktraum – unendliche Weiten.
Wir schreiben das Jahr 2011. Dies sind die
Abenteuer des Raumschiffs Marketing,
das unterwegs ist, um neue Märkte zu
erforschen, neue Konsumgebiete und
Markenzonen. Viele Lichtjahre von den
Normalmärkten entfernt, dringt unser
Raumschiff in Galaxien vor, die nie ein
Konsument zuvor gesehen hat.

Ausweitung der Marketingzone

Sie erinnern sich? Drei Rollen gibt es im Marketing. Den Konsumenten natürlich. Mit starken Reizen wird um seine Aufmerksamkeit
gebuhlt, um ihn zu einer Reaktion zu bewegen, um seine Sympathie, seine Freundschaft, seine Liebe, seine Treue zu gewinnen. Wenn
er sich im Marketing engagiert, sich integriert, eingreift, es modi-
fiziert, mit ihm spielt, dann nenne ich ihn einen Bastler. Den Weg
zur Gunst des Konsumenten entwerfen die Verführer. Sie gestalten,
überzeugen, manipulieren, designen die Kampagnen. Sie erschaffen
Anziehungskraft, Verführung, Verlockung, Versuchung, Sinnenreiz

und Schönheit. Ihr Geschäft ist im Kern magischer Natur. Sie sind Regenmacher, Schamanen der Lenkung von Konsumströmen.

Am Anfang aller Marketingprozesse aber stehen die Strategen in den Unternehmen. Ihre Aufgabe ist es, die Marketingzone auszudehnen. Wo keines war, soll Marketing werden. Ihre Entscheidungen haben also weitreichende Konsequenzen für das Unternehmen, die Mitarbeiter, die Kunden, den Markt. Die Strategiezone ist weit gefasst, und ein Marketingstratege, der Umsatz-, Gewinn- und Marktanteilserfolge feiern will, wird diese Zone noch weiter ausdehnen. Er wird sie nicht nur pflegen und hegen, sondern mit allen Kräften flächendeckend und volumenstark machen.

Die erste Ausweitung der Strategiezone, die »interne«, ist jene auf das ganze Unternehmen. Alle Mitarbeiter werden eingespannt, um Schlagkraft, Effektivität und Effizienz zu erhöhen. Der Imperativ, der in dieser Hinsicht an erster Stelle steht, stammt vom Strategiepapst Michael Porter: »Create fit among all activities«[1]. Alle Mosaiksteinchen müssen passen. Das Puzzle der Einzelaktivitäten muss sich zusammenfügen, die Stimmen müssen einen Chor ergeben.

Dem externen Beobachter bietet sich dann ein fugenloses Bild. Er sieht, dass alle strategischen Manöver eines Unternehmens in eine Richtung zielen. Er erkennt ein Muster. Er beobachtet Identität.

Das funktioniert aber nur, wenn das Marketing sich konsequent im Handeln jedes einzelnen Mitarbeiters zeigt. Nicht nur die Strategieverantwortlichen; alle Mitarbeiter sind für »das Marketing« verantwortlich. Es durchflutet alle Flure, Gänge, Stockwerke. Jeder ist Marketing. Überall ist Marketing. Alles ist Marketing. Auf die Spitze getrieben: Die Marketing*abteilung* kann man eigentlich auflösen.[2]

Das Image der Lufthansa beispielsweise und die Zufriedenheit ihrer Fluggäste, also der Erfolg des Konzerns, hängen von den »Gesichtern« des Unternehmens ab. Der direkte Kontakt der Fluggäste mit den Flugbegleitern und der Bodencrew prägt das Bild und damit die Resultate. Organisatorisch gesehen gehören diese Mitarbeiter zum *Operating Core*[3], dem operativen Kern, zur Produktion also. Aber sie sind zugleich das wohl wichtigste Medium des Lufthansa-Marketings.

Nicht immer ist die Überschneidung von Produktion und Marketing so offensichtlich wie bei einer Fluggesellschaft. Prinzipiell ist beides aber heute nicht mehr zu trennen. Und daraus ergibt sich, dass das Marketing nicht erst beim Kunden anfängt, sondern mit der Schulung der eigenen Mitarbeiter. Sie ist die erste und eine der maßgeblichen Aufgaben des strategischen Marketings.

Strategische Lernwelten

Die Mitarbeiter auf das Unternehmen einzuschwören ist der Kern des internen Marketings. Es wird heute durch das sogenannte *Employer Branding*, die »Arbeitgebermarkenbildung«, ergänzt. Das beinhaltet nicht nur die Führung und Schulung der aktuellen Mitarbeiter, sondern auch die Definition und Präsentation der Marke als Arbeitgeber. So wird das bestmögliche Personal angezogen; Aufmerksamkeit – und Attraktivität wird nicht bei potenziellen Kunden erzeugt, sondern bei potenziellen Mitarbeitern.

Wer eine Strategie nach außen tragen will, muss sie zuerst im Innern ermöglichen und umsetzen. Die Mitarbeiter müssen die Marke, für die sie arbeiten, *verstehen*, um sich markengerecht verhalten zu können. Um dann alle Handlungen auf die Marke hin auszurichten, abzustimmen und zu konzertieren.

Die Umsetzung der externen Strategie gelingt durch die Wahl der richtigen Mitarbeiter und deren Sozialisation, ihre Motivation und Identifikation mit der Strategie, um aus dieser eine kontinuierliche Praxis zu machen. Solche vollständig ausgebauten strategischen Unternehmenskulturen gibt es noch nicht lange, sondern erst aus der Zeit nach dem Zweiten Weltkrieg.

Eine geeignete Lehrkunst, eine Didaktik, um die Mitarbeiter zu unterrichten, stand seinerzeit jedoch nicht zur Verfügung. Auf den Frontalunterricht mit Overheadprojektor folgte die Reformpädagogik mit ihren Powerpoint-Präsentationen, beides gleich langweilig und ungeeignet.[4] Inzwischen haben sich aus den rudimentären

Mitteln der Hilflosigkeit komplexere Tools entwickelt, und langsam fängt es an, interessant zu werden. Heute weiß man, wie wichtig es ist, dass Führungskräfte und Kollegen die Idee und Identität »ihrer« Marke vorleben und dass es wiederum Marken*erlebnisse* sind, welche die Mitarbeiter prägen. Um solche Erlebnisse zu kreieren, gibt es heute technisch hochkomplexe, bestens ausgestattete, sogenannte »Brand Rooms«, strategische Erlebniswelten.[5]

Sie sind Labor und Bühne in einem, sie sprechen die Sinne und den Verstand gleichermaßen an. Und sie reizen die Aktivität der Mitarbeiter, indem sie sie in Experimente involvieren, quasi zum »basteln« bringen und so die Marke und ihre Produkte auch aus Konsumentensicht kennenlernen. Kurz gesagt: Der *Brand Room* ist dafür geschaffen, die Marke nicht nur zu verstehen, sondern auch zu fühlen.

Ganz vorne dabei: BMW: Die Bayerischen Motoren-Werke haben eine *Brand Academy*. Eine strategische Lernwelt, die das Ziel verfolgt, eine ausgeprägte Markenorientierung und ein tiefgehendes Verständnis zu erzeugen. Und mit dem Zweck, ein konsequent markengerechtes Handeln zu ermöglichen. Das alles ist streng geheim:[6] Und sogar um die bare Existenz der Akademie wird ein bisschen Geheimniskrämerei gemacht.

Es gibt sie aber, und dort können Mitarbeiter, Händler und Partner BMW, Mini und Rolls Royce, die Marken des Konzerns, multisensuell erleben und verstehen lernen. Die einzelnen Räume spiegeln die »Architektur«, den »Sound«, die »Spiele« wider, die die Marke ausmachen. Hier kann man die Symbolwelt BMW verstehen, den emotionalen Wert und die ästhetische Faszination der Marke am eigenen Leib erfahren und mit eigenen Augen erfassen. »Premium brands create desire« ist die Botschaft, die man gerne verinnerlichen darf.

Jene, die in die halb geheime Erlebniswelt eintauchen, sollen verstehen und dabei starke Loyalität, feste Bindung und intensive Identifikation aufbauen, zu den Produkten, Werten und Designs des Konzerns, seiner Unternehmen und Marken.[7]

Positionsvorteile

Dem Unternehmen und seinen Angeboten muss, um sie intern und dann extern vermitteln zu können, aber natürlich erst einmal eine Identität verliehen werden. Die Marke wird mit anderen Worten positioniert – und zwar eindeutig, unverwechselbar und attraktiv. So, dass daraus eine USP oder ein Wettbewerbsvorteil entsteht. Und nicht irgendein Wettbewerbsvorteil, sondern ein »strategischer«, das heißt ein langfristiger und nachhaltiger. Das Problem dabei: Alle Wettbewerbsvorteile sind nur von begrenzter Dauer[8]. Und doch bleibt es in der Marketingpraxis bei dieser Sisyphusarbeit, den Wettbewerbsvorteil zu ergattern und nicht mehr loszulassen. Auf gesättigten und übersättigten Märkten führt solch ein Positionierungskampf um die besten Plätze zu extrem ausdifferenzierten Produktpaletten. Softdrink gefällig? Aber welcher? Pepsi oder Coca-Cola? Miranda oder Fanta? Afri oder Star Cola? Soll es nach dem Sport ein Gatorade sein? Oder, für männliche Rettungsringträger, ein Erdinger Alkoholfrei. Schlafmützen wecken sich mit Red Bull. Für den Genuss und eine Extraportion Zucker gibt es Nestea. Wenn es gesund sein soll, dann macht's die Milch, die Müller-Milch oder, für Allergiker, Alpro-Soya Schoko. Wenn's bio und hip sein soll, die Bionade. Auf dem Markt für Softdrinks gibt es zwar große Konkurrenz, aber irgendwie geht man sich doch aus dem Weg. Immer mehr und immer kleinteiligere Marktsegmente haben sich ausdifferenziert. Und in jeder einzelnen Kategorie gibt es eine führende Marke. Für Zweitplatzierte ist in hochausdifferenzierten Segmenten kein Platz, weder im Kopf des Kunden noch im Regal des Supermarkts. Die Folgerung: Neue Marken haben nur dann eine Chance, wenn sie eine neue Kategorie aufmachen.

Genau dafür ist die hohe Kunst des Strategischen erfunden worden: Für die Exploration der Märkte jenseits der Positionierung. In den sogenannten »Positionierungsmodellen« werden alle Unternehmen eines Marktes in einem zweidimensionalen Raum dargestellt. In ein Koordinatensystem mit einer X- und einer Y-Achse, die meistens für Qualität und Preis stehen. So sollen Marktnischen und -lücken sowie die Konkurrenzsituation sichtbar werden. Gut positioniert ist man, wenn in der näheren Umgebung wenig Wettbewerb herrscht. Die richtig erfolgreichen Unternehmen verweigern sich diesem lediglich zweidimensionalen Spiel und werden kreativ. Sie finden, beanspruchen und kommunizieren eine eigene Dimension: die mindestens dritte.

Schwarze Socken im Abo

Socken. Braucht jeder. Man kann gar nicht genug davon haben, denn irgendwann verschwinden sie alle im Bermudadreieck der Waschmaschine, werden über das Mindesthaltbarkeitsdatum hinaus getragen, und oft erwischt man im morgendlichen Stress zwei Socken, die nicht zueinander gehören. So unscheinbar die Socke daherkommt, trägt sie doch ein gewaltiges Peinlichkeitspotenzial in sich. Und Ausreden sind knapp, denn Socken gibt's an jeder Ecke: im Supermarkt, im Kaufhaus, überall. Man braucht sie, ja, aber wer kauft schon gerne Socken? Diese philosophisch wertvollen Grundsatzüberlegungen zur Socke, ihrer Kultur und ihrem Konsum nahm Samy Liechti zum Anlass, eine strategische Entscheidung zu treffen: Er verkauft schwarze Socken gehobener Qualität. Im Internet und im Abo: Jedes Jahr drei, vier oder sechs Lieferungen à drei Paar Socken, nur schwarze, nur für Männer.

Natürlich war Liechti klar, dass seine Idee leicht nachzuahmen ist. Gut, er hatte den Vorteil, der Erste zu sein. Die Lacher, will sagen die Aufmerksamkeit, hatte er auf seiner Seite, aber ein solcher Vorsprung ist schnell verspielt. Also ließ er sich immer wieder etwas Besonderes einfallen, machte jede Lieferung zum Erlebnis, würzte sie mit etwas Esprit und Humor. Eine Kulturrevolution im Sockenmarkt! Heute setzt der smarte Fußfetischist Millionen mit Socken um, und das ohne erwähnenswertes Marketing- und Werbebudget. Fragt man ihn nach seinem Erfolg, lächelt er schelmisch. Na ja, ihn freue schon, dass er den Online-Sockenmarkt in Butan und Ruanda mit 100 Prozent Marktanteil dominiere. Samy Liechty hat mit seiner Firma Blacksocks die Idee der Socke neu definiert und damit die Sockenzone gedehnt, eine neue Kategorie erschaffen, die mentale Markenzone ausgeweitet.

Die höchste Form der strategischen Positionierung ist *keine* Positionierung. Kein Kampf um Marktanteile in einem bestehenden Markt, sondern eine neue Kategorie. Und zwar nicht auf dem Papier, sondern im Kopf des Kunden.

Wer hat an der Uhr gedreht?

Marken, die eine eigene Kategorie eröffnen. Der Uhrenmarkt wird eigentlich immer schon von Schweizer Herrlichkeit dominiert. Hochklassige Uhren, die exakt gehen. Ich erinnere mich, dass in der Zeit meiner Kindheit japanische Digitaluhren, von Seiko oder wem auch immer, in den Uhrenmarkt preschten. Digitale Uhren waren anders, etwas Besonderes, eben keine Uhr, sondern eine Digitaluhr. Sie hatten keine Zeiger, sondern Ziffern und waren viel billiger und keineswegs schlecht gearbeitet.

Die Reaktion der Schweiz? Die Einführung einer neuen Kategorie. Die Uhr wurde nicht mehr auf die Ewigkeit, sondern auf die Mode ausgerichtet. Plötzlich gehörte zu jeder neuen Modekollektion eine neue Uhr. Die Swatch trat ihren Triumphzug um die Welt an.

X- und Y-Achse, Qualität und Preis spielten bei dieser Markenzonenerweiterung nicht die erste Geige, sondern durften höchstens im Chor mitsingen. Die Strategen hinter der Swatch gingen viel weiter und schufen eine neue Kategorie in den Köpfen der Menschen und machten sie begehrenswert.

Oder Miller Lite. Das erste Bier ohne Alkohol und Kalorien. Trinken, bis der Arzt eben nicht kommt, nämlich ohne Suff – und ohne Rettungsringe. Super! Oder Odol Med 3 Zahncreme 40 plus. Die erste Zahncreme »für reifere Zähne«, deutlich teurer als normale

Tuben, die Zutaten allerdings herkömmlich. Ein sehr geschickter Schachzug: Ein erhebliches Segment des Zahnpastamarktes wird so flugs vom großen Kuchen abgetrennt, und schon ist die »spezielle Vorsorge für Zähne ab 40« fern aller Konkurrenz.

Oder CK One. Kein Parfum, das nur an Models seine Wirkung entfaltet, sondern eines für sie und ihn. Ein Unisex-Parfum. Natürlich waren alle Parfums davor auch unisex. Von der Wirkung her gesehen. Aber alle Düfte basierten auf eindeutigen Zuschreibungen: dieser sei weiblich, jener männlich. Aber jetzt kommt Calvin Klein, behauptet, CK One sei weder noch beziehungsweise sowohl als auch – kreiert damit eine neue Kategorie und schafft sich die gesamte Konkurrenz vom Hals. Ein Meisterstückchen!

Natürlich gibt es heute haufenweise Digitaluhren, altersspezifische Zahncremes, Unisex-Parfums und Light-Biere. Aber der Erste, der *First Mover* bekommt zunächst exklusiv, dann relativ mehr Aufmerksamkeit als die Trittbrettsurfer. Und deswegen können die Ersten auch die Regeln bestimmen, nach denen gespielt wird. Sie hecheln keinem Markt hinterher, sondern bestimmen, prägen und definieren ihn. Das ist echtes Leadership, das ist offensives Marketing![9]

Ein solch offensives Marketing orientiert sich also nicht an zwei Prämissen, die im 08/15-Marketing an erster Stelle stehen: den *Erwartungen der Kunden* und den *Vorgaben der Konkurrenz*. Und es macht Schluss mit dem Evergreen der »marktorientierten Unternehmensführung«. Insgesamt also mit den drei Leitbildern der Siebziger- und Achtzigerjahre.

Heute gilt Marktorientierung nur noch als Mittel, um den Misserfolg zu vermeiden, längst nicht mehr als glänzender Erfolgsfaktor.[10] Up-to-date-Unternehmen versuchen heute, offensiv zu sein. Nicht »market-driven«, sondern »driving markets«.[11] Sie tummeln sich nicht im Referenzraum einer Branche, suchen nicht den margenhaften Vorteil gegenüber der Konkurrenz, sondern explorieren jene unendlichen Weiten, jene fernen und doch so nahen Galaxien, die Konsumgebiete und Markenzonen jenseits der Normalmärkte.

Ausgedehnte Märkte

Kategorien sind im Kopf des Kunden. Wo sonst? Wenn man also versucht, die mentale Markenzone auszuweiten, dann ist die entscheidende Frage jene nach der Kategorie. Nach den Ausdifferenzierungsmöglichkeiten von Kategorien in der Vorstellungswelt des Kunden. Das offensive Design einer Kategorie, ihre Erschaffung, ist also nichts anderes als die Erschaffung und das Design von Wahrnehmungen und Interpretationen – nämlich seitens des Kunden. Lange Rede, kurzer Sinn: »Wie ordnen Kunden ein Produkt ein?« ist eine der entscheidenden Fragen, an denen sich Marketingstrategen die Zähne ausbeißen.

Ist die Milchschnitte eine fette, ungesunde Süßigkeit mit beinahe 30 Gramm Fett und über 400 Kilokalorien (pro 100 Gramm)? Oder eine gesunde Portion Milch für zwischendurch? Denn Milch ist ja wohl gesund! Milchschnitte wurde zum Erfolg, weil die Marke diese zweite Interpretation penetrant kommuniziert und die Kategorie Gesunde-Milch-in-fester-Form aufgemacht hat. Ohne kreative, lustige oder gar schöne Werbung, sondern durch Abbau von Konsumbarrieren[12] (zu fett, zu ungesund, zu kalorienreich).

Oder der Fall Nintendo. Abgehängt von der grafischen Wucht und dem ausgeklügelten Design von Playstation und X-Box. Nintendo entschied sich dazu, den Wettbewerb um noch mehr Grafikpower und noch bessere Spiellizenzen gar nicht erst aufzunehmen, sondern eine neue Markenzone für eröffnet zu erklären. Eine mentale Barriere wurde beiseitegeräumt, indem man Schluss machte mit der Meinung, Konsolenspiele seien nur etwas für Kinder, Teenager und jung gebliebene Männer. Kurzerhand wurde eine neue Kategorie definiert: Konsole und Spiele für Mädchen, für Silver-Ager, für Gelegenheitsspieler, für alle, die üblicherweise nicht den ganzen Tag trübe in Konsolendisplays glotzen. Plötzlich gab es Spiele, die nicht bloß ein paar Finger beanspruchten, sondern Körper und Geist übten. Das Wii-Fit war geboren. Selbst meine Mutter ist nun fit wie ein Turnschuh, trainiert zusammen mit ihren Enkeln. Wenn das keine Ausweitung der Konsumentenzone ist …

Mentalen Konsumzonenausdehnungen entsprechen reale Markenzonenerweiterungen. Also machen sich die Strategen auf in die Konsumrealität, um dort zu sehen, wohin Marken expandieren können. Zu den Ergebnissen solcher Expeditionen an die Konsumzonengrenzen gehört, dass McDonald's jetzt auch Frühstück und im McCafé Kaffee und Kuchen anbietet. Oder auch, dass Sportschuhe schon längst die Nacht und die Clubs erobert haben – was seinerzeit die angestaubte Marke Puma vor dem verdienten Tod gerettet hat. Solche expansiven Dehnungen bedeuten nicht zuletzt, dass »unter dem Dach einer Marke« immer mehr Produkte nicht im Regen stehen. Das Wetter wird immer härter, die Markendächer immer breiter. Das von Hans Domizlaff, dem deutschen Begründer der Markentechnik, formulierte Gesetz »Eine Firma hat eine Marke; zwei Marken sind zwei Firmen« hat längst seine Berechtigung verloren. Europäer sind immer wieder überrascht, wenn sie nach Asien kommen und unter den Dächern kaum glamouröser Marken wie LG oder Samsung alles finden. Wirklich alles. Von der Wiege bis zum Sarg, den Anzug, das Parfum, die Hochzeitskutsche, die Lebensversicherung, die Stereoanlage.

Das Phänomen der Markenausdehnung, in der Fachsprache *Brand Extension* genannt, wird immer dann, wenn es konkret wird, oft und gerne kritisch diskutiert: Passt zu Porsche wirklich eine Familienkutsche? Zum Mini ein SUV, ein Sport Utility Vehicle? Allein um neue Kunden an eine Marke heranzuführen, ist der Weg in neue Konsumräume unumgänglich. Nobelmarken wie Dior oder Hermès bieten erschwingliche Parfums und Krawatten an, um einen größeren Kundenkreis über die Schwelle zu locken.

Auf Messers Schneide

Wir müssen uns immer wieder entscheiden, zwischen Coca-Cola und Pepsi Cola, Gucci und Prada, Schalke und Dortmund oder Gillette und Wilkinson. Diese beiden fechten einen erbitterten Wettstreit um Kunden und Klingen aus. Man glaubt es kaum, aber Gillette, die Nummer eins des scharfen Marktes, ist laut Best Global Brands 2010, Interbrand.com, mit einem Wert von 22 bis 23 Milliarden Dollar die Nummer 13 unter den Marken weltweit. Procter & Gamble blätterte 2005 nicht unerhebliche 57 Milliarden für The Gillette Company auf den Tresen. Wir reden hier also nicht über Peanuts, sondern das ganz große Business. Und übrigens nicht mehr über die Ausweitung der allgemeinen, sondern der individuellen Konsumzone – denn das strategische Ziel lautet hier nicht, mehr Konsumenten zum Konsum zu motivieren, sondern den Konsum des einzelnen Rasierenden auszudehnen.

Dass man für so etwas Profanes wie die Haarentfernung pro Satz Ersatzklingen bis zu 18 Euro hinblättert, kann man getrost als Leistung der globalen Marketingindustrie »feiern«. Als King Camp Gillette – was für ein Name! – 1895 den Rasierhobel erfand, konnte er nicht ahnen, welche Blüten der Kampf um Marktanteile einmal treiben würde. Immer mehr Klingen, die irgendwie besonders sind, immer absonderlichere Systeme, die keiner versteht. Ich sehe ihn schon vor mir: den Sieben-Klingen-Mega-Fusion-Power-Gleiter mit Peeling-Funktion und Haarwurzelkappungsquerklingensystem, ein Raumschiff von einem Rasierer, komplexer als alle elektrischen Exemplare. Und die dazugehörigen Klingen sind natürlich alles, nur nicht umsonst …

Seit gut 100 Jahren beharken sich Gillette und Wilkinson, fechten Marktanteile und Umsätze untereinander aus. Nach vielen kleinen Innovationen kam dann irgendwann die große Rasierzonenerweiterung: die Ganzkörperrasur. Der beinahe komplett enthaarte Körper wurde zum neuen Schönheitsideal, auch beim Mann. Vorexerziert von Schwimmern und Radlern, dem Metrosexuellen David Beckham, den nackten Tatsachen des Pornos und unter der Dusche des Fitnesscenters. Ein neues Ideal, das zu einer Inflation der scharfen Klingen und Rasierersysteme geführt hat.

Das aktuelle Modell von Gillette im Wettrüsten um die Gunst der Klingenkäufer entstammt einer Allianz mit der aufgekauften deut-

schen Traditionsmarke Braun. Der *bodycruZer*, der mit den Worten
»Bushy body hair growth is out« beworben wird. Buschiger Bewuchs,
nein danke! Ein futuristischer Rasierer, die Technik aus einer anderen Dimension. Wilkinson schickt in den Kampf der Titanen, in den
Star Wars der Klingengiganten, den *Hydro 5*, den es zu Werbezwe-
cken auch überlebensgroß als Tauchboot gibt – die *Nemo 100*, der
»weltgrößte Nassrasierer«. Wen man damit wohl rasieren kann?

Für welche Hardware auch immer man sich entscheidet, abgerech-
net wird bei den Klingen. Klingenverkauf ist ein anderes Wort für
Gewinnzonenausweitung. Und Ganzkörperenthaarung der Hunger
des Rasierhobels auf mehr und immer mehr Klingen … Aus dem
großen Kampf zwischen Gillette und Wilkinson möchte ich mich
übrigens fein heraushalten. Ich schließe dieses Thema deshalb so sa-
lomonisch, als es mir gegeben ist:

Der Rasierraum – unendliche Weiten. Wir schreiben welches
Jahr auch immer. Dies sind die Abenteuer des Raumschiffs »Safti-
ger Klingenpreis«, das mit seiner Besatzung unterwegs ist, um neue
Rasierwelten zu erforschen, neue Klingengleitpisten und neue Ent-
haarungszonen. Viele Lichtjahre von der Erde entfernt, dringt die
Rasierklinge in Körperregionen vor, die nie ein Rasierer zuvor gesehen hat …

Das Glück schmieden

Wilhelm Böing und seine Frau Marie Böing, geborene Ortmann,
wanderten 1868 aus dem Sauerland aus und in die Vereinigten Staaten ein. Böing war in Hohenlimburg bei Hagen ein erfolgreicher
Kaufmann gewesen, aber die deutsche Provinz wurde ihm zu klein,
und so suchte er die Herausforderung jenseits des großen Teichs. Sein
Sohn Wilhelm Eduard Böing änderte irgendwann seinen Namen und
hieß fortan William Edward Boeing. Zunächst verdiente die Familie
ihr Einkommen im Holzhandel und mit Bodenschätzen, aber nach
seinem Studium an der Universität Yale gründete der Auswanderer-

spross 1916 mit seinem Kompagnon Conrad Westervelt die Firma, die später Boeing Airplane Company heißen sollte. Nach ersten großen Erfolgen in der Spätzeit des Ersten Weltkriegs ebbte das Geschäft sichtlich ab, und Boeing schlitterte in eine tiefe, bedrohliche Krise. Nach und nach musste Boeing seinen Mitarbeitern kündigen, und als auch der Kernbelegschaft die Arbeit ausging, baute man, mehr aus Verlegenheit, ein paar leistungsstarke Schnellboote mit Flugzeugmotoren. Aber auch die lagen wie Blei in den Regalen ... Als Boeing kurz davor stand, den Betrieb liquidieren zu müssen, küsste ihn das Glück, beziehungsweise der amerikanische Kongress, der 1919 die Prohibition beschloss. Und plötzlich waren schnelle Schnellboote sehr beliebt. So beliebt, dass Boeing binnen weniger Tage alle bereits produzierten Exemplare aus den Händen gerissen wurden – und alle bar bezahlt ... Das rettete den Betrieb über die nächsten Monate und die Talsohle, und es ging wieder bergauf ... Boeing wurde schließlich zu dem Mega-Konzern, den heute jedes Kind kennt.

Wilhelm Böing alias William Boeing hatte Glück. Der immense Durst der US-Amerikaner nach Hochprozentigem verhinderte den völligen Absturz und ermöglichte Boeing, einer der ganz hellen Sterne am Firmament zu werden. Wäre dem Flugzeugbauer das Glück nicht in den Schoß gefallen, dann würde ihn heute vielleicht niemand kennen und die gesamte Geschichte der kommerziellen Luftfahrt müsste umgeschrieben werden. Diese Geschichte zeigt: Neue Strategien, die den Wettbewerb verändern, können nicht ingenieurtechnisch geplant werden. Erfolg lässt sich nicht vorhersagen – egal wie viele Millionen für Marktforschung ausgegeben werden. Das Gros der Versuche, Erfolge zu prognostizieren, verfehlt so grob die gesteckten Ziele, dass man den verantwortlichen Marketingmanagern zurufen möchte: »Pfeift auf eure behäbigen, unbeweglichen Planungsstrukturen – sie sind viel zu langsam, um in den Märkten und der Konsumzone mithalten zu können. Wer im bürokratisch-technizistischen Mief festhängt, ist bald abgehängt!«

Anders als die meisten, für die Glück das absolute Gegenteil aller Strategie ist, verstehe ich Glück als *die* Strategie unserer Zeit[13]. Und zwar das Glück in seiner besten Rolle, als der Zufall. »Der Zufall begünstigt nur einen vorbereiteten Geist«, wird Louis Pasteur in diesem Kontext zitiert. »Die besten Dinge verdanken wir dem Zufall«, soll Giacomo Casanova gesagt haben, und der muss es schließlich gewusst haben.

Auf Glück zu setzen, das Glück zu »managen«, ist eine hohe Marketingkunst. Nur der »vorbereitete Geist« vermag das Glück auch zu empfangen. Und schließlich sprach man früher doch zu Recht davon, man müsse der Schmied seines Glücks sein. Wie man beim Roulette nicht alles auf eine Zahl setzt, sondern die Einsätze verteilt, um das Risiko zu minimieren und die Chancen zu erhöhen, lässt man auch im Marketing die Ideen im Plural aufgaloppieren. Ein ganzes Portfolio an Designs, Ideen und Produkten. Man wettet nicht einmal, sondern vielfach und systematisch und erhöht dadurch die Gewinnmöglichkeiten.[14] Die Ideen, die sich im Markt als Treffer erweisen, werden gefördert; die Nieten unsentimental geschreddert. In Zusammenhang mit Erfolg bedeutet ein Mangel an Sentimentalität schnelle Flexibilität in Richtung Erfolg.

Glücksstrategien akzeptieren die Unberechenbarkeit unserer Zeit. In unseren hyperflüchtigen, postmodern-destabilisierten Zeiten sind Langfristigkeit und Stabilität die Dinosaurier der Moderne – Anachronismen einer längst vergangenen Zeit. Das Setzen auf das Unberechenbare, auf das Glück, gehört heute zum Marketing wie die Kreativität der großen Idee, das Erschaffen neuer Kategorien und das Einschwören aller Beteiligten auf die Identität des Unternehmens. Wenn Sie so wollen, eine Art Casino-Marketing. Womit wir beim Thema Spiele wären. *Be prepared!*

Kreativität, schwer gemacht

Die Quote ist Quatsch. Sage ich ganz offen. Teilweise werden Frauen nämlich sogar übervorteilt. Bei Lebensversicherungen zum Beispiel. Gleiche Prämien für Männlein und Weiblein, aber die Frauen haben eine um fünf Jahre höhere Lebenserwartung. Das heißt: Fünf Jahre länger Rente kassieren – und das quasi umsonst.[15] Nicht das Geschlecht an sich führe zu verschiedenen Lebenserwartungen, sondern die Unterschiede im Lebensstil, so die Begründung des Europäischen Gerichtshofs.[16] Selbst schuld, die Männer, haben eben viel mehr Stress in Führungspositionen, den die Frauen bekanntlich weitgehend vermeiden …

Spaß beiseite. Ich bin natürlich *für* die Quote. Aber nicht wegen der Gerechtigkeit, sondern aus Gründen der … Kreativität! Quote bedeutet Trouble, und Schwierigkeiten machen kreativ. Probleme und Krisen sind die beste Abkürzung zur Kreativität. In Krisenzeiten entstehen überproportional viele junge, dynamische, spannende Unternehmen.[17] Not macht erfinderisch – und das ist auch gut so.

Das gilt natürlich auch im Marketing. Wenn das Briefing einmal zwickt, weil es viel zu eng ist und viel zu viele Einschränkungen macht, dann schlägt die große Stunde der Kreativität. Wenn man die Verführer in ein enges Korsett zwingt und mit strengen Vorgaben quält, dann können sie ihre Kreativität voll entfalten.

In puncto Kreativität kann das Marketing vom Film lernen. Lars von Trier, der dänische Meisterregisseur, hat gemeinsam mit anderen Regisseuren das Dogma-95-Manifest unterzeichnet. Darin verpflichten sie sich unter anderem, keine Requisiten, keine künstliche Beleuchtung, keine Spezialeffekte und keine Filter zu verwenden. Zehn Gebote umfasst das Manifest, mit dem wieder echte Kreativität ermöglicht, nein, erzwungen werden soll.

In *The five Obstructions* aus dem Jahr 2003 entwirft von Trier ein ganz ähnliches Szenario, das durch Einschränkung kreativer Freiheit zur Kreativität gelangen will. Sein Mentor Jørgen Leth hat 1967 einen zwölfminütigen

Film namens *Der perfekte Mensch* gedreht. 36 Jahre später dreht Leth fünf Remakes seines eigenen Films, jeweils mit einer anderen »Obstruction«, einer anderen Hemmung, Einschränkung, Behinderung, die von Trier vorgibt.[18] Und der macht es Leth schwer und immer schwerer. Das erste Remake soll auf Kuba gedreht werden, und keine Einstellung darf mehr als 12 Einzelbilder haben. Im zweiten soll Leth den perfekten Menschen selbst spielen, und zwar am schlimmsten Ort der Welt, der ihm einfällt, den er aber nicht zeigen darf; er wählt das Rotlichtviertel von Bombay. Weil ein bisschen Bombay doch zu sehen war, wird Leth »bestraft«, indem er in Brüssel ein Remake des zweiten Remakes drehen muss. Die vierte Fassung soll ein Cartoon sein. Leth: »Ich hasse Cartoons!« Trier: »Ich auch, darum geht es!« Die fünfte Version gibt es schon. Lars von Trier hat sie gedreht, zwingt Leth, den von ihm geschriebenen Off-Kommentar einzusprechen und den Film als seinen eigenen auszugeben.

Die Obstruktionen, die Handicaps, die Trier vorgibt, sind absurd, provokativ, willkürlich, ein bisschen sadistisch und ziemlich herausfordernd. Je

mehr Einschränkungen er vorgibt, desto kreativer wird Leth – gezwungenermaßen – und desto spannender wird auch der Film. Verordnet werden aber keine Instruktionen, sondern Obstruktionen. Von Trier gibt keine Anleitung, gibt nicht vor, wie es sein soll, sondern stellt die Kreativität auf eine harte Probe. Er verbietet die meisten üblichen Kreativmittel und zwingt Leth damit, wirklich kreativ zu werden. Zu improvisieren. Etwas zu wagen. Leth steht ohne Deckung da. Nackt und auf sich selbst zurückgeworfen. Eine Herausforderung sondergleichen. Aber mit phänomenalen Ergebnissen. Die Unternehmen dürfen sich davon gerne eine Scheibe abschneiden. Strategen sollten in ihren Briefings weniger instruieren und mehr obstruieren. Denn wenn Kreative es schwer gemacht bekommen, leisten sie oft Höheres. Sie wollen und müssen herausgefordert werden. Werden die Spielregeln verschärft, gewinnen die ganz Flexiblen, Schrägen und Kreativen. Und nicht zuletzt die Mutigen, die die Regeln nicht immer akzeptieren. Sie sind es, die die Kreativitätszone ausdehnen und etwas wirklich Neues erschaffen.

Kreativität will immer frei sein, aber sie kommt paradoxerweise nur dann zur vollen Entfaltung, wenn sie sich an und in ihre Kontexte einpasst. Auch das ist Aesthetic Responsibility – Ästhetische Verantwortung. Die Bilder zeigen, wie man es dramatisch falsch und gigantisch richtig machen kann. Einmal fehlt die ästhetische Sensibilität völlig (Sie erkennen, ich spreche von Vodafone), das andere Mal wird der Stil des Magazins perfekt aufgegriffen und das Beworbene damit in Einklang gebracht.

Ich bin der Geist, der stets abwinkt! Und das mit Recht;
denn alles, was kreativ sich schimpft, ist wert,
dass es den Bach runtergeht; drum besser wär's,
man nähme die Flippig-Kreativen an die Leine.
So ist denn alles, was ihr Hemmnis, Hindernis, kurz,
Sabotage nennt, mein eigentliches Element.

10

SPIELE

oder

Ein Kapitel, das vor martialischen und bellizistischen Überschriften nur so strotzt, aber eigentlich ganz lieb ist, denn es will bloß ... spielen

Spielen – die Verbesserung des Menschen durch ihn selbst

Vom altindischen Brettspiel bis zur neudigitalen Playstation – der Mensch ist ein Spieler. »Der Mensch spielt nur, wo er in voller Bedeutung des Worts Mensch ist, und er ist nur da ganz Mensch, wo er spielt«, um es mit Schiller zu sagen.[1] Im nutzlosen Spiel, der »unproduktiven Verausgabung«[2], erweist sich der Mensch als das übende Wesen, das nicht anders kann, als sich immer wieder zu verändern und zu verbessern.[3] Sie erinnern sich an den Übungsleiter Dettmar Cramer: »Solange besser möglich ist, ist gut nicht gut genug. Wir haben versucht, es immer noch ein bisschen besser zu machen. Das ist mein Wesen geworden.«

Zum Spiel gehört der Wettkampf. Das Gewinnen-Wollen. Mit und gegen die Regeln. Wer von Marketing spricht, kann über Spiele nicht schweigen. Denn Marketing ist Wettkampf und Spiel. Eine Mannschaftssportart, bei der Strategen, Verführer, Bastler und Konsumenten mitspielen, allerdings in gemischten Teams und mit wechselnden Interessen. Der spielerische Umgang mit Marketing ist freilich zuerst ein Privileg der Bastler. Auch sie haben zwar Interessen, möchten dieses oder jenes bewirken und durchsetzen, aber ihnen ist das Spiel vor allem eins: der Spaß an der Freude. Ein Selbstzweck. Und gerade deswegen ist das spielerische Bastlermarketing nicht selten viel kreativer als jedes professionelle, zweckgebundene Vermarkten.

Die Marsbewohner greifen an!

Das Motiv für Marketing? Ganz klar: der Profit und seine Mehrung. Aber: Wer tief ins Marketing einsteigt, vergisst mitunter dieses Ausgangsmotiv und beginnt, darin ein Spiel zu sehen. Ein Spiel mit dem Kunden. Ein Wettbewerb um Märkte. Ein Strategiespiel mit echten Einsätzen. Und die Gegenseite, die Kunden, sehen das Marketing oft genug auch als Spiel, aber als eines, in dem die Regeln nicht ganz klar sind oder etatmäßig gebeugt und gebrochen werden. Der französische Soziologe Roger Caillois bezeichnet die streng geregelte, straff geordnete Form als *Ludus*, und als *Paidia* den anarchisch improvisierenden, spontanen Pol des Spiels.[4] Marketing ist Paidia. Denn wenn es zu sehr auf Ludus machte, würde es zwangsläufig langweilig. Die fade Wiederkehr des ewig Gleichen.

Paidia also, nicht das Spiel ohne Regeln, sondern jenes, wo sich die Regeln erst während des Spiels ergeben. Und bei einem solchen Spiel kann man eine Menge Spaß haben. Ich sage nur: *Tango*! Und: *Mars attacks*!

Im Oktober 1938 vertonte der junge Orson Welles den Roman seines Fast-Namensvetters H. G. Wells, *Krieg der Welten*, im Radio. Er gestaltete sein Hörspiel im Reportage- und Nachrichtenstil: Nach einem Meteoriteneinschlag überfallen Außerirdische die Ostküste südlich von New York. Die Menschen, die sich ihnen entgegenstellen, fallen wie die Fliegen. Mehr und mehr Raumschiffe landen, eine Invasion beginnt. Bis nach Manhattan, ins Herz der US-amerikanischen Zivilisation, dringen die Aliens ein, bis sie von terrestrischen Bakterien und Viren dahingerafft werden. So weit das Hörspiel.

In New York und Umgebung soll es daraufhin zur Massenpanik gekommen sein. Die Leute saßen dem Reportageschwindel auf und glaubten, der jüngste Tag sei gekommen. Sie flüchteten ins Freie, in Parks, Krankenhäuser, Kirchen, sogar in Polizeirevieren suchten sie Schutz. Das Schreckensszenario wurde für bare Münze genommen. Die Grenze zwischen Realität und Fiktion verschwamm, die Kunst führte eine Komplettillusion auf. Das Marketing kann von Orson Welles lernen. Und hat es schon. Ein Kapitel aus der Ruhmeshalle gelungener Kampagnen: Tango, nicht der Tanz, sondern der Drink. So etwas wie die englische Antwort auf Fanta. Tango gibt es schon seit 1950, bis in die Neunzigerjahre hinein weitgehend unbemerkt von der Öffentlichkeit, mit bescheidenen Absatzzahlen, in einer Nische. Heute gehört Tango einer ganz anderen Liga an als zuvor.

1994 ging Tango mit einem Spot in die Medien, der sich von der Machart her komplett von allen anderen Werbekurzfilmen der Marke unterschied. Er war »klassisch« gedreht, dokumentarisch-trocken, wie eine Nachrichtensendung, nur dass keine News verlesen wurden, sondern eine Art Rückruf. Ein Unternehmenssprecher warnte vor »Stillem Tango«. Die Firma produziere so etwas nicht, sondern ausschließlich stark kohlensäurehaltige, heftig zischende Erfrischungsbrause mit viel Sprudel. Vor dem abgestandenen Tango ohne Sprudel, das einige Supermärkte und Getränkehandel anböten, könne man nur eindringlich warnen.

Man forderte die treuen Kunden auf, eine kostenlose Hotline anzurufen, um Fälle von wenig prickelnder Tango zu melden – und die Anbieter gleich mit.

Zwar wurde Tango wegen Missbrauchs des Nachrichtenformats abgemahnt, hatte aber längst das eigentliche Ziel erreicht: auf spektakuläre Weise viel Aufmerksamkeit zu generieren. Die Drähte glühten. Allein am ersten Tag der Kampagne sollen 30 000 Menschen bei der Hotline angerufen haben. Sie hörten eine Bandansage, die ihnen mitteilte, sie seien *getangoed* worden, auf den kleinen Trick hereingefallen. Und weiter, dass jeder, der seinen Namen hinterlasse, einen Gutschein für das Produkt erhalte.[5]

Ein kleiner Scherz auf Kosten der Kunden, ein großer Schritt für Tango, denn mit dieser Aktion steigerte die Marke ihre Bekanntheit und Beliebtheit immens. Wie Orson Welles mit seinem legendären *Krieg der Welten* verwischte Tango die Grenze zwischen Kunst und Realität und erzeugte damit einen starken Reiz, auf den die Konsumenten ebenso heftig reagierten.

In der Marketingszene spricht man von »Keltischem Marketing«[6]. Es pflegt einen unverkennbaren Hang zu außergewöhnlicher Kommunikation. Es ist bekannt für Werbung, in der an postmodernen Seltsamkeiten nicht gespart wird. Berühmt für Narrenstreiche und Eulenspiegeleien jenseits aller Standards. Berüchtigt für Clips mit bizarren Einlagen à la Jackass und Provokationen à la Sacha Cohen (alias Ali G, Borat und Brüno). Die Spots von Tango, in denen auch schon mal ein Prominenter reingelegt wird, firmieren unter der Überschrift »Tango'd«, was so viel heißt wie »Reingefallen«, nach dem Motto: »Du bist *getango*ed!«.

Man kann das für respektlos halten – oder sich einfach an solcherlei einfallsreichen, spielerischen, ungewöhnlichen »Gaunereien« erfreuen. Ich bin der Meinung, dass so etwas die Kunden erstens unterhält und zweitens mobilisiert. Und viel mehr kann man im Marketing doch gar nicht erreichen, oder?

Stephen Brown, seines Zeichens Zauberlehrling des postmodernen Marketings, nennt so etwas eine »kleine Schwindelei«[7]. Insgesamt fünf Tricks und Kniffe nennt er, wie man heute vermarktet, ohne zu langweilen: Neben der Schwindelei sind es Unterhaltsamkeit (oft versucht, selten erreicht), Exklusivität (»nur noch ein Stück vorrätig, greifen Sie schnell zu …«), Geheimniskrämerei (aber bitte nicht zu geheim, sonst bekommt es niemand mit) und Spezialeffekte (Feuerwerk, Explosion, Überraschung, Frevel, Tabubruch, Affront, Skandal …). Brown spricht von »Retro-Marketing« und träumt von der Rückkehr in die guten alten Zeiten des glamourösen, aufschneidenden, ungezügelten Marketings – und was könnte besser dazu passen als das ebenso altmodische wie provokante Gaunerstück à la Tango?

Überraschungsangriff aus dem Hinterhalt

Was Brown im Einzelnen als »Retro-Marketing« bezeichnet, kann man natürlich auch alles auf einmal haben. Beispielsweise beim Ambush-Marketing, dem Marketing aus dem Hinterhalt. Irgendwie illegal, aber oft auch lustig, unterhaltsam, sympathisch.

Beim hinterhältigen Marketing bringen sich Unternehmen in Verbindung mit einem sportlichen Großereignis, allerdings ohne offizieller Sponsor zu sein und ohne Lizenzgebühren gezahlt zu haben. Das ist Trittbrettmarketing auf den Wellen großer Events. Der Vorteil: Man profitiert günstig, obwohl die Konkurrenz, die – beispielsweise um Partner der Champions League zu werden – tief in die Tasche gegriffen hat, doch eigentlich einen Vorsprung hätte herausholen sollen. Wie das geht? Man macht zum Beispiel ein Preisausschreiben in einer Zeitschrift. Und die Frage hat irgendetwas mit eben dem Sport-Event zu tun, an dem man preiswert parasitieren möchte. Beispielsweise: Wer ist der Rekordtorschütze der Champions League? a) Raúl b) Ruud van Nistelrooy. Oft stellt man die Frage natürlich viel leichter, weil man ja will, dass auch derjenige, der keinen blassen Schimmer von gar nichts hat, die nicht ganz günstige Hotline anruft. Also: a) Raúl b) Rasputin. Hätten Sie's gewusst?

Eine andere Möglichkeit ist der in Aussicht gestellte Rabatt auf einen Fernseher – jedes Mal, wenn die Deutschen ein Tor erzielen. Oder, oder, oder …

Im Soccer-City-Stadion zu Johannesburg hat man 36 gutaussehende junge Damen mit orangefarbenen Kleidern ausgestattet. Was war der Hintergrund? Die niederländische Biermarke Bavaria legte vor der Weltmeisterschaft zu jedem verkauften Kasten ein ziemlich knappes orangefarbenes Kleidchen bei. Keine Aufschrift, kein Logo.

Beim Auftaktspiel der niederländischen Mannschaft, Oranje genannt, trugen diese 36 »lekker Meisjes«, alle laufstegtauglich, das knappe Dress. Die »Beer Babes«, wie sie von der internationalen Presse getauft wurden, gerieten sofort ins Visier der Fahnder der FIFA und der südafrikanischen Polizei. Zwei »Rädelsführerinnen« wurden inhaftiert, und es kam sogar zu diplomatischen Verwicklungen. Am Ende führte die Anklage aber ins Nichts und wurde fallengelassen.

Schon bei der WM 2006 hatte Bavaria etwas Ähnliches versucht. Damals mit orangefarbenen Lederhosen und gut sichtbarem Logo. Den Niederländern wurden prompt die Lederhosen ausgezogen – beziehungsweise das mussten sie selbst erledigen, bevor sie ins Stadion durften. Zurück zu den Beer Babes: Wie war überhaupt aufgefallen, dass die 36 engen Kleidchen ein illegaler Werbeversuch waren? Schließlich gab es kein Logo, keine Aufschrift »Bavaria« – und das halbe Stadion war orange, denn schließlich sind das die niederländischen Farben. Es kann nur eine Antwort geben: Irgendjemand muss den Ordnungshütern einen Tipp gegeben haben. Aber wer? Marktgigant Budweiser hatte als einziger Bierbrauer Werberechte für die WM und daher natürlich ein nicht unerhebliches Interesse, nicht die Show gestohlen zu bekommen. Aber ich tippe auf einen anderen Verräter, auf Bavaria selbst. Denn das ist das Tüpfelchen auf dem i: Da ja nur ganz wenige Eingeweihte die scharfen Minis als Firmenuniform erkennen konnten, wäre das Ganze ohne Skandal, ohne »Verstärkungseffekt«, wie Stephen Brown sagen würde, ein Schuss in den Ofen geblieben. Es war deswegen strategisch folgerichtig, die eigenen Models zu verpfeifen. Denn deshalb erst ging die Geschichte durch die Weltpresse, und das versammelte Fußballpublikum rund um den Globus wusste nun, dass es Bier von Bavaria gibt.

Krieg der Fußballschuhe und Jogginganzüge

Bavaria versus Budweiser, das war nur ein Ambush-Infight bei der Weltmeisterschaft am Kap der guten Marketinghoffnung. Eine andere Schlacht fand zwischen den Kontrahenten Adidas und Nike statt. Die Herzogenauracher hatten bescheidene 351 Millionen US-Dollar an die FIFA abgedrückt, um exklusiv als einziger Sportschuh- und –bekleidungshersteller bei der WM auftreten zu können. Dafür muss man schon ein paar Fußballschuhe und Jogginganzüge an den Mann und die Frau bringen. Das ist kein Kleckersümmchen, auch nicht für eine Megafirma wie Adidas.

Am Geld soll es nicht liegen, dachte sich der ausgebootete Weltmarktkonkurrent Nike und begann unter dem Stichwort »Write the Future« eine gigantische Aufrüstung in Sachen Marketing und Werbung, die die Welt bis dato nicht gesehen hatte. Man drehte nicht irgendeinen 17-Sekunden-Clip, sondern ein 3-Minuten-Epos, um den offiziellen Sponsor an die Wand zu spielen. Man kreierte den *Ben Hur* unter den Werbespots. Gigantomanes Breitwandkino mit ganz großer Besetzung: Rooney, Ribéry, Ronaldo und Ronaldinho, die ganze Weltspitze spielte mit, außerdem traten Kobe Bryant, Roger Federer und Homer Simpson als *Special Guests* auf. Nike wählte für die Welturaufführung die Prime Time, die Pause des Champions-League-Finales zwischen Inter Mailand und Bayern München – drei Wochen vor WM-Beginn. Die Kampagne hatte also einen gut gewählten zeitlichen Vorsprung vor der erhöhten Aufmerksamkeit für Adidas während des Turniers. Mit durchschlagendem Erfolg. Bei einer Umfrage glaubten mehr Befragte, Nike sei offizieller WM-Sponsor. Die Aufmerksamkeitseffekte waren immens, deutlich höher als die des Konkurrenten.[8] Nike entwertete die teure Eintrittskarte, die Adidas hatte zahlen müssen, indem sie einen weltrekordverdächtig teuren Spot drehten, der im Vergleich mit den Kosten für die offizielle Lizenz dann aber doch vergleichsweise günstig war. Nike setzte den Schlag zum richtigen Zeitpunkt und mit schwerem Gerät – Adidas ging auf die Bretter und musste angezählt werden. Bei Nike lachte man sich ins Fäustchen, Adidas hatte den kurz- und mittelfristigen Schaden, und die FIFA wird den langfristigen tragen müssen. Denn wenn sie nur wenige sehr teure Lizenzen vergibt, die sich durch clever-smartes Marketing wie das von Nike ausbremsen lassen, dann werden die großen Player sich dreimal überlegen, ob sich das teure Risiko denn lohnt.

Hackende Kunden stürmen die Bastille

Ohne Regeln oder gegen sie zu spielen, ist nicht nur eine Kunst, die die Unternehmen beherrschen. Auch Kunden scheren und brechen aus dem Regelwerk aus. Sie haben Spaß daran, mit Marken zu »spielen«, sie neu zu interpretieren und »umzudesignen«.

In seiner »Kunst des Handelns«[9] unterscheidet der französische Philosoph Michel de Certeau zwischen dem Strategen, dem Markeneigner und dem Taktiker, dem Kunden als »Markenbastler«. Die konsumerisch-bastelnde Kunst des Handelns kennt viele Formen: *Bootlegging*, *Adbusting*, *Brand Hacking* und *Logo-Bricolage*, um nur einen ersten Geschmack zu geben. Damit werden Marken »verfremdet«. Die vom Hersteller vorgegebene Interpretation, jene, die sich Markeneigner, -stratege und -designer vom Kunden wünschen, wird nicht akzeptiert, im Protest dagegen eine eigene Interpretation entworfen.

In dieser Hinsicht ist Marketing der spielerische Krieg um die Deutungshoheit. Nicht nur der Stratege, welcher den Sinn und die Bedeutung vorgibt, und der Verführer, der dem Sinn ein Design gibt und die Bedeutung schön scheinen lässt, sondern auch der Konsument macht in diesem Spiel um die Interpretation mit; und das längst unter Zuhilfenahme all der Mittel, die früher einmal den beiden ersten Akteuren exklusiv zur Verfügung standen. Der Konsument macht selbst Marketing, mit allen legitimen und nicht ganz so legitimen Mitteln des Marketings.

Berühmt ist dabei vor allem die Zerschlagung markenbezogener und markenspezifischer Bilderwelten durch die sogenannten Adbusters[10]. Die »Zerschlagung von Werbung« ist eine Praxis, die man vor allem im weiten Feld der linken Kapitalismuskritik, im Marsch gegen Konsumterror und Markenwahn, in Globalisierungsdiskursen und rund um NGOs findet.

194

Die Dekonstruktion visueller Markentexte arbeitet gegen die Marke, gegen das Marketing, gegen die Kommerzialisierung mit den Mitteln des Marketings, der Werbung und des Kommerzes. Gespielt wird also mit gleichen Mitteln, »unter gleichen Voraussetzungen«, freilich aber mit verschiedenen Etats. Allerdings muss man in dieser Hinsicht differenzieren: Zwar sind die Unternehmen beim finanziellen Etat klar überlegen, aber die Töpfe »Kreativität« und »Mut« sind auf Bastlerseite praller gefüllt.

Das Ziel des Spiels ist zumeist die skandalisierende Entblößung von Markenriten und die Umwertung von Markensymbolen. Dekommerzialisierung, die Politisierung kommerzieller Bereiche, »Reduktionsmarketing« und Umdeuten sind das Geschäft des Adbusting, dem organisierten Zerschlagen von Werbung. Die Adbusters Media Foundation und ihr Kopf Kalle Lasn, ein gebürtiger Este und Wahlkanadier, rufen jedes Jahr zum »Buy Nothing Day« auf, der in Deutschland »Kauf-Nix-Tag« heißt; ein konsumkritischer Aktionstag am letzten Freitag beziehungsweise Samstag im November. Viel wichtiger als solche mittelprächtig erfolgreichen Aktionen ist aber das strategische Ziel: die »Rückeroberung der Zeichen«[11]. Marketing ist also ein Spiel oder Krieg um die Meme – um Reize, Aufmerksamkeit, das Gedächtnis und die Interpretation. Und die Adbusters sind in ihrem Anti-Marketing-Marketing versierter, professioneller und moderner als so manche Marketing-Abteilung und nicht wenige Agenturen. Sie sind auf der Grassroots-Ebene, also der Ebene des »zivilen Ungehorsams«, aktiv und bedienen sich der großen Medien, um die Welt zu erreichen.[12]

Wenn ich vom Konsumenten als Bastler spreche, dann verstehe ich darunter auch und vor allem nicht konsumkritische, sondern konsumfreudige Kundeneingriffe in das Marketing. Nicht politisch motivierte Attacken auf das Marketing, sondern bastelnde, dekonstruierende Spiele mit dem Marketing. Kunden innovieren, indem sie Produkte anders nutzen als geplant. Nahrungsmittelverpackungen werden zu Einrichtungsgegenständen und so weiter. Oft sind solche Zweckentfremdungen dann Zweckentdeckungen[13]. Oder es entstehen, angestoßen von Fans, markenzentrierte Webseiten, wo sich Diskurse über Produkte, Images und wünschenswerte Innovationen entspinnen. Die frei Haus gelieferte Kreativität zapfen immer mehr Unternehmen an, um sich den spielerischen Umgang der Kunden zunutze zu machen, um die eigene Marke besser zu verstehen.

Was als hackende, bastelnde, jammernde Politprovokation begonnen hat, ist längst vom System absorbiert worden. Schlaue Strategen wissen längst, dass das Marketing auch in Kundenhand ist. Dass man nicht damit rechnen kann und sollte, alle Prozesse hundertprozentig steuern zu können. Dass Unternehmen, egal wie groß sie sind, ziemlich klein sind und die Welt da draußen ziemlich groß. Die Unternehmen können ihrer Marke den Stempel aufdrücken, sind aber nicht alleiniger Herr des Geschehens.

Während vor Jahren den Unternehmen jedwede Aktivität von Kundenseite suspekt und ein Dorn im Auge war, hat sich der Wind inzwischen gedreht. Ziemlich schnell haben die Verantwortlichen gelernt, dass in einer medial ausgebauten Welt sowieso nichts aufzuhalten ist. Und deshalb gehören zu großkalibrigem Marketing heute auch die intensive Beobachtung der frei fließenden Informationen und der Versuch der Einflussnahme auf die Kanäle ihrer Verbreitung. Scanning also, das Abfragen der eigenen Marke auf YouTube, Facebook und Millionen anderer privater Blogs und Webseiten.

Trojanische Kriegskunst und Chanel-Kettensägen

Die Marketingzone ist extrem ausgeweitet. Marketing ist buchstäblich überall. Auch beim Kunden. Indem die Unternehmen Künstler, seien diese vorher Protestler, Provokateure und Anti-Konsumisten gewesen oder nicht, engagieren, übernehmen sie wieder die Regie. Wenn der engagierte Künstler kreativ-spielerisch die Marke kitzelt, die Routinen durcheinanderwürfelt und neu konfiguriert, dann öffnen sich neue, potenzielle Markenzonen.

»Es ist nicht die Aufgabe des Künstlers, bei der Lösung konkreter, spezieller Probleme behilflich zu sein«[14], sagt Barbara Steveni von der Artist Placement Group über die Rolle ihrer Künstler. Die »machen einfach« – und hier spielt wieder die Idee der Findigkeit eine immense Rolle. Der Return on Investment ist im Vorhinein völlig unklar. Die Investition kann völlig ins Leere laufen oder sich als echter Glücksfall erweisen. Eine denkbar unklassische Art des Marketings, die an Philip Kotlers 4-Stufen-Modell völlig vorbeigeht. Denn Organisationen benötigen Regeln, Strukturen, Routinen, um zu funktionieren. Künstler haben das Privileg, frei und ohne Regeln zu agieren. Und mit genau dieser Freiheit können sie Strukturen aufbrechen und neue Energien von außen zuführen. Aus Subversion wird Innovation.

So etwas missfällt konservativen Managern und Kunden, die ihre Marke lieben, wie sie ist. Aber Marken, die auch übermorgen noch mindestens da sein wollen, wo sie jetzt sind, befinden sich in einer seriellen Transformation. Sie brauchen das Ideelle und Ideale, die offene Zone, die Utopie, die Rastlosigkeit, die Frage nach dem Wohin …

Der japanische Designer Ora-Ïto, der mit und ohne Auftrag arbeitet, ist ein Grenzgänger von Subversion und Affirmation. Er denkt und gestaltet Markenembleme, -logos und -designs um, entwickelt Brand Extensions, die radikal, visionär und teilweise völlig verstrahlt sind – »nüchtern, organisch und futuristisch« beschreibt er selbst sein Design. Ora-Ïtos Entwürfe funktionieren als Trojanische Pferde, sie sind Viren, die unbemerkt an den Programmcode der Wirtsmarke andocken.«[15] Längst haben die Strategen das Potenzial dieses »Brand-Stifters« erkannt, der schon jetzt einen Logenplatz in den Design-Geschichtsbüchern sicher hat.

Hermès-, Prada- und Chanel-Handgranaten, -Kettensägen und -Guillotinen, die »Hello Kitty Nativity Scene« oder auch eine Jesus-in-der-Krippe-Szene mit drei Bart Simpsons als den Heiligen Drei Königen und einem McDonald's-Logo anstelle des Sterns von Bethlehem gehören zum künstlerischen Schaffen von Tom Sachs. Religiöse Bezüge sind bei ihm unübersehbar. Er transzendiert profane Marken in Herausragendes. Er pointiert mit seinen Kunstwerken »Value Meals« die Differenz zwischen schäbigen Einwegverpackungen und edelsten Luxusprodukten – und das nicht zum Nachteil der Unternehmen.

Chanel, Gucci, Hermès – Edelmarken scheinen die Hacker besonders anzuziehen. Dass man aber auch im Massenmarkt hacken kann, beweist die Webseite »Ikeahackers«. Ikea-Produkte hacken, individualisieren, zweckentfremden, das ist das erklärte und einzige Ziel des Internetforums. Man kann darin eine »dezidierte Abwehrreaktion gegen die schwedische Kolonialherrschaft in den Wohnungen«[16] sehen oder einfach nur den kreativen, innovativen Umgang mit Möbelbausätzen. Wer dem Charme der Pressspan- und Leichtbaumöbel immer noch nicht erlegen ist, den verweise ich auf ein anderes Thema, mit dem ich den geneigten Leser im nächsten Kapitel behelligen werde: die Externalisierung von Teildienstleistungen. Das ist nämlich das Erfolgsprinzip von Ikea: Man lässt den Kunden die Möbelstücke selbst abholen und zusammenbauen; an Selbstbedienungskassen scannt der Kunde die Barcodes und druckt die Rechnung. Und dass Ikea-Kunden freiwillig und kostenlos auf »Ikeahackers« auch Produktforschung betreiben, ist ein wohl einzigartiges Kunststück.

Am Ende muss ich aber doch noch kurz die aus der Werbung bekannte Frage *Wer hat's erfunden?* stellen. Andy Warhol natürlich. Seine Campbell's Tomatensuppen machten aus einem Produkt Kunst. Aber die Warholsche Alchemie funktionierte auch in die andere Richtung: Aus Marilyn Monroe und Che Guevara machte er Produkte.

Doppelgänger und Multiple Persönlichkeiten

Greifen mehrere Akteure, vom dafür bezahlten Profi bis hin zu ungeladenen Gästen, ins Marketing ein, dann passieren seltsame Dinge. Irgendwann merkt man, dass eine Marke zwei oder mehr parallele Images haben kann. Die amerikanische Marketingliteratur nennt so etwas *Doppelgänger Brand Image*[17]. Doppelgänger, im Original deutsch, wie Autobahn oder Kindergarten.

Die Kunden greifen ins Marketing ein, und die Symbolik und das Image der Marke verdoppeln sich. Parallel zu dem von den Strategen und Verführern kreierten Bild tritt ein zweites (drittes, viertes ...), nämlich das durch Konsumentenmarketing erzeugte.

Zum Beispiel bei Starbucks: Die Marketer erzählen in den USA die Erfolgsgeschichte, wie Starbucks guten Kaffee und eine richtige Kaffeekultur nach Amerika brachte. Auf der anderen Seite gibt es Kritik, dass Starbucks an jeder Ecke einen Laden aufmacht und die kleinen Kaffeehäuser plattmacht. Und dass die Kette Kaffeekultur somit vielmehr zerstört. Die Predigt gegen Starbucks liest vor allem Reverend Billy von der *Church of Life after Shopping*, eine konsumkritische Kunstfigur – und sein Gospel-Chor, kein Witz, singt dazu. Mit Erfolg: Es ist ein zweites Image entstanden, und dies ist kein schmeichelhaftes. Alles andere als authentisch ist Starbucks in dieser Version ein verlogener Plastikkaffeeanbieter.

Oder der Fall New Balance. Die Turnschuhmarke hat als Symbol ein großes »N« auf ihren Produkten und geriet so in die Fänge rechtsradikaler Umdeutung. »N«, das stand auf einmal für Nationalsozialist, und die Schuhe waren plötzlich Ausweis extrem rechter Gesinnung. New Balance hat sich zwar von der unerwünschten neonazistischen Klientel distanziert, aber gegen solches »Symbol-Napping« ist kein Kraut gewachsen.

Welche Schlüsse können wir aus solchen Fällen ziehen? Ich meine, dass der Begriff Doppelgänger Brand Image, obwohl er gut klingt, nicht gut gewählt ist. Er führt in die Irre. Ein Doppelgänger ist jemand, der einem anderen zum Verwechseln ähnlich sieht. Ich, der Christian, gehe über die Straße und sehe durch das Fenster von, sagen wir, Starbucks. Und wer sitzt da? Der Blümelhuber! Oder vielmehr ein Blümelhuber-Lookalike-Contest-Gewinner, denn ich stehe ja draußen und drücke mir die Nase an der Scheibe platt. Ein Doppelgänger ist ein anderer, einer, der dem Original extrem ähnlich sieht. Bei den Doppelgänger Brand Images passiert aber etwas anderes: Sie spalten sich auf. Zwar sind Hülle und Gesicht gleich, aber das Entscheidende, nämlich Image und Interpretation, sind verschieden. Es entstehen mehrere Bedeutungen. Also keine Doppelgänger, sondern Multiple Persönlichkeiten. Die Marken verlieren ihre Identität, werden mehrere. Mehrere Pradas. Mehrere Ikeas. Mehrere Starbucks.

Das ist Gefahr und Chance zugleich. Manche Unternehmen verteidigen ihren Markenkern mit Klauen und Zähnen, halten die Identität mit allen Mitteln stabil. Andere lassen die subversiven, künstlerischen, hackenden Kräfte weitgehend gewähren. Sie vertrauen darauf, dass dadurch Neues und Spannendes entsteht. Bis zur »kreativen Zerstörung«, von Nietzsche bis Schumpeter einschlägig bekannt, können solche Prozesse gehen, und daraus entsteht dann vielleicht ein ganz neues, ein attraktiveres, verführerischeres Image.

Wahlkampf

Fast hätte ich es vergessen: Wahlkampf ist ein Wettkampf, Wettkampf ein Spiel, Wahlkampf also ein Spiel. Was der Ökonomie das Marketing, ist der Politik der Wahlkampf. Politiker betreten die Arena, um die Stimmen der Wähler zu gewinnen. Es gibt Wahlkampfkampagnen, die mit einem einzigen Slogan entschieden werden. Mit einem sprachlichen Bravourstück. Als der 74-jährige Ronald Reagan im TV-Duell gegen Walter Mondale gefragt wurde, ob sein hohes Alter ein Problem darstelle, antwortete er: »Ich werde Alter nicht zum Wahlkampfthema machen. Ich werde die Jugend und Unerfahrenheit meines Kontrahenten nicht politisch ausnutzen.« So gewinnt man das Publikum, macht also gelungenes Marketing respektive erfolgreichen Wahlkampf. Reagan soll nachher gesagt haben: »Als ich von der Bühne ging, wusste ich: Die Kampagne ist gewonnen.«

Wenn ein amerikanischer Präsidentschaftskandidat in einem der 50 Bundesstaaten hinten liegt, dann wird diese Wahlkampfzone aufgegeben. Es wird keine Werbung mehr geschaltet, sondern das Geld da eingesetzt, wo es effektiv und effizient sein kann. Eine marketingtechnisch kluge Entscheidung: die Ressourcen dort einsetzen, wo man einen Markt realistisch gewinnen kann. Sich dort engagieren, wo der Anteil der Unentschiedenen besonders hoch ist. Und in Zeiten, wo Loyalitäten im Schwinden begriffen sind, kann dies die entscheidende Front sein, ob es sich um Wechselwähler oder Wechselkonsumenten handelt. *The winner takes it all!*

Um die Gunst und die Sympathie zu ergattern, übertreffen sich die Damen und Herren Politiker in puncto Schrillheit, Skurrilität und Grellheit. Von Claudia Roth bis Sarah Palin, von Klaus Ernst bis Guido Westerwelle – viel Marketing, wenig Politik[18]. Insbesondere in TV-Duellen und -Diskussionsrunden. Im medialen Kampf Mann gegen Mann (oder Frau) kommt zudem ein Mittel massiv zum Einsatz, das im ökonomischen Marketing in Deutschland bis 2000 verboten war und auch heute noch von strengen Regeln gebändigt wird: die vergleichende Werbung. Begegnen sich Politiker im Duell vor laufenden Kameras, dann reden sie schlecht übereinander und loben sich selbst. Es wird geschummelt, verbogen, gebeugt, kreativ interpretiert, was das Zeug hält. Man überbietet sich mit immer schöneren Versprechen und repetiert sie gebetsmühlenartig. Und dass die Gladiatoren der Arena ihre Gegner mitunter übel verleumden und verunglimpfen, also negative Werbung verbreiten, wird nur selten zum Bumerang. Die Botschaft behält das Publikum zwar gut in Erinnerung, vergisst aber zumeist, von wem sie in die Welt gebracht wurde. Im Marketing nennt man das »Quellenamnesie«. Wenn eine Aussage vom Gegner kommt – und damit als wenig glaubhaft eingeschätzt wird –, dann »heilt« das Vergessen des Absenders die mangelnde Glaubwürdigkeit. Und nach einiger Zeit wirkt die Aussage in die vom Gegner intendierte Richtung[19]. Damit kalkulieren Politiker, wenn sie ihre Gegner mit halbwahrem oder ganz erlogenem Hohn übergießen. Die Politik, ein Geschäft mit harten Marketing-Bandagen …

Aber: Die Wähler kennen die Regeln. Sie wissen, wie gespielt wird. 1994 beispielsweise führte die brasilianische Regierung eine neue harte Währung ein, flankiert von zahlreichen vertrauensbildenden Maßnahmen. Die Bevölkerung misstraute der neuen Wirtschaftspolitik und hielt sie für Wahlkampftaktik, weil im gleichen Jahr die Wahlen anstanden. Vor diesem Hintergrund hatte der Finanzminister einen TV-Termin. Da er annahm, er sei noch nicht auf Sendung, plauderte er also frisch von der Leber weg aus, dass alles nur Wahlkampf sei. Was geschah? Er trat sofort zurück, die Aktien verloren mehr als zehn Prozent, und die Demoskopen verkündeten schon den Sieg der Opposition. Doch dann kam es anders: Die Regierung wurde wiedergewählt.[20] Was ich damit sagen will? Nun, die Wähler wissen Wahlkampfversprechen und Politikerauftritte sehr gut einzuschätzen. Sie wissen, dass Schnaps Schnaps und Wahlkampf Marketing ist. Und das wiederum weiß man im Marketing: »Die Werbung sucht zu manipulieren, sie arbeitet unaufrichtig und setzt voraus, dass das vorausgesetzt wird.«[21]

Gib mich die Kirsche!

Ich bin der Stürmer, der jeden Ball versenkt! Und das mit Recht;
denn jeder Pass, der mich erreicht, ist wert, dass er verwandelt wird.
So ist denn alles, was ihr Chance, Hochkaräter, kurz,
eine »Hundertprozentige« nennt, mein eigentliches Element.

Kommen wir zum Spiel aller Spiele. Und zu einem der größten Marketingbal-lungsgebiete überhaupt: dem Fußball. Big Business. Vor aller Augen. Auf allen Kanälen. Rund um die Uhr. Fernseh-, Trikot- und Bandenwerbung noch und nö-cher. Logos bis zum Abwinken. Ein einziges Marketingtrommelfeuer ohne Ende.

Wissen Sie, ich komme aus Oberbayern, ein paar Kilometer nordöstlich von München. Ich wohne in strategisch bester Lage, um schnellstens zum Franz-Josef-Strauß-Flughafen zu kommen – und zur Allianz Arena in der Fröttmaninger Heide. Wenn man ein Bayer ist, dann ist man entweder ein »Roter« oder ein »Blauer«. Ich bin ein »Roter«, nicht nur, weil es mehr Spaß macht, wenn man öfters mal was zu feiern hat.

Und wenn man öfters mal was zu feiern hat, dann ist man natürlich in allen möglichen Kategorien vorne. Zum Beispiel beim Trikotsponsoring. Jedes Jahr aufs Neue verkündet der FC Bayern, wieder einmal Spitzenreiter in Sachen Trikotsponsoring zu sein. Eine schöne zweistellige Millionen-summe bekommt der Serienmeister dafür, dass das Sponsorenlogo größer aufgeflockt wird als das Vereinswappen.

Der erste Bundesligaverein, der mit Trikotwerbung auflief und die Aus-weitung der Marketingzone auf die Sportoberbekleidung einläutete, war 1973 Eintracht Braunschweig. Was damals ein Skandälchen war, ist heute Kult: das Trikot mit dem Kräuterlikörhirsch. Eine erfolgreiche und nachhal-tige Marketingidee, von der Jägermeister noch heute zehrt. In der Saison 1974/75 waren es dann schon sechs Vereine, die nicht mehr »oben ohne« aufliefen, darunter die Bayern mit Adidas. Und wenig später konnte man sich Bundesligaprofis schon gar nicht mehr ohne Trikotwerbung vorstellen. Am Rande sei die Band »Die Toten Hosen« erwähnt, die 2001 der am finanziellen Abgrund stehenden Fortuna unter die Arme griffen und ihr Totenkopflogo auf der Brust der Düsseldorfer platzierten. Für allgemeine Verwirrung und manchen Lachanfall sorgte der ebenfalls geldnotgeplagte Eishockey-Klub ECD Iserlohn, als man 1987 für das »Grüne Buch« des libyschen Revolutionsführers Gaddafi das Trikot veräußerte.

Nun, ich meine, Fans ist es nicht egal, mit welchem Logo ihre Mannschaft aufläuft. Sie wollen sich nicht schämen müssen. Nicht nur der Profit des Vereins muss stimmen, sondern auch der Imagefit[22] zwischen Fan, Verein und Sponsor. Mit anderen Worten: Fans wollen starke Allianzen zwischen Vereinen und Sponsoren, die das Trikot nicht verschandeln. Jägermeister und Braunschweig, Unicef und Barça, St. Pauli und Jack Daniels – das sind Markenallianzen, die alle Beteiligten glücklich machen. Ob die Fans des 1. FC Kaiserslautern in der Saison 2010/11 mit ihrem Trikot »Allgäuer Latschenkiefer Mobil Gel« zufrieden waren, wage ich zu bezweifeln. Oder Werder Bremen mit »KiK – der Textil Diskont«. Als der 1. FC Nürnberg 2009/2010 mit einem Aufdruck von »Mister + Lady Jeans« auflaufen »musste«, war das jedenfalls mehr als peinlich.[23]

Gib mich die Kirche!

Es sind bayerische Wochen. Bleiben wir also im goldenen Süden. Aber nichts zu BMW, versprochen. Kein Wort. Wir bewegen uns in höheren Sphären. Nur ein paar Tage, bevor die neue, im wahrsten Sinne des Wortes strahlende Allianz Arena im Norden der bayerischen Landeshauptstadt eröffnet wurde, stand ganz Bayern Kopf. Das hell strahlende Luftkissen war der Heiligenschein, der weiße Rauch des »Habemus Papam!«, eben nur in Blau und Rot, den Farben der 60er und der Bayern.

Aus einem Kind der bayerischen Provinz, Joseph Kardinal Ratzinger, wurde Papst Benedikt XVI. Plötzlich waren wir Papst. Und fortan war, zumindest in Marktl am Inn, nichts mehr wie zuvor. Der einst beschauliche Ort in Oberbayern nahe der österreichischen Grenze wurde zum beliebten Touristenziel. Alle wollten jetzt hierher und auf den Spuren des Papstes wandeln. Also überrollten die Pilger den beschaulichen 2 650-Seelen-Ort. Und das, obwohl die Familie Ratzinger schon 1929, als der kleine Joseph gerade einmal zwei Lenze zählte, von dort weg- und dann nie wieder dorthin zog. Merke also: Papst ist, wer in seinem Geburtsort den Ausnahmezustand erzeugt.

Touristen, Papstgeburtsortbesucher inklusive, sind Dienstleistungskunden. Sie wollen etwas, das aus einem vergänglichen Erlebnis eine haltbare Erinnerung macht: ein Andenken!

Der Bürgermeister und die Gemeindeoberen wurden von dem plötzlichen Wallfahrerandrang kalt erwischt, aber so mancher Geschäftsmann reagierte schnell. Flugs wurde Papstbier ausgeschenkt und Benedikttorte gebacken. Gläser und Tassen mit dem Konterfei des berühmtesten Sohnes des Dorfs ließen nicht lange auf sich warten, und bald gab es eine Palette Nippes und Devotionalien. Denn schließlich wollen auch religiös Verzückte konsumieren. Wie Fußballfans fordern sie eine Art »persönlichen Erlös« aus ihrem Besuch, sei es im Stadion oder in Marktl, das ob seiner medialen Präsenz bald »Media-Marktl« hieß.

Die Pflicht zum Marketing wurde dem Ort aufgezwungen, und zwar von niemand anderem als dem Kunden: »Wer immer diese Art von Geschäftemacherei anprangert, und oft sind dies Leute, die sich keinen Begriff und kein Bild gemacht haben, sollte nicht übersehen, dass die Nachfrage so plötzlich kam wie die Papstwahl. Schon in den ersten Tagen beklagten sich Marktl-Besucher, warum es keine Devotionalien oder Andenken zu kaufen gäbe.«[24] Marktl wurde der Merchandising-Markt sozusagen »aufgezwungen«. Markt-, Konsum- und Umsatzzonen werden nicht nur von Unternehmen initiiert, sondern auch von Kunden eröffnet und ausgeweitet.

Kirche, Fußball und Marketing: eine hochinteressante Dreifaltigkeit, die viel voneinander lernen und profitieren kann.

Das Kreuz ist das historisch erste, vielleicht noch immer wichtigste Markenzeichen. Das Erlebnis eines feierlichen katholischen Gottesdienstes mit Monstranz, Weihrauch und Chorgesang ist so weit von einem Stadionbesuch nicht entfernt. Und beides, ein rundum gelungenes Logo und ein zusammenschweißendes Gemeinschaftserlebnis, sind Ziele, die viele Marketingverantwortliche in ihren Unternehmen gerne erreichen würden ...

Noch eine wesentliche Gemeinsamkeit zwischen Gotteshaus, Fankurve und Marktplatz: die starke Identität. Die Kirche, insbesondere die katholische, hält unverrückbar an gewissen Kernprinzipien fest und muss sich dafür als altmodisch, störrisch und ewiggestrig beschimpfen lassen. Ich meine, sie ist aber nichts anderes als eine echte, äußerst starke Marke. Würde sie aufweichen, würde das ihren Kern beschädigen. Jede Marke braucht jene, die sie ablehnen und bekämpfen. Das gelingt dem Katholizismus ganz formidabel. Und die Fans halten zu ihr, zahlen sogar eine Steuer für ihre Marke. Umstrittenen Marken ist die absolute Loyalität der Fans und wirklich Gläubigen, die nichts umstimmen kann, sicher, wie ja auch die Fußballfans immer zu ihrem Verein stehen, egal wie es läuft. Sogar, wenn es gar nicht läuft, sondern in die zweite Liga geht. Hier wie da heißt der Brand: True Religion. Und die Jünger, Gläubigen und Fans sind zu allem bereit, sie kämpfen für ihren Glauben und stehen für ihre Überzeugungen ein. Brand Religion, beim Ballsport und im Gottesdienst.

Ach ja, bevor ich es vergesse – Trikotwerbung ist nicht nur Sache von Kickern, sondern auch von Religionsmarketing, denn schnell wurden auch die ersten Papst-Trikots gesichtet. True Religion!

11

SERVICE

oder

Warum nicht nur Steaks, sondern auch Dienstleistungen rare, medium und well done sein können, und wieso man besser von Phoenix nach San Diego als von Brüssel nach München fliegen sollte

Das Zeitalter der Dienstleistung

Üblicherweise unterscheiden wir zwei Kategorien von Kaufbarem[1]: Waren und Dienstleistungen. Mit anderen Worten: Dinge und Handlungen. Zur ersten Gruppe gehören beispielsweise Steaks, zur zweiten das Servieren derselben. Und genau darum soll es im Folgenden gehen: Um die Kunst, ein Steak mehr als nur zu servieren. Und so viel sei gleich gesagt: Nicht nur Steaks, auch Service kann blutig, medium oder well done sein. Aber stellen wir das erst mal hintan …

Die führenden Länder des Westens sind längst ins Stadium des Postindustrialismus eingetreten. Eisenhütten, Kohlegruben und Baumwollspinnereien gibt es in Zweit- und Drittweltländern, während hier die letzten hoch subventionierten Restbestände darauf warten, endlich das Zeitliche segnen zu dürfen.

Der amerikanische Soziologe Daniel Bell hat die Entwicklung zur postindustriellen Gesellschaft schon in den Siebzigerjahren be-

schrieben.[2] Die Produktions- wird von der Dienstleistungsgesell-
schaft abgelöst. Während in den güterproduzierenden Gesellschaften das wesentliche Kapital im Eigentum bestand, wird es heute, in
den Informationsgesellschaften, immer mehr vom Wissen abgelöst.
Dienstleistungsgesellschaften sind Wissensgesellschaften.

Wenn man die Bruttosozialprodukte der Industrieländer im Hin-
blick auf die drei historisch wichtigen Wirtschaftssektoren betrachtet, stößt man auf krasse Proportionen. Der Anteil der Landwirt-
schaft liegt bei verschwindend geringen fünf Prozent, die Industrie
dümpelt zwischen 15 und 25 Prozent vor sich hin, der Dienstleis-
tungssektor dagegen nimmt satte 70 bis 80 Prozent ein.

Wenn wir also heute über Ökonomie reden, dann reden wir vor
allem über Dienstleistungen. Und wenn wir über Marketing sprechen, dann verhält es sich genauso. Entsprechend wird auf der wissenschaftlichen Seite, vor allem von Stephen Vargo und Robert
Lusch, Marketing im Rahmen einer *Service Dominant Logic*, der
»Logik der Dienstleistung« interpretiert[3]. Marketing beginnt und
endet mit der Idee der Dienstleistung und wird nach ihren Beson-
derheiten und Charakteristika ausgerichtet. Das heißt: Nicht mehr
die Produkte – Seifen, Steaks und Sportwagen – geben die Richtung
vor, sondern flüchtige Dienstleistungen: Spannung, Sport und Spiel.
Deswegen werden heute selbst klassische materielle Güter mittels der
dominanten Logik der Dienstleistung vermarktet.

Dienstleistende Kunden

Aber was ist das eigentlich, eine Dienstleistung? Auf diese einfache
Frage eine ebenso einfache, knackige Antwort, die auch alle möglichen Fälle umfasst, zu geben, ist leichter gesagt als getan. Ich be-
schränke mich deswegen auf eine idealtypische Definition – mit
dem Mut zur Lücke: »Eine Dienstleistung ist, wenn einer einem
etwas Gutes tut; und der, an dem der Dienst geleistet wird, tut dabei
mit.«

Der Dienstleister (»interner Faktor«) tut dem Dienstnachfrager (»externer Faktor«) etwas Gutes, indem er ihn, die Menschen in seiner Umgebung, aber auch Tiere und oftmals Dinge verbessert. Der Dienstleister therapiert die Frau des Dienstnachfragers, operiert seinen Hund, tunt sein Auto und renoviert sein Haus …

Im Management der Dienstleistung sind vor allem zwei Aspekte bedeutsam: die Rationalisierung beziehungsweise relative Nicht-Rationalisierbarkeit einerseits, der Qualitätsaspekt andererseits.

Eine Dienstleistung ist die Verwirklichung eines Potenzials, das »In-die-Tat-Umsetzen« einer Ressource. Ein Coach sagt: »Ich kann dich mit meinem Training verbessern.« Und Sie sagen »Sehr gerne!«. In Zeiten wie diesen muss man immer besser werden, schließlich lernen wir heute lebenslang. So kommen sie also zusammen, die Dienstleister und die Kunden. Während ein beliebiges Produkt von Maschinen in prinzipiell beliebig hoher Zahl produziert werden kann, ist für den klassischen Dienstleister eine solche Multiplikation nicht möglich. Er kann sich nicht teilen. Wenn er als Friseur die Haare schneidet, dann in diesem Moment nur von diesem einen Kunden. Aber er kann beispielsweise den Kunden die Arbeit machen lassen. So werden immer mehr Kunden zu koproduzierenden, mitspielenden, mitarbeitenden Kunden, indem sie beispielsweise die Haare selbst waschen, föhnen und stylen; der Dienstleister führt nur noch den Haarschnitt aus. Ein anderes Beispiel: Das Frühstücksbuffet im Hotel ist keineswegs nur dafür da, dem Kunden eine größere Auswahl zu bieten, sondern vielmehr eine Sache der Effizienz. Der Kunde bedient sich selbst, es wird weniger Personal benötigt, die Kosten sinken – und damit vielleicht auch die Preise.

Und viele Kunden arbeiten mit Genuss mit an der Dienstleistung, für die sie zahlen. Eine Marketing-Meisterleistung! Den Kunden entgeltlos in die Leistung einzubeziehen und ihm das auch noch als Gewinn, Vergünstigung, Vorteil und Wohltat zu verkaufen!

Banken haben zwei der häufigsten Geschäftsvorgänge längst an die Kunden delegiert: Wir heben erstens unser Geld schon lange am Automaten ab, während früher noch ein Mitarbeiter bei der Aushändigung des Geldes freundlich lächelte. Und wir wickeln inzwischen auch unsere Überweisungen im Internet ab. Insbesondere für die Erfassung, Niederschrift und Weitergabe von Daten sind Kunden offenbar gut geeignet, denn für angebliche PayBacks – wer's glaubt, wird selig – werden Kunden in dieser Hinsicht millionenfach tätig. Durch die Externalisierung von Dienstleistungsanteilen entsteht aufseiten des Anbieters eine höhere Effizienz, auf der Seite des Nachfragers sinkt sie dagegen. Der Kunde ist natürlich nur dann bereit, mitzumachen, wenn er auch Vorteile sieht: Also die Senkung des Preises oder eine Erhöhung der Qualität. Der mögliche Umfang einer Aktivitätsverlagerung auf den Kunden ist selbstverständlich in hohem Maße von der Fähigkeit und Bereitschaft des Kunden abhängig, einen Teil der Wertschöpfung auf sich zu nehmen. Und damit geht mindestens partiell auch die Verantwortlichkeit für die Leistungsgüte auf den Kunden über. Die Frage der Qualität wird gewissermaßen in seinen Zuständigkeitsbereich verlagert.

Puttin' on the Ritz

Qualität ist, wenn man trotzdem lacht. Jedenfalls sind die unerfreulichen Momente, in denen man dergleichen denkt, nicht gerade selten. Anstatt die Beschwerde darüber zu führen, möchte ich ein Lob singen. Auf den Service des Ritz-Carlton, South Beach, in Miami. Auf zum Frühstücksbuffet!

Nach mehrfacher Empfehlung und aufgrund von 5,6 (von 6 möglichen) Sonnen auf holidaycheck.de buchte ich das Hotel auf der sonnigen Seite des Lebens. Auf das Konto des Ritz gehen historisch gesehen zahlreiche Serviceinnovationen. In einem Ritz gab es den ersten Hotelaufzug, zum ersten Mal die Möglichkeit, zwischen verschiedenen Gängen beim Essen auszuwählen, als Erstes den im Zimmerpreis inbegriffenen Strom (Das war tatsächlich mal anders! Unsere Kinder werden dereinst kaum noch verstehen, dass man für die Internetnutzung extra zahlen musste). Und auch das Ritz unter den Palmen

Miamis kann was. Mein Sohn und ich werden am Pool gehegt und gepflegt und sind begeistert. Alle halbe Stunde Drinks und kleine Häppchen, ein braun gebrannter *Tanning Butler*, der nicht nur den Damen den Rücken eincremt, das ganze Hotel ist von einem tollen, dezenten Duft erfüllt – geschmackvollste Vanille …

Aber halt! Wir waren ja beim Frühstück. Dort gaben wir, verglichen mit dem prunkvollen Buffet (natürlich inklusive Ham & Eggs), ein trauriges Bild ab. Meinem Sohn reichten ein Brownie und ein Orangensaft, ich genoss die Delikatessen wegen zahlloser Nahrungsmittelunverträglichkeiten nur optisch und begnügte mich mit einem Ristretto, einem sehr starken Espresso. In der europäischen Hotellerie wäre es bei diesem Frühstücksritual wohl geblieben, nicht so beim Service-Champion. Ziemlich bald kam eine ebenso attraktive wie aufmerksame Dame auf uns zu und fragte, warum wir das Buffet so konsequent ignorierten. Ich erwiderte, dass mein Sohn alles zu seinem Glück Erforderliche habe und ich aus gesundheitlichen Gründen weitgehend abstinent bliebe. Sie äußerte ihr Bedauern und zog sich zurück.

Kurz darauf die erste Überraschung: Ich bekomme unbestellt einen Soya-Cappuccino serviert. Kurz darauf schwebten Reiswaffeln an unseren Tisch, und zu guter Letzt wurden asiatische Häppchen gereicht, die mir ernährungstechnisch keine Probleme bereiten würden.

Später am Pool, nachdem er den Brownie im Wasser wegtrainiert hatte, überkam meinen Sohn die Lust auf etwas Herzhaftes am Abend. Ein Steak sollte es sein. Unter den Steakhäusern gibt es in den Staaten eine Superbrand: BLT, nicht billig, aber ungeschlagen. Wir ließen über den Concierge des Ritz zwei Plätze buchen – und ich sollte noch erwähnen, dass das BLT im Betsy untergebracht ist, einem angesagten Hotel in South Beach und der direkte Konkurrent des Ritz. Nichts einfacher als das. Um 20 Uhr betreten wir das BLT. Die Garderobe wird uns abgenommen, wir werden zu unserem Tisch geführt. Ein riesiger Korb voller Brotsorten für meinen Sohn steht bereit, einige nette Aufstriche – und für mich, ohne dass ich ein Wort gesagt hätte: glutenfreies Brot. Der Ober, der unsere Getränkewünsche aufnimmt, hat den Chefkoch im Schlepptau, der sich freundlich vorstellt. Er habe von meinen Nahrungsmittelunverträglichkeiten gehört und würde gerne mit mir gemeinsam ein passendes Abendessen kreieren. Wow![4]

Zunächst gibt er uns eine detaillierte Einführung in die Warenkunde rund um die verschiedenen Steaks, woher sie kommen, welche Tiere, welche Haltung, welche verschiedenen Qualitäten es gibt, wie sie zubereitet werden und so weiter. Das Spektakulärste an der ganzen Geschichte war, dass der Concierge unseres Hotels die Konkurrenz unterrichtet hatte, die das Ganze wiederum wunderbar umzusetzen verstand.

Das nenne ich wirklichen Service. Wenn der Dienstleister die Wünsche des Kunden antizipiert, sie ihm von den Lippen abliest. Wenn Wünsche so vorausgeahnt werden, dann fühlt man sich »gut bedient«, wie Norbert Bolz sagen würde.[5] Unnötig zu erwähnen, dass ein guter Service keine Frage des Geldes ist – man braucht dafür nicht in Miami zu sein, nicht Ritz zu heißen oder BLT –, sondern erstens eine Portion Dienstleistungsintelligenz und zweitens den Willen zur Dienstleistung.

Der Kern der Ritz-Carlton-Kultur ist die Vorwegnahme und Erfüllung aller Gästewünsche.[6] Der außergewöhnlich gute Service der Ritz-Hotels, den ich persönlich erlebt habe, ist zugleich der erste Grundsatz der Unternehmensphilosophie. In der Vermittlung von Profitinteresse, Kundenloyalität und Mitarbeiterorientierung steht die »interne Kundenorientierung« am Anfang.[7] Guter Service beginnt damit, Mitarbeiter zu finden und zu binden, die fähig und willig sind, zufrieden und loyal zu sein, damit es auch die Hotelgäste werden. Die Strategie des Ritz-Carlton stellt diesen Gedanken in den Mittelpunkt: »Ladies and Gentlemen serving Ladies and Gentlemen.«[8]

Dass mein Sohn schon am nächsten Tag wieder zu BLT wollte, ist leicht nachzuvollziehen. Er war hochzufrieden gewesen, ich ebenso, unsere Bindung vorerst gelungen. Und zwar, weil die Mitarbeiter von BLT und Ritz-Carlton nicht »Dienst nach Vorschrift« machten, son-

dern die höchste Serviceleistung suchten. Und das würden sie niemals machen, wenn sie ihre Arbeitsbedingungen als entwürdigend wahrnehmen würden.

So wie mein Sohn und ich gleichen Kunden allgemein ihre Erwartungen und die dann tatsächlich erhaltenen Leistungen ab; das Ergebnis ist die subjektiv wahrgenommene Qualität. Höchste Zufriedenheit führt zur Bindung des Kunden. Hier haben wir übrigens keinen Fall von umgedrehtem U: Zufriedenheit und Bindung kennen kein Maximum, an dem sie umzukippen drohen. Der zufriedene Kunde kommt wieder und ist sogar bereit, höhere Preise zu zahlen, empfiehlt das Unternehmen weiter. Und das führt zu höheren Gewinnen. Gebundene Kunden verursachen nicht zuletzt weniger Marketingkosten. Die resultierenden Imperative an die Unternehmen sind klar: Sei kundenorientiert! Verstehe die Erwartungen! Und übertreffe sie!

Uns Kunden sind diese Spielregeln durchaus bekannt. Wir sind Kunden, also Könige – und nutzen das auch aus. Ein klein wenig Entgegenkommen kann man immer rausschlagen. Wir »spielen« mit dem Servicedruck und erhalten ein kleines bisschen extra. Und das ist wiederum den Unternehmen bekannt. Weswegen die Strategen vom Servicepersonal fordern, das Spiel – unter Wahrung bestimmter Regeln – mitzuspielen. Zwischen Dienstleister und Kunde öffnet sich also eine Spielzone mit einer gewissen Elastizität, die immer wieder neu ausgetestet wird.

Brüssel–München, Phoenix–San Diego

Dilettantischer Service ist der direkteste Weg auf die Palme. Oft wird katastrophale Servicequalität billigend in Kauf genommen, und zwar von Unternehmen, die wissen, dass der Kunde wiederkommt, auch wenn der Service miserabel ist. Das funktioniert aber nur, wenn es wenig oder keinen realen Wettbewerb gibt. Das Servicepersonal ist dann kaum freundlich, das Prozessdesign mäßig bis frech.

Ich habe Ihnen meine Begegnung mit einem außergewöhnlichen Service-Highlight erzählt, aber auch das gibt es: Der Münchner Franz-Josef-Strauß-Flughafen gilt zwar als einer der besten Europas. Selbst Tyler Brulé, der Guru der designorientierten Bohemiens, schwärmt von ihm. Aber das Servicedesign (anders als das Produktdesign) ist nicht gerade zum Schwärmen angetan.

Ich lande Freitagabends um 23 Uhr 15, wie so oft, mit der letzten Maschine aus Brüssel. Jetzt will ich nur noch zügig ins Auto und dann ins Bett. Aber ich ahne schon, ist ja nicht das erste Mal, was dann tatsächlich eintritt: Der Flieger wird auf einer Außenposition geparkt. Das verhagelt mir die Laune. Schon wieder dieses unerfreuliche Ritual. Raus aus dem Flieger, rein in einen hoffnungslos überfüllten Bus. Endloses Warten, worauf, weiß niemand. Der Ausdünstungspegel steigt und macht das Ganze nicht erfreulicher. Immer wieder stelle ich mir in solchen Momenten die Frage: Wie kann man nur einen supermodernen Flughafen ohne genügend Stellplätze bauen? Ich stelle die Frage ausnahmsweise auch laut, nämlich einem Flugbegleiter, dem das sichtlich unangenehm ist, aber etwas Besseres als der schwache Trost, das koste ja *nur* ein paar Minuten, fällt ihm auch nicht ein. In zwei von drei Fällen, wenn ich in München lande, sind es immer *nur* ein paar Minuten. Noch ein paar Minuten, und noch ein paar Minuten …

Diese immer wiederkehrenden »paar Minuten« erschlagen alles, was am Münchner Flughafen gut sein mag. Es ist sicher nicht so, dass die Strategen und Verantwortlichen das nicht wissen – aber es ist ihnen egal. Einen anderen Flughafen gibt es nicht – dem Kunden bleibt keine Wahl …

Aber wenden wir uns erfreulicheren Aspekten des Dienstleistungskonsums zu. Noch einmal Fliegen, diesmal mit Southwest Airlines. Mit dieser außerordentlich empfehlenswerten Airline flog ich von Phoenix nach San Diego. Ich freute mich auf die warme Sonne Kaliforniens, den Pazifischen Ozean – und meinen ersten Flug mit dieser amerikanischen Fluggesellschaft, die als so etwas wie der Star am Himmel gilt. Dann aber die Ernüchterung: Eine Durchsage verkündet, die Maschine werde leider mit deutlicher Verspätung starten. Ich bin enttäuscht, denn Southwest ist für Pünktlichkeit berühmt. Aber der Luftraum über Las Vegas ist zu, und wir müssen warten. Cindy, die freundliche Durchsagestimme, erklärt, Southwest könne uns zwar nicht alle entschädigen, aber immerhin einen von uns. Und zwar mit einem Freiflugticket. Egal wohin. Egal wann. »Haben Sie alle einen Lichtbildausweis zur Hand?«

Fragende Blicke, ungläubiges Staunen, die Ersten nicken, andere antworten lauthals »Natürlich!« Und Cindy: »Der Gutschein geht an den Fluggast mit dem hässlichsten Foto im Ausweis.« Was dann passierte, spottet jeder Beschreibung. Alle Passagiere, ob deutscher Ferienfluggast oder amerikanischer Businessreisender, beginnen, Fotos zu vergleichen, lautstark zu diskutieren, die eigene Hässlichkeit herauszustellen und die Fotografien der anderen zu loben. In heiterer Runde übertrifft einer den anderen im Ruhm der eigenen ästhetischen Unzulänglichkeit. Wie kreativ der Mensch wird, wenn es darum geht, sein Licht unter den Scheffel zu stellen, kann man nur wissen, wenn man so etwas schon mal erlebt hat. Die Zeit vergeht buchstäblich »wie im Flug«, und am Ende wird ein Sieger gekürt. Alle Fluggäste steigen mit einem Lächeln auf den Lippen in den Flieger, haben zu Hause eine Geschichte zu erzählen und sind völlig zufrieden. Man sieht, es ist in München nicht die geringe zeitliche Verzögerung, es sind nicht die kleinen Unannehmlichkeiten, die das Serviceerlebnis des Flughafens zum Desaster werden lassen. Es ist vielmehr das völlig fehlende Dienstleistungsmanagement.

Guten Service erzwingen

Wenn Unternehmen nicht willens oder fähig sind, Servicelücken zu schließen und Servicedesaster zu vermeiden – und stattdessen die sprichwörtliche Servicewüste wasserlos halten –, dann nehmen heute immer öfter die Kunden die Sache selbst in die Hand. Manche begreifen sich als Koproduzenten der Dienstleistung, also auch als Mitverantwortliche für die Qualität. Sie jammern nicht, sie handeln, um besseren Service zu bekommen. Sie reagieren nicht, sie agieren. Solche Kunden manipulieren, beeinflussen, treiben aktiv die Unternehmen. Damit ist natürlich das klassische, unternehmensgetriebene Marketing passé. Das Verhältnis von Sender und Empfänger ist umgedreht. Wohl denjenigen Unternehmen, die Antennen für den Empfang haben, wehe denen, die nicht hören wollen.

Viele Kunden lassen sich etwas einfallen, um einen besseren Service zu erhalten. Da wird zum Beispiel die Geschichte von der gerade verstorbenen Oma erzählt, um die Dame am Airlineschalter davon zu überzeugen, noch schnell auf die frühere Maschine umzubuchen. Jemand kleidet sich, wie er sich sonst nie anzieht, um die Wohnung auch wirklich zu bekommen. Ein anderer lügt gegenüber einer Unternehmenshotline, dass sich die Balken biegen, um seinen Willen durchzudrücken. Um als Kunde das Unternehmen zu manipulieren, sind drei Hauptstrategien vorrätig:[9]

Die erste haben wir schon kennengelernt. Das Prinzip Celebrity. Man macht sich selbst attraktiv, macht auf richtig wichtig, tunt sich durch Kleidung, denn Kleider machen Leute. Oder man wirft mit Trinkgeld um sich.

Die zweite Strategie nenne ich Reziprozität. Dabei handelt es sich um die Vortäuschung von Sympathie, Freundschaft, Intimität. Dienstleister buhlen um die Gunst ihrer potenziellen Kunden. Wer sie im Übermaß – angeblich – zu gewähren bereit ist, wird ziemlich wahrscheinlich bevorzugt. Man neckt sich beispielsweise mit der Kellnerin, um von ihr perfekt mit Getränken versorgt zu werden oder gar einen Drink aufs Haus zu bekommen. Im Hotel gibt man

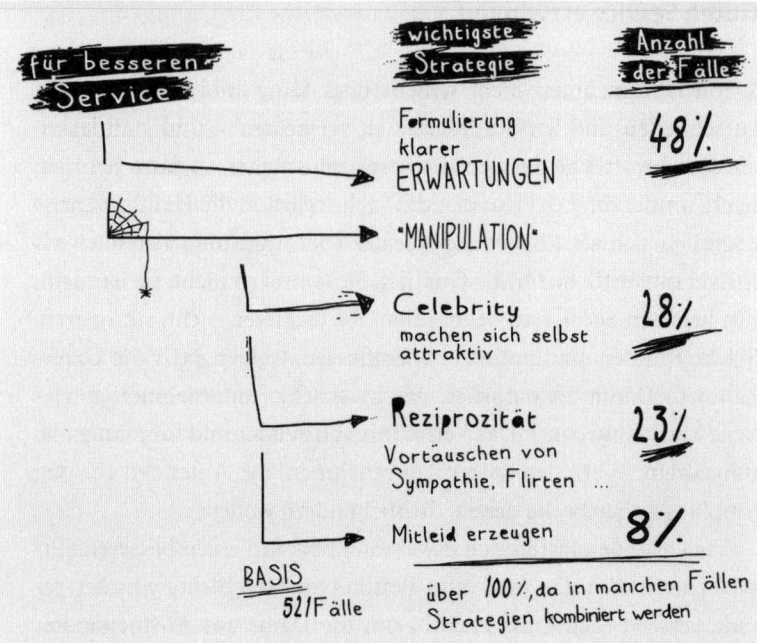

für besseren Service	wichtigste Strategie	Anzahl der Fälle
	Formulierung klarer ERWARTUNGEN	48%
	MANIPULATION	
	Celebrity machen sich selbst attraktiv	28%
	Reziprozität Vortäuschen von Sympathie, Flirten ...	23%
	Mitleid erzeugen	8%
BASIS 521 Fälle	über 100%, da in manchen Fällen Strategien kombiniert werden	

schon am ersten Tag dem Zimmerservice ein ansehnliches Trinkgeld. Das macht den Aufenthalt ziemlich sicher angenehmer, denn solche »Schulden« sind nur durch exzellenten Service abzubezahlen.

Und drittens zieht natürlich immer die gute, alte Mitleidstour. »Ich bin ein kleines, hilfloses Mädchen, bitte, bitte, hilf mir!« Dazu noch der richtige Augenaufschlag ... Wer sich so verhält, appelliert an das Mitgefühl des Gegenübers oder täuscht ein Handicap vor und schafft damit, wenn es denn klappt, eine gemeinsame Sphäre der Nähe, ein Band der gemeinsamen Emotionen, mit dem man den anderen verführerisch auf seine Seite zieht, ein empathisch-sympathisches Klima. Die Marketingwaffe Nummer eins, die Verführung, wird so umgedreht und auf den Anbieter gerichtet.

Schließlich haben wir noch einen vierten Weg identifiziert. Oder, besser gesagt, einen Weg 3b. Denn was man auf die freundliche Art erledigen kann, das geht natürlich auch auf die hässliche Tour: Die unfreundliche Performance zur Erzwingung einer Dienstleistung nach den Vorstellungen und Regeln des Kunden anhand einer Art Erpressung: »Ich kenne Ihren Chef!«. Dabei ist erlaubt, was nicht gefällt. Aggressivität bei der Einforderung, Reklamation und Veränderung von Dienstleistungen zahlt sich durchaus aus. Die schlauen Choleriker unter den Kunden spielen mitunter die Erregung, und machen sich so das Wissen darum, dass Unternehmen zu Zugeständnissen bereit sind, wenn man sie laut anbellt, zunutze.[10] Von Mitleid erregen bis Ärger bereiten geht also die Palette der Techniken, um besseren Service zu erhalten.

Das frühe 21. Jahrhundert ist durch den Angriff der Konsumenten auf die Unternehmen gekennzeichnet. Ob aus idealistischen, romantischen oder gar aufklärerischen Motiven, aber auch aus ganz und gar säkularen, um nicht zu sagen profanen Gründen. Ständig prangt dem Konsumenten das »Get more for less« von den Leuchtreklamen entgegen, aber zumeist bekommt er doch nur weniger für mehr. Also setzt er sein Pokerface auf und ranzt den Dienstleister, Kundenservice oder die Hotline etwas heftiger an, als nötig gewesen wäre. Und möglicherweise hängt damit auch die aktuelle Hausse des Pokerspiels zusammen.[11]

Ethischer und ästhetischer Konsum

Ich bin der Geist, der stets schön scheint!
Und das mit Recht, denn alles, was sich sorgt,
ist wert, dass es gepampert wird.

Es gibt Erfindungen, die die Weltgeschichte für immer verändert haben. Das Feuer. Das Rad. Die Dampfmaschine. Die Einwegwindel. Die Einwegwindel? Ja sicher – oder können Sie sich ein Leben ohne sie vorstellen? Aber darum geht es schließlich gar nicht. Sondern vielmehr um Markenprodukte, die synonym mit der Sache selbst geworden sind. Und zwar insbesondere Hygieneartikel: Wenn wir ein Taschentuch benötigen, sprechen wir von »Tempo«; bei der Feuchtigkeitscreme von »Nivea«. Bei der Einwegwindel, der »Pampers«, geht das Ganze noch weiter. Denn sie ist zum Synonym für maximalen Service geworden.

Kunden zu »pampern« bedeutet, sie zu verhätscheln, zu umsorgen. Aber das ist nur die halbe Wahrheit. Denn die Kunden wollen sich auch selbst kümmern: Anteil nehmen, Verantwortung tragen, sich kümmern. Um die gebrechliche Oma, das Streichholzparkett, den Oldtimer. Und natürlich die Natur ...

Die Sorge um den oder die anderen wird in der Ökonomie üblicherweise unter dem Schlagwort »Ethik« verhandelt.[12] Sind alle Möglichkeiten, Angebote technisch und emotional zu differenzieren, ausgereizt, schlägt die Stunde des ethischen Nutzens. Ein Nutzen, nicht zuerst für den Konsumenten. Kein umweglos egoistisch-hedonistischer Nutzen, sondern ein Nutzen für andere oder anderes. Für den südamerikanischen Kaffeeplantagenbesitzer, der durch unsere ethische Kaufentscheidung für eine Packung Fair-Trade-Kaffee einen höheren, gerechteren Preis erzielt. Oder für den Regenwald, welcher der Abholzung ein kleines bisschen entkommt, wenn wir nur genügend Krombacher Bier trinken.

Um genau zu sein: Für einen Kasten Krombacher wurde 2008 ein Quadratmeter Regenwald im afrikanischen Kongo-Becken »unter Schutz gestellt«, insgesamt waren es 13 669 187 Quadratmeter[13]. Eine riesige Zahl, aus der aber schnell die Luft entweicht, wenn man sie in Quadratkilometer umrechnet. Es sind dann nur noch knapp 13,7 Quadratkilometer, eine Fläche, etwa ein Drittel so groß wie das beschauliche Moosburg an der Isar, falls das jemand kennt. Eine Aktion also, die dem Ansehen von Krombacher sicherlich mehr gebracht hat als dem Regenwald.

Der Konsument hat aber natürlich doch etwas davon, sich »ethisch« zu verhalten: Für die Preisdifferenz zwischen normalem und dem fair gehandelten Kaffee bekommt er ein gutes Gewissen. Und die Strategen und Verführer gewinnen auch: nämlich eine neue Methode, Produkte und Marken zu differenzieren, zu emotionalisieren, zu vermarkten. Und die Kaffeeanbauer und Tropenhölzer profitieren sowieso.

Der Konsum reinigt sich also vom schlechten Gewissen. Er sahnt eine ethische Rendite ab, indem er sich ökologisch und sozial »korrekt« verhält. Er praktiziert »guten Konsum«, von dem auch der Rest der Welt profitiert. Experten beziffern den Anteil des ethischen Konsums inzwischen auf 15 bis 30 Prozent[14]. Die Unternehmen haben es in diesem Marktsegment ziemlich gut: Einerseits bedienen sie den florierenden Weltverbesserungsmarkt, andererseits steigt ihr Ansehen, und ihre Gewinne steigen sowieso.

Was als netter PR-Gag entsteht, entwickelt dann in der Folge gerne ein Eigenleben. Die ethisch-sozial-ökologische Sorge ist, einmal in der Welt, nicht mehr so leicht aus selbiger zu schaffen. Sie wird schnell zur geltenden Norm und die Verstöße gegen sie von den Kunden bestraft. Unternehmen, die nicht global denken und lokal handeln, die keinen Respekt gegenüber Kunden, Mitarbeitern, Umwelt, Minderheiten, der Konkurrenz und der Gesellschaft zeigen, Gesetze, Patente und ungeschriebene Regeln missachten, werden mit Vertrauens-, Sympathie- und Liebesentzug bestraft. Unternehmen schädigen sich also selbst, wenn sie andere schädigen.

Damit kommt eine zusätzliche Dimension ins Spiel, die noch dazu die Aufschrift »Handle with care!« trägt. Hier stehen die Fettnäpfchen dicht an dicht, es kann ordentlich Porzellan zerschlagen werden. Man hat jetzt nicht mehr allein das Produkt plus seine Werbe- und Kommunikationshülle zu bedenken, sondern zunehmend auch tiefere, grundsätzlichere Schichten der Unternehmensorganisation.

Search-, Experience- und Credence[15]-Produkte sind nach diesen drei Kriterien unterschieden worden, sie haben sogenannte Such-, Erfahrungs- und Vertrauenseigenschaften. Das bedeutet nichts anderes, als dass ich, noch bevor ich ein Produkt kaufe, zumeist schon etwas darüber weiß. Nur durch dieses Wissen kann ich das Produkt überhaupt finden. Ist das Produkt dann gekauft, mache ich meine Erfahrungen damit. Es gibt natürlich auch sehr marktrelevante Eigenschaften, die der Konsument nicht durch Erfahrung erlebt und auch nicht in jedem einzelnen Fall überprüfen kann. Auf die er also vertrauen muss: ob das Bio-Fleisch wirklich bio ist; ob das Tier artgerecht gehalten wurde; dass das T-Shirt nicht von Kinderarbeitern bedruckt wurde; dass kein Lohndumping betrieben wird; dass der Fair-Trade-Bauer nicht übers Ohr gehauen wird; dass die Energie wirklich regenerativ ist. Dieser verborgene Bereich wird immer wichtiger. *Das* wollen die Konsumenten wirklich wissen. Ob alles mit rechten Dingen zugeht. Und sie machen *Credence* zunehmend zur Sucheigenschaft. Das verändert die Märkte, denn Unternehmen, die sich nicht sorgen, fallen durchs Sieb der Suchaufträge der Konsumenten. Sie werden nicht mehr gefunden.

Die »Sorge um die anderen« ist heute ein eminenter Marketingfaktor geworden. Nicht minder wichtig ist aber die »Sorge um sich selbst«. Vor allem um den eigenen Körper, wie man an der steigenden Zahl von Wellness- und Spa-Oasen, Fitnessstudios und dem Angebot an Yogakursen sehen kann.

Der Mensch des 21. Jahrhunderts versteht seinen Körper als Kernressource. Immerzu muss er »fit« sein, bereit, neue Erfahrungen und Empfindungen jederzeit und schnell aufzunehmen. Fitness ist ein Signal an die Umwelt, dass man gesund und den Anforderungen gewachsen ist. Dass man bereit und fähig ist, mitzuspielen und sich anzustrengen. Ein freilich kostenintensives Signal. Ein gesunder, muskulöser, gepflegter Körper erfordert eine erhebliche Investition.

Und diese Investition kann gut angelegt sein. Schließlich entspricht das angestrebte Ergebnis dem Schönheitsideal unserer Gesellschaft, das nicht zuletzt in der Werbung propagiert wird. Nicht, dass das ein Wert an sich wäre, aber machen wir uns nichts vor: Schöne Menschen haben es leichter. Schönheit ist eine Ressource, die kapitale Vorteile liefert. Und vor allem: Schönheit ist ein knappes Gut.

Kunden honorieren Schönheit. Schöne Menschen – adrette Verkäuferinnen, attraktive Dienstleister, fotogene Bedienungen, sexy Mitkonsumenten – haben es leichter. Sie haben sofort Kredit.

Gutaussehende Anwälte verdienen deutlich mehr[16], insbesondere, wenn sie etwas älter und erfahrener sind – eben die Mischung aus Silbermähne, athletischer Figur und braun gegerbter Haut, die man aus diversen US-Serien bestens kennt. Klienten beauftragen gerne attraktive Anwälte, weil sie eine positive Auswirkung auf Richter und Geschworene erhoffen. Das heißt, die Klienten kalkulieren mit einem Attraktivitätseffekt und erzeugen ihn gleichzeitig.

Attraktive Dienstleister wirken sympathischer, gelten als vertrauenswürdiger und ihnen wird ein höheres Können zugetraut. Wie eine ansprechende Verpackung die Kauf- und Preisbereitschaft beim Kunden erhöht, steigen mit der Attraktivität des Dienstleisters seine Aktien. Doch in manchen Branchen kann ästhetische Makellosigkeit zum Problem werden. Wie wäre es, wenn Ihr Zahnarzt aussähe wie Tom Cruise?[17] Der hätte es vermutlich ähnlich schwer wie ein besonders hässlicher Zahnarzt. In diesem Fall setzen wir unser Vertrauen nämlich lieber ins vertraute Mittelmaß: Wenn schon gebohrt werden muss, dann soll es bitte der mäßig attraktive Durchschnittstyp erledigen. Tom Cruise wäre uns in einem solchen Moment wohl suspekt. Das ist übrigens ein typischer Fall von einem umgedrehten U.

Mitunter ist Attraktivität natürlich und glasklar auch ein Einstellungskriterium. Nicht nur bei Gastwirten. Das Paradebeispiel ist das amerikanische Modeunternehmen Abercrombie & Fitch, das ausschließlich sexy aussehende Verkäuferinnen und Verkäufer im Adonis-Format einstellt. Und sie positionieren sich darüber sogar offensiv im Marketing: Man verkaufe Schönheit, da sollen auch die Verkäufer(innen) schön sein. Die Mitarbeiter sind also »Models« – und werden im Firmenjargon auch so genannt –, die Kunden, die den Laden nach dem Einkauf verlassen, natürlich auch. Aber nur, wenn sie das Zeug dazu haben: »Wenn du 600 Pfund wiegst, dann bist du hier nicht richtig«, soll Michael Jeffries, Chairman und CEO des Milliardenkonzerns, angeblich gesagt haben.[18]

Und auch in einer ganz anderen Ecke des Universums, in einem Pariser Jobcenter nämlich, setzt man auf die Attribute der Attraktivität. Beratungen und Praxiskurse in Sachen Garderobe, Maniküre, Make-up und Haare sollen die Erfolgsaussichten verbessern. »Opération Relooking« nennen die findigen Arbeitsvermittler das. Der Beifall der Teilnehmer(innen) der Maßnahmen ist ihnen schon mal sicher: »Wenn man lange arbeitslos ist, lässt man sich irgendwann gehen«, bekennt eine reuige Sünderin. »Wenn man sich in seinem Körper wohlfühlt, ist man selbstsicherer«, blickt eine andere in die rosige Zukunft.[19]

Es gibt also zwei »Strömungen«, die quer durchs Marketing fließen. Die eine habe ich als die ethische beschrieben, die andere als die ästhetische. Die ästhetische ist oft nicht ethisch, die ethische oft nicht ästhetisch. Sicherlich wird man sagen können, dass die ästhetische sich der Selbstliebe, die ethische sich der Nächstenliebe verschrieben hat. Beides zusammen ist vielleicht interessant, faktisch Utopie, der Ernstfall möglicherweise enttäuschend. Wenn ich mich entscheiden müsste, ich bekenne es freimütig: *Im Anfang war die Tat!*

12

FREUNDSCHAFT

oder

Was Sie schon immer über Ihre Kinder wissen wollten, wie alt Micky Maus wirklich ist und warum es teurer ist, Freunde loszuwerden, als sie zu gewinnen

Menschen, Tiere, Attraktionen

Sie haben sich sicherlich schon mal gefragt, wieso so viele Marken ein Gesicht haben. Das gut gepolsterte Michelin-Männchen, der prärieerfahrene Marlboro-Mann, Herr Kaiser von der Hamburg-Mannheimer, Klementine von Ariel und Uncle Ben mit dem Parboiled Reis, der garantiert nicht klebt. Zudem bedienen sich die Agenturen gerne in Grzimeks Tierwelt: Jaguar, Camel und Frosch, Red Bull, Mustang und Puma. Das Krokodil von Lacoste, der Hirsch von Jägermeister, der Pinguin von Linux, der Löwe von Metro-Goldwyn-Mayer, der Schimpanse von Trigema, der Hase von Duracell, der Tiger von Esso. Fluggesellschaften haben einen Vogel, ob Kondor, Adler, Schwalbe oder Kranich[1] …

Keine Verpackung ohne ein offensichtlich gut gelauntes Antlitz. Fast jede Marke hat ein »Gesicht«. Bestimmt nicht zufällig heißt *die* Marketingmaschine unserer Zeit Facebook.

Chambourcy (Nestlé) bedient sich beim Barockmaler Jan Vermeer van Delft. Dessen berühmte »Dienstmagd mit Milchkrug« (1658–60) wird flugs zum Milchmädchen auf der Packung, das unseren Glauben daran bestärken soll, die Kühe seien glücklich und die Weiden saftig. Hierzulande besonders beliebt sind Gesichter für Kinderprodukte: Berühmt ist der Knirps auf den Packungen von Brandt Zwieback, das Rotbäckchen und die Jungs und Mädchen auf der Kinderschokolade.

In der Sprache der Werbung »menschelt« es, und in den Regalen finden sich »lebendige« Farben von Wella, »hungrige« Staubsauger von Dyson und »freundliche« Bakterien im Yakult-Joghurt. Menschliche Eigenschaften machen Produkte attraktiv, verständlich und glaubwürdig.

Und wieso nicht gleich ein ganzer Bauernhof? Bei FarmVille, ein Spiel, das den meisten Facebook-Usern etwas sagen sollte, geht es darum, einen Bauernhof zu verwalten, FarmVille Cash zu verdienen und FarmCoins zu sammeln. Microsoft klinkte sich ein und vermarktete damit seine Suchmaschine Bing auf sehr interessante Art und Weise. Microsoft bot den Spielern kostenlosen FarmCash an, wenn sie sich bei Facebook als Fans von Bing outeten. Buchstäblich über Nacht hatte Bing 400 000 neue Freunde, die Antwortquote lag bei unglaublichen 72 Prozent.[2] Die Marke hatte sich mit dem Kunden vernetzt …

Kinder, Kinder!

Der Mensch, ein guter Freund. Das Tier, der beste Freund des Menschen. Geht's nicht darum? Um Freundschaft? Um Gefühle? Ums Wohlfühlen?

Je stärker die Menschen in urbanisierten, industrialisierten und computerisierten Umwelten gefangen, je mehr sie von der Natur entkoppelt sind, desto lauter sehnen sie sich zurück zur Natur – und natürlich zur Unschuld des Kindes, das noch Natur ist, noch nicht von der Zivilisation geformt.

Diese Sehnsüchte nach Natürlichkeit und kindlicher Unschuld, die anscheinend alle Menschen empfinden, sind freilich auch dem Marketing nicht verborgen geblieben. Und sie werden genutzt. Massiv als Dosenöffner verwendet, um den Konsumenten zu knacken. Kinder sind entwaffnend, und jeder hat irgendwo einen Niedlichkeitsbutton, der nur darauf wartet, gedrückt zu werden. Also liegt für viele Werber nichts näher, als ihn auch zu nutzen.

Kulleraugen, die kleine Nase, der runde Kopf, eine große Stirnregion und Pausbäckchen – das wirkt. Die Schlüsselreize funktionieren, der Verstand schaltet aus, das Kindchenschema ein.[3] Eine deutsch-amerikanische Forschergruppe[4] fand eine neurophysiologische Erklärung für den Impuls, uns um alles zu kümmern, was einem Baby ähnelt, nämlich eine erhöhte Aktivität des Belohnungszentrums (Nucleus accumbens). Wir können dem Kindchenschema also nicht entkommen – es ist biologisch zu tief verankert.

Das hat problematische Folgen. Im Marketing wird das zuweilen ziemlich ausgereizt. Benjamin Barber hat darin zu Recht die Verführung von Kindern und die Infantilisierung von Erwachsenen gesehen.[5] Das stimmt, aber es gibt auch Positives zu berichten. Denn das Kindchenschema kann uns vor dem Verlust des Portemonnaies bewahren.

Richard Wiseman, ein kreativer Professor der Psychologie, der früher sein Geld als Zauberkünstler verdiente und seinen Namen nicht zufällig trägt, verlor in Edinburgh mehrere Hundert Geldbörsen.[6] Natürlich völlig absichtlich. Alle 240 Exemplare hatten den gleichen Inhalt. Ungefähr die Hälfte der Geldbörsen bekam er zurück. Was steckte dahinter? Wiseman schob vier Fotos mit unterschiedlichen Motiven hinter das Plastikfenster der Börse: eine glückliche Familie, ein niedliches Hundebaby, ein älteres Ehepaar und ein lachendes Baby. In manchen Börsen blieb das Fotofenster sogar leer, bei einigen waren Papiere einer Wohltätigkeitsorganisation sichtbar. Innerhalb einer Woche wurden insgesamt 42 Prozent der Portemonnaies zurückgegeben. Und zwar 88 Prozent der Börsen mit dem Foto des lachenden Babys, 53 Prozent von denen, die ein Foto des älteren Ehepaares enthielten, und nur 20 Prozent der Börsen mit den Papieren der Wohltätigkeitsorganisation sowie 15 Prozent der blanken Kontrollgruppe.[7] Bei solchen Zahlen erübrigen sich alle Erklärun-

gen. Sie sollten also ein Foto eines Babys in Ihrer Geldbörse aufbe-
wahren – ganz gleich, ob es Ihr eigenes oder das von anderen ist.

Micky Maus – jünger denn je

Unsere Kultur wird immer jünger. Immer jugendlicher. Im 20. Jahrhundert ist der Begriff »Kultur« verschwunden und durch »Jugendkultur« ersetzt worden. Seither können die Bewohner der westlichen
Gesellschaften sich nicht mehr aussuchen, ob sie alt oder jung sein
wollen. Sie sind dazu verdammt, den ewigen Jugendlichen zu geben.
Man kann das kritisieren, von »Jugendwahn« sprechen, aber alt werden darf man deshalb noch lange nicht. Erst recht nicht im Alter. Die
Ikonografie des Marketings und der Werbung ist »jung«, schließlich
ist die Jugend das Alter der Verführung, des Reagierens auf Impulse,
des Wandels und Wechsels.

Die Verjüngung unserer Kultur zeigt sich exemplarisch an Micky
Maus, einem der wichtigsten Symbole des westlichen Kapitalismus.
Sein Debüt gibt die anthropomorphe Maus 1928 in *Steamboat Willie*,
einem knapp acht Minuten langen Kurzfilm. Schon in seinem ersten
Zelluloidstreifen ist Micky jung und im Vergleich mit anderen Figuren klein, aber dabei kaum jugendlich, geschweige denn kindlich.
Seine Persönlichkeit ist alles andere als unschuldig-süß; sein Beneh-
men kantig, frech und burschikos. Seine Gesichtszüge und Körperfor-
men sind nicht gerade kleinkindlich, sondern ohne erkennbares Alter.

In den folgenden Jahren und Jahrzehnten avanciert Micky Maus
zu einem der ganz großen internationalen Megastars des Zeichen-
trickfilms und der Comic-Industrie. Schnell wird sein Auftreten wei-
cher, freundlicher, insgesamt netter. Damit einher geht die Verwand-
lung seiner äußeren Gestalt. Der Evolutionsforscher Stephen Gould
hat auf die wichtigsten Veränderungen hingewiesen: Der Kopf wird
im Verhältnis zum Körper immer größer, die Augen wachsen, und
die Stirnpartie wird größer und rundlicher.[8] Mit einem Wort: Micky
Maus wird mehr und mehr dem Kindchenschema angeglichen und

damit für den Betrachter »süßer«. Indem Micky nicht reifer, sondern kindlicher wird, steigt sein Wert: Er wird massentauglicher und für das Unternehmen wertvoller. Soziologisch gesehen avanciert Micky Maus zur Ikone der westlichen Konsumgesellschaften.

Dieses Phänomen ist nicht zufällig in Japan, einer der agilsten Marktgesellschaften der letzten Jahrzehnte, bis zum Extrem getrieben worden. Von den Heidi-Animes der Siebzigerjahre über unzählige Mangas bis hin zu den Hello-Kitty-Figuren hat sich dort eine Kultur der Frühkindlichkeit entwickelt, die dem westlichen Beobachter manchmal seltsam vorkommt, geradezu irritierend erscheinen mag. Quasi-Babys erleben die verschiedensten Abenteuer und befriedigen die Sehnsucht nach Unschuld, Reinheit und Kindlichkeit.

Den Niedlichkeitsfaktor[9] kleiner Kinder schöpft das Marketing wie Rahm ab und trägt damit dem Phänomen Rechnung, dass aus unserer Kultur eine einzige große Jugendkultur geworden ist. Babys, Kinder und Jugendliche sind aber nicht nur Objekte und Motive des Marketings, sondern mischen selbst mit.

Vorschule des Marketings

Für wen arbeitet eigentlich Ihr Kind? Das sollten Sie sich mal fragen. Ich habe als Jugendlicher ganz klassisch Zeitungen ausgetragen, dann und wann in der Firma eines Freundes meines Vaters Metall gebogen und später als Mitglied einer Tanzkapelle mein Studium finanziert. Unsere – Ihre wie meine – Kinder haben da längst ganz andere Optionen.

Ist Ihr Kind vielleicht »Markenbotschafter« (und Sie haben das nicht einmal mitbekommen)? Es ist immerhin möglich. Denn die Schönsten, Sportlichsten, Coolsten werden heute nicht mehr bloß Klassensprecher und knutschen früher als das Fußvolk, sie ernten nicht nur die symbolische Prämie der Achtung, ein Einkommen an Aufmerksamkeit, sondern mitunter auch handfeste finanzielle Rendite. Große Markenkonzerne rekrutieren Kinder und Jugendliche nämlich als Botschafter. Die Trendsetter bekommen ein paar Euro oder Produkte aus dem Konzern, als Gegenleistung tragen sie die Jeans (oder ein anderes Produkt) des Anbieters. Das Wichtige dabei: Sie sprechen mit ihren Freunden darüber, direkt oder aber über das Web. So werden Kinder heute in virale Kampagnen eingebunden.

Der Coppenrath Verlag beispielsweise, der die deutschen Lizenzen für Prinzessin Lillifee, Felix und Käpt'n Sharky hält, gab den Mädchen die Möglichkeit, sich für die neue Figur Rebella als Rebella VIP anzumelden. Die Mädchen bekamen ein Paket mit Schlüsselanhängern, einem Portemonnaie, Notizheften, zwei Tafeln Schokolade und Produktbroschüren. Im Gegenzug erwartete man von ihnen, für die Marke zu werben und einige der Produkte an gute Freundinnen weiterzuverschenken. Im eigens formulierten Anschreiben werden die Mädchen gebeten, als Multiplikatoren zu wirken und auch per E-Mail über die Produkte zu berichten. Bei solchen Aktionen werden Kinder häufig auch gebeten, die Adressen von Freunden anzugeben, denen man ebenfalls Nettigkeiten zukommen lassen könnte. Die Deutsche Post, die in einer speziell auf Kinder abzielenden Marketingaktion kostenlose Schreibmaterialien verschickte, die auch nachgeordert werden konnten, hat die Empfänger, Jungs und Mädchen, gebeten, die Adresse eines Freundes oder einer Freundin anzugeben. Die Response-Quoten lagen bei sehr guten 20 bis 30 Prozent, die Hälfte der Nachbesteller gab die Adresse eines Freundes oder einer Freundin an.[10]

Der Spielzeugriese Mattel unternahm einen ähnlichen Versuch, junge Mädchen als Botschafter – oder vielmehr: auf Kommission arbeitende Mitarbeiterinnen –, als sogenannte »Barbie Secret Agents«, anzuheuern. Man forderte die Mädchen auf, ihre Freundschaften anzuzapfen, um Barbie beliebter zu machen[11]. Die dazugehörige Webseite lockt nicht nur mit interessanten Infos, Chats, jeder Menge Spaß und Mädchenkram, sondern ist natürlich auch ein Merchandising-Paradies. Die Mädchen erhielten aber nur dann vollen Zugang, wenn sie einen Barbie-MP3-Player zu 49,99 Britischen Pfund kauften, die spezielle Dockingstation und zahlreiche Accessoires nicht inbegriffen. Die Mission der von der Agentur Dubit angeheuerten 50 »Agenten« (alle zwischen sieben und elf Jahre alt) war klar. Sie sollten den MP3-Player immer und überall dabeihaben und allen Freunden und Bekannten Barbie schmackhaft machen. Ihre Verkaufserfolge sollten die Ausgewählten mit Fotos belegen, eine eigene Fanwebseite aufbauen, Freundinnen registrieren und so weiter. Im Gegenzug bekamen die Mädchen kostenlose Barbieprodukte, die Ausrüstung für eine Party und die »Ehrenurkunde«, das coolste Mädchen weit und breit zu sein. Und für die »Top-Seller« gab es noch ein Extraschmankerl obendrauf.

Also, noch mal die Frage: Für wen arbeitet eigentlich Ihr Kind?

Blutsbrüder

Kaum dass die Windel trocken bleibt, werden Freundschaften kommerzialisiert. Was ist das also heute überhaupt: eine Freundschaft?

Mein Vorbild als Kind war Winnetou. Nicht der Winnetou Karl Mays, sondern Winnetou in der Interpretation von Pierre Brice. Winnetou hatte vielleicht den einen oder anderen Freund oder Kameraden, aber nur einen einzigen Blutsbruder: Old Shatterhand respektive Lex Barker.

Wahre Freunde gibt es nicht an jeder Straßenecke. Solche Freundschaften entwickeln sich, werden enger, tiefer, fester, mit Ritualen beglaubigt. Man steht füreinander ein, geht gemeinsam durch dick und dünn und stiehlt gemeinsam Pferde. Halt! Das ist natürlich ein Verstoß gegen das ungeschriebene Gesetz der Prärie, also auf gar keinen Fall irgendwelche Vierbeiner entwenden!

Und würde man solchen echten Freunden etwa vorgaukeln, dass Levi's-Jeans cooler, angesagter, einfach besser als die von Lee, Wrangler oder gar Citizens of Humanity sind? Würde man Geld dafür nehmen, Kapital aus einer Blutsbrüderfreundschaft zu ziehen? Natürlich nicht!

Aber die Zeiten, in denen Jugendliche Lagerfeuer anzündeten, mit einem Messer einen Stock schnitzten und sich mit der Asche eine ordentliche Kriegsbemalung zulegten, sind unwiederbringlich vorbei. Heute hat man keinen Blutsbruder mehr, sondern Facebook-»Freunde«[12] – je mehr, desto besser.

Der britische Anthropologe Robin Dunbar ging 1995 (lange vor den sozialen Cyber-Netzwerken) davon aus, dass wir aufgrund unserer kognitiven Leistungsfähigkeit – und ihrer Beschränkung – ungefähr 150 stabile Beziehungen eingehen können.[13] »Stabile Beziehungen« oder »soziale Kontakte« als Blutsbrüderergänzung und -ersatz.

Robert Scoble, der berühmte Blogger und ehemalige Microsoft-Evangelist, war einst der Meinung, dass unter den Bedingungen der neuen partizipativen Medien tausend(e) Freundschaften möglich sind: freilich nur, weil die Interaktionen pro Freund sich deutlich verringern. 2009 kündigte er 106 000 Freunden bei Twitter die, äh, Freundschaft, bei Facebook hatte er einst 5 000. Auch nicht schlecht.

Facebook-User haben im Durchschnitt circa 120 bis 140 Freunde, mehr als 500 oder 1 000 sind keine Seltenheit (darunter im Normalfall übrigens kein einziger Blutsbruder). Bei solchen Zahlen ist eine kritische Masse erreicht, die man für Marketingzwecke effektiv nutzen kann. Und das alles »unter dem Radar«, ohne dass das Marketing als solches erkennbar wäre.

Mund-zu-Mund-Beatmung

Botschaften, die ein Unternehmen sendet, sind per se verdächtig. Die Absicht ist nicht zu verkennen: Die wollen verkaufen! Uns das Geld aus der Tasche ziehen. Mit allen Mitteln. Deswegen der ganze Marketingzirkus. Der Freund hingegen, der Nachbar, der Kollege, die sind unverdächtig. Wirklich?[14] Für wen arbeiten Ihre Kinder noch mal?

Säen wir ein wenig Verdacht – gegen Ihre Freunde im wahren wie im digitalen Leben. Unternehmen wie »BzzAgent« aus Boston, ein Ableger von Procter & Gamble namens »Tremor« oder »Trnd« im deutschsprachigen Raum haben ihre Aufgabe darin gefunden, Mundpropaganda respektive -werbung in Gang zu bringen.

Die Mund-zu-Mund-Beatmung von Kunde zu Kunde gilt heute als besonders effizient und effektiv. Kostenlose »Daten-Träger« befördern die frohe Botschaft in die Welt hinaus. Das passiert oft von selbst, wenn Kunden von sich aus aktiv werden, aber man kann der Bestäubung durch freiwillige Werbebienen natürlich auch auf die Sprünge helfen. BzzAgent, das kommt von *buzz*, was so viel wie summen, brummen oder schwirren heißt, Tremor kommt vom lateinischen *tremere*, was so viel wie zittern heißt. Das Logo des Unternehmens ist eine Biene. Die Gerüchte, Infos und Botschaften wabern, surren und zappeln also frei durch den Raum, werden durch Kunden in der freien Wildbahn verbreitet.

Diese »Werber« können echte Kunden sein – oder bezahlte »Summ-summ-Agenten«, die wissen, wie man richtig zwitschert und erfolgreich brummt. Die echten, loyalen Kunden sind übrigens weit weniger effektiv in der Verbreitung der guten, besseren und besten Nachrichten, die professionellen Arbeitsbienen, die genau wissen, was sie tun, sind ganz klar wirkungsvoller. Das belegten David Godes und Dina Mayzlin mit einer aufwendigen Studie.[15]

Pringles etwa hat Kunden im Testmarkt Belgien dafür entlohnt, bei bestimmten Gelegenheiten – beispielsweise bei einer interessanten Fußball-Live-Übertragung – Freunde und Bekannte einzuladen und wie zufällig die verschiedenen Sorten der Produktserie Select – von Parmesan Garlic bis Szechuan Barbecue – auf den Tisch zu stellen. Diese Zustellung ohne Bestellung scheint recht gut zu wirken, denn die Methode wird im modernen Marketing immer beliebter.

Sie scheint sich gerade zu institutionalisieren, wird hoffähig, offiziell und ist akzeptiert. Bei »Pay with a Tweet« kauft man Produkte und bezahlt mit einem Tweet auf Twitter oder einem Post auf Facebook. Der Inhalt der Nachricht, die der Konsument in die Welt und an seine Freunde schickt? Klar, er lobt das schöne, wirklich ganz hervorragende Produkt, das er gerade erstanden hat.[16]

Virales, Buzz-, Stealth-, Street- oder Peer-to-Peer-Marketing – das ist das Begriffsfeld, in dem die Mund-zu-Mund-Beatmung zu verorten ist. Ihr größter Vorteil: Sie wird von der Massenkommunikation (von einem Sender an viele Empfänger) zu einem dezentralen Netz. Freunde informieren, geben Ratschläge, vermarkten untereinander. In der digitalen Welt, in der man ja mit Tausenden »Freunden« verlinkt ist, entfaltet ein solches Schneeball-Marketing eine ganz neue Dynamik und Dramatik. Daraus ergibt sich das zweite Plus: Da unverdächtige »Freunde« zur Marketingtat schreiten und nicht der professionelle Werber und Marketer, ergibt sich ein kaum zu überschätzender Glaubwürdigkeitsvorteil. Gerade in einer mit kommerziellen Botschaften übersättigten Welt, in der die herkömmlichen Werbepraktiken den Teint und das Stigma der Manipulation und Irreführung auf der Stirn tragen.

Kunden-Casting

Kunden, die Produkte loben und positiv bewerten, den Like-it-Button anklicken, sie vielleicht sogar in ihrem Blog featuren, sollen – das ist ihre Bestimmung – Meinungsführer sein, bestenfalls Megabeeinflusser und Superverbreiter. Man könnte meinen, dafür seien Stars, Promis und andere Berühmtheiten am besten geeignet, schließlich sind sie attraktiv. Lena wirbt für Opel, Lagerfeld für VW, Nowitzki für die Dibadu (oder wie die heißen). Der Klassiker: Gottschalk für Haribo. Das Grauen: Jörg Pilawa für Rügenwalder. Beckenbauer für alles.

Gegen diesen Glauben sprechen aber zwei Gründe. Erstens stellt sich allzu oft der bereits erwähnte Vampir-Effekt ein. Das Testimonial zieht alle Aufmerksamkeit auf sich, der Zuschauer fühlt sich gut unterhalten, weiß aber nachher nicht, um welches Produkt und welche Marke es eigentlich ging. Der erwünschte Imagetransfer kommt nicht zustande, die Werbung verpufft.

Zweitens weiß jeder, dass die Testimonials unglaubliche Summen dafür bekommen, in die Werbearena zu steigen. Auch und gerade bei den ganz großen Superstars des Sports und des Showbiz sind die Werbeeinnahmen häufig höher als die Preisgelder und Gagen aus der regulären Tätigkeit. Deshalb ist es hier mit Glaubwürdigkeit und Authentizität nicht weit her.

Besser also, wahre Meinungsführer oder Meinungsmakler zu finden, um die Botschaften auf den Weg zu bringen. Und das sind optimalerweise Menschen, die wir kennen, aus unserem privaten Umfeld.

Aber wie findet man solche unauffälligen und zugleich effektiven Meinungsverbreiter? Die Figur des Meinungsführers und Multiplikators haben die Soziologen Paul Lazarsfeld und Elihu Katz 1955[17] populär gemacht. Sie gingen von einem zweistufigen Kommunikationsprozess aus, in dem eine Botschaft zuerst dem Meinungsführer nahegebracht wird, der sie wiederum an die Meinungsfolger weitergibt. Basis dieser These ist die Annahme, dass es intensive Nutzer gibt, die über Medien verbreitete Informationen an die Menschen aus ihrem sozialen Umfeld verteilen, die weniger Zugang zu Medien haben. Heute, gut ein halbes Jahrhundert später ist die Welt aber eine andere. Jeder hat Medienzugang, und das immer, und fast schon Medienzwang. Multiplikatoren wird man so kaum mehr herausfiltern. Duncan Watts, Kind unserer Zeit, Soziologe und Forscher bei Yahoo Research, spricht denn auch von »Accidental Influential«[18], von zufälligen, unvorhersehbaren Prozessen der Beeinflussung. Es gibt Multiplikatoren, aber man kann, wenn überhaupt, immer erst hinterher sehen, wer sie waren.

Besser also, man macht die Meinungsführer selbst. Man castet sie. Für die Marlboro Adventure Tour beispielsweise haben sich in vielen Jahren mehr als eine halbe Million Raucher und Nichtraucher beworben, aber nur eine Hand voll durfte nach harten Auswahlprozeduren und Trainingscamps ins Abenteuer starten.

Bei diesem »Customer Casting« wählt das Unternehmen den Kunden aus, nicht umgekehrt, und der Kunde übernimmt die Marketing-Kommunikation. Die klassische Rollenverteilung wird auf den Kopf gestellt. Im Gegenzug werden dem auserwählten Kunden »merk-würdige« Erlebnisse ermöglicht. Seine affektive Bindung an das Unternehmen vervielfacht sich und, nicht zu vergessen, er hat etwas, das er erzählen kann, um sein Umfeld mit seiner Mund-zu-Mund-Beatmung, quasi per Tröpfcheninfektion, zu infizieren. »… und dann sind wir durch den Grand Canyon geritten, immer voran der Marlboro-Mann, durch Schluchten und wilde Flüsse, und als wir zum Lager kamen, sahen wir schon von weitem die sprühenden Funken des Lagerfeuers …«

Wichtig sind in solchen Castings übrigens nicht nur die ausgewählten Kunden, sondern fast noch mehr die knapp gescheiterten. In einer Studie für einen großen deutschen Einzelhändler, in die ich involviert war, ergab sich: Je mehr Castingrunden ein Bewerber übersteht, desto überzeugter und loyaler wird er, desto häufiger kauft er und desto mehr gibt er pro Kauf aus. Bei den Gewinnern fallen die Werte danach wieder ab. Das überrascht nur auf den ersten Blick. Denn ausgesucht werden natürlich vor allem solche »Sieger«, die sich PR-technisch gut machen … Extrovertierte, coole, lebensbejahende, offene Typen, denen die Welt sowieso offensteht. Und die lassen sich nur schwer umgarnen, wissen um ihren Wert und fühlen sich zu Loyalität nicht verpflichtet. Aber auch sie erzählen weiter und sind wichtige Gesichter der PR-Kampagne.

Den Kunden zu casten kann auch funktionieren, indem man einen exklusiven Zirkel bildet, der eine Marke und seine Ästhetik »wirklich versteht« und infolgedessen fähig ist, die Botschaft zu verkünden und weiterzuverbreiten.

Der Designer David von Rosen hat sein Business so begonnen. Wenn man bei seinem Luxus-Modelabel bestellen wollte, musste man empfohlen werden oder sich bewerben. Damit machte von

Rosen seine kühle, exklusive Mode nicht nur interessant, sondern es war auch unwahrscheinlicher, dass die Marke falsch verstanden wurde. So behielt er die Lufthoheit über die Interpretation seiner Kleider in eigener Hand. Schließlich gibt es nichts Schlimmeres, als wenn falsche Freunde die starke Marke kapern und ihr Bild bestimmen. Schlimmstenfalls ändern sie so den Status der Marke und schmälern ihr Prestige.

Wie das Heer der Führerscheinneulinge in Niederbayern, die günstig einen zehnjährigen Dreier (das ist ein BMW) erstehen und damit vor allen Dingen die linke Autobahnspur zum Kriegsgebiet machen. Das Bild des Dreier-Fahrers und damit der Marke wird von solchen Fahrern stark geprägt: Sie gelten als rücksichtslos, rüpelhaft, kalt, brutal und egoistisch. Aber um dieses Phänomen zu unterbinden, müsste man eben alle gebrauchten 3er-BMWs aufkaufen. Angeblich wurde das bei BMW tatsächlich mal diskutiert – und leider verworfen. Ach so, ich wollte ja nichts mehr über BMW sagen …

Kunden eliminieren, Freunde loswerden

Das Beispiel BMW zeigt, wie wichtig es sein kann, Kunden loszuwerden. Dass man sich manchmal auch einiger »Freunde« entledigen muss, sein Facebook-Konto mal so richtig durchpusten sollte. Um die eigene Position neu zu bestimmen. Die Idee, (treue) Kunden zu eliminieren respektive (gute alte) Freunde loszuwerden, hat Burger King mit einer ebenso witzigen wie spektakulären Marketingaktion fruchtbar gemacht. Der ewige Herausforderer, der endlich werden will, wie er heißt, nämlich der König unter den Hack- und Formfleischbratereien dieser Welt, fädelte, um der übermächtigen Konkurrenz ein wenig näher auf den Pelz zu rücken, ein nicht uninteressantes »soziales Experiment« ein.

Im Rahmen der Operation »Whopper Sacrifice« lobte der Möchtegern-Hack-King für zehn geopferte Freunde einen Whopper aus. »You like your friends, but you love the Whopper« – »Du magst deine

Freunde, aber du liebst den Rinderhack-Viertelpfünder«, war die eindeutige Aufforderung zur rituellen Opferung der einen oder anderen Bekanntschaft. Ganz einfach »abschalten« konnte man seine Freunde jedoch nicht. Wer opfert, der lädt Schuld auf sich – und so wurde im Aktivitätsfeed bei Facebook angezeigt: »Christian opferte Blümelhuber für einen Whopper.« Jeder konnte also sehen, wer Opfer und wer Täter war, wer wem die Freundschaft gnadenlos abmurkste – und zu welchem Preis. Ein Whopper kostet nämlich 3,69 Dollar. Seien wir großzügig, runden wir auf: Ein Freund bei Facebook ist 37 amerikanische Cent wert. Nicht mehr und nicht weniger. Dass Facebook letztlich einschritt und die Kampagne wegen Verstoßes gegen die *Privacy Rules* (lustig, dass ausgerechnet Facebook so argumentiert) unterband, war natürlich das Tüpfelchen auf dem i. Umso besser!

25 000 Whopper gab es umsonst. Also 250 000 Freunde weniger. Hinter der Aktion stand mit Crispin Porter & Bogusky[19] eine der angesagtesten Agenturen unserer Zeit, die für Burger King schon vorher eine ebenso einleuchtende wie naheliegende Idee hatte: Sie kreierten *Flame*, ein Deo mit dem Geruch von gegrilltem Fleisch[20]. Und auch damit wird man wohl todsicher den einen oder anderen Freund los. Atmen müssen wir schließlich alle.

37 Cent, um einen Freund loszuwerden, sind übrigens ein sattes Sümmchen. Die Geister, die man einst gerufen hat, wieder zu vertreiben, erweist sich als teurer Spaß. Ein neuer Facebook-Freund ist dagegen vergleichsweise günstig. Bei »Facebook Marketing« gibt's 10 000 Freunde für unschlagbare 310 Dollar. Ein Freund kostet also, lassen Sie den Taschenrechner stecken, gerade einmal gut 3 Cent. Ein echtes Schnäppchen! Greifen Sie jetzt zu, bevor die Freundschaftspreise wieder steigen!

Whopper Sacrifice zeigt, wie Werbung, Kommunikation und Marketing in der Digimoderne funktionieren. Keine One-Way-Manipulation, sondern die Einbindung des Konsumenten, die Herausforderung seines Engagements. Und das Ganze nicht bier- oder todernst, sondern in Form von Spaß und Spiel. Oft genug entsteht daraus ein *Linking Value*. Das Phänomen, dass die Beteiligung an der Kommunikation wichtiger wird als die ursprüngliche Information, kann man nicht nur auf Facebook und in anderen sozialen Netzwerken vermehrt beobachten, sondern auch bei Apps. Das »Lego-Duplo-Wiping«-App von Lego zum Beispiel ist natürlich auch Werbung, aber in erster Linie ein kleines Spiel, an dem Kinder Freude haben und mit dem man sie auf langweiligen Autofahrten beschäftigen kann. Ein »pädagogisch wertvoller« Nutzen also, der über das Marketing hinausreicht. Es schont die Nerven und hilft, sicher anzukommen …

Die Spiralen der Erinnerung

Wir Kunden sind »empowerte Champions« auf dem Marktplatz der Postmoderne. Wir sind keine Opfer kultureller Bevormundung durch die geheimen Kräfte manipulierender Großkonzerne. Was mit »Ausweitung der Konsumzone« gemeint ist, ist also keine »Ausweitung der Kampfzone«[21], sondern der Wettkampf- und Spielzone.

In der Digimoderne dehnt sich die Konsumzone vor allem in die sozialen Medien des weltweiten Netzes aus. Dort ist längst ein »Second Life«[22] des Marketings entstanden mit vernetzter, dezentraler Kommunikation. Kommunikation ist Selbstzweck und Spaß an der Freude. Unternehmen, die Marketing als autoritären Frontalunterricht begreifen, haben unter solchen Bedingungen keine Chance mehr. Marketing ist mehr denn je ein Spiel, und wer mitspielen will, wird die Regeln akzeptieren müssen.

Im »Netz« treten herkömmliche Währungen sukzessive in den Hintergrund. Natürlich nicht vollkommen, aber doch ein wenig. Andere treten daneben, Aufmerksamkeit beispielsweise[23], oder Reputation, die wichtigste Währung von Absendern. Sie wird nicht durch Autorität zugewiesen, sondern ist ein Effekt von vernetzten Kollektiven. In Cory Doctorows Roman *Down and Out in the Magic Kingdom*[24] ist der »Whuffie« das maßgebliche Zahlungsmittel, das die Reputation bemisst, das soziale Kapital der Spieler.

Die Kampfzone wird zur Wettkampf- und Spielzone, und die digitale Kommunikationszone mit ihren Währungen Aufmerksamkeit und Reputation ist schier grenzenlos – das alles sind Phänomene, die die Konsum-, Marken- und Marketingzone völlig auf den Kopf stellen. Während man früher vom sogenannten Verkaufstrichter-Modell ausging, in dem wir Kunden aus vielen Marken zunächst wenige selektieren, bevor wir unsere endgültige Wahl treffen, wird man heute mit einem spiralförmigen Loyalitätszyklus rechnen müssen. In einer Endlosschleife von Erwägen und Bewerten[25], Empfehlen und Genießen bewegen wir uns. Ein Modell, das nur in der Digimoderne und netzartigen Verhältnissen entstehen konnte. In dem wir Marken

nicht mehr bloß kaufen, sondern uns selbst nach ihrer Denkart entwerfen[26].
In dieser Spielzone eines Second Life gibt es kein »Game Over«[27], keine Einbahnstraße, die mit Marketing beginnt und mit Konsum endet, sondern ein
ewiges Kreisen auf den »Spiralen der Erinnerung«, in denen wir uns an die
Zukunft erinnern, eine serielle Transformation, die uns immer weiter in die
unendlichen Weiten der Konsumzone führt …

Ich bin der Geist, der stets bejaht! Und das mit Recht;
denn alles, was entsteht, ist wert, dass es im Konsum aufgeht.
Drum besser wär's, dass die Zone sich ausweite.
So ist denn alles, was ihr Marke, Marketing, kurz,
den Konsum nennt, mein eigentliches Element.

ANMERKUNGEN

0. Einleitung

1 Peter Sloterdijk: *Du mußt dein Leben ändern.* Suhrkamp 2009, S. 29.
2 Stephen Brown: *Die Botschaft des Zauberlehrlings.* Hanser 2005, S. 174.
3 Vgl. De Certeau: *Kunst des Handelns.* Merve 1988, S. 69 ff.
4 De Certeau: *Kunst des Handelns.* Merve 1988, S. 28.
5 De Certeau: *Kunst des Handelns.* Merve 1988, S. 21.
6 Vgl. Jean-François Lyotard: *Das postmoderne Wissen.* Wien 1994.
7 In den USA, dem »Homeland« der Branche, unterscheidet man scharf zwischen Consumer Research und Marketing. Ersteres ist die graue/hehre Theorie, Letzteres die resultierende Praxis. Die Konsumentenforschung findet – mithilfe von Psychologie, Anthropologie, Biologie etc. – heraus, wer und was der Konsument ist, das Marketing setzt dann in konkrete Maßnahmen um. In Europa ist die Trennung (sowohl in der Theorie als auch der Praxis) viel weniger strikt.
8 Vgl. Michel Serres: *Das eigentliche Übel.* Merve 2009. Serres beklagt das unaufhörliche »Hintergrundrauschen der Werbung«, das »durch seinen Krach taub macht« (S. 54).
9 Die Idee des Other oriented value hat Morris Holbrook (*Consumer Value.* Routledge 1999) in die Konsumentenforschung eingeführt. Zu den bekanntesten Beispielen gehört etwa der »Fair Trade«-Gedanke beim Kaffee. Die »fairen« Kaffeekonsumenten möchten natürlich ihren eigenen direkten Nutzen nicht missen. Sie wollen, dass der Kaffee gut schmeckt. Aber sie wollen auch den Nutzen für »den anderen«, für den Kaffeebauern – und nicht dessen hemmungslose Ausbeutung.

1. Mittendrin

1 Die wissenschaftliche Literatur hält seit den Achtzigerjahren interessante Kataloge des »Nutzens« bereit. Berühmt sind vor allem die drei »Fs« von Morris Holbrook und Elizabeth Hirschman: »Fantasies, Feelings and Fun« (*Journal of Consumer Research,* September 1982), die Holbrook (in drei Artikeln im *Journal of Macromarketing,* Dezember 2000, 2001, Juni 2001)

zu vier »Es« expandierte: »experience, entertainment, exhibitionism and evangelising«.

2 Dieser Begriff, der prächtig in unsere »S«-Reihe passt, stammt von Jonas Ridderstråle und Kjell Nordström: *Funky Business forever.* Redline 2008.

3 Man findet die Definition in zahlreichen einschlägigen Lehrbüchern und anderen Marketing-Veröffentlichungen, natürlich auch auf der Webseite der AMA: http://www.marketingpower.com/Community/ARC/Pages/Additional/Definition/default.aspx.

4 Das generische Konzept Kotlers ist die weiteste Ausdehnung des Marketingkonzepts bis dato. Schließlich überträgt es die Idee der gezielten Beeinflussung von ökonomischen Partnern auf soziale Einheiten und Situationen aller Art. Vgl. Philip Koter: »A Generic Concept of Marketing«, in: *Journal of Marketing*, April 1972.

5 Hier wäre natürlich Asfa-Wossen Asserate: *Draußen nur Kännchen.* Scherz 2010 zu empfehlen.

6 Vgl. Jagdish Sheth und Rajendara Sisodia (Hg.): *Does Marketing Need Reform?*, Sharpe 2006. Stephen Brown – wer sonst? – stellt in diesem Sammelband die entscheidende Frage: »Does Reform Need Reform?«. Auch empfehlenswert: Mark Tadajewski und Douglas Brownlie (Hg.): *Critical Marketing.* Wiley 2008.

7 Chris Anderson veröffentlichte im Oktober 2004 in der Zeitschrift *Wired* einen Artikel mit dem Titel »The long tail« (http://www.wired.com/wired/archive/12.10/tail.html) über die Unterhaltungsindustrie, der zu vielen Diskussionen führte. Der Autor machte darin die Bedeutung sogenannter Nischenangebote deutlich, die in der Summe hinsichtlich Absatz und Profit mit den Blockbuster-Angeboten konkurrieren können. Seine These gilt für digitale Produkte, deren »Lagerkosten« gleich null sind. Das Gleiche gilt für Marketingkonzepte. Auch sie sind digital. Auch hier gibt es Bestseller und Nischenideen. Und Letzteren gelingt es vielleicht direkter, auf spezifische Situationen, Bedingungen und Anforderungen zu antworten. Vgl. auch Andersons Nischen-Bestseller: *The Long Tail.* Hanser 2007.

8 Die Idee der Future Memory ist angelegt bei David Ingvar: »The Memory of the Future«, in: *Human Neurobiology* 4/1985.

9 Vgl. Michael Schirners Proklamation: *Werbung ist Kunst.* Klinkhardt & Biermann 1988, sowie Bruno Munaris Essay *Design as Art.* Penguin 2009 (zuerst 1966).

10 Vgl. Neil Borden: *The Concept of the Marketing Mix.* Wiley 1964. Die zwölf: Produktplanung, Preismanagement, Markenführung, Distributionska-

näle, Persönlicher Verkauf, Werbung, Verkaufsförderung/Promotion, Verpackung, Displays, Services, Physisches Handling und Marktforschung.

11 Die »pädagogisch nützliche« Vereinfachung auf vier Instrumente (Ps), die jedem Marketer heute »im Blut liegt«, wird Jerome McCarthy zugesprochen. Er definierte »Product, Place, Promotion und Price« als das heilige Quadrupel des Marketings. Vgl. Jerome McCarthy: *Basic Marketing*. Richard Irwin Inc 1971.

12 Vgl. Valerie Zeithaml und Mary Jo Bitner: *Services Marketing*. McGraw-Hill 1996.

13 Vgl. Christian Blümelhuber: *Seriell! Das Basisprinzip der modernen Moderne*. Parodos 2010.

14 Das Prinzip der Mode charakterisiert nach Gilles Lipovetsky (*Les temps hypermodernes*. Le Livre de Poche 2006) unsere Hypermoderne. Ähnlich argumentiert Zygmunt Bauman, der eine flüchtige Moderne erkennt und in zahlreichen Büchern spannend beschreibt. Zum Einstieg empfehle ich seine beiden Bücher *Flüchtige Zeiten* (Hamburger Edition 2008) und *Wir Lebenskünstler* (Suhrkamp 2009).

15 Odo Marquard: *Skepsis in der Moderne*. Stuttgart 2007, S. 87.

16 Eine Studie zum Medienverhalten hat ergeben, dass die sogenannte iGeneration nicht mehr bereit ist, ihr Leben an die Medien anzupassen. Vielmehr müssen sich die Medien (TV, Internet etc.) an den Menschen, den Konsumenten anpassen. Inhalte wann immer, wo immer, wie immer »ich will«. Das ist das Motto. Die Ergebnisse der Studie sind auf der Webseite »wirkstoff.tv« veröffentlicht.

17 Vgl. Patrick Renvoisé und Christophe Morin: *Neuromarketing: Is There a »Buy Button« in the Brain?*. Salesbrain 2005.

18 Die Marketingforschung unterscheidet zwischen abstrakten Beliefs und den sogenannten Exemplaren (konkrete Repräsentanten einer Marke, wie Logo, Testimonial, Produkt). Die Ausdehnung der Markenzone, also die Markenerweiterung, ist für Belief-dominierte Marken deutlich einfacher als für solche, die von Exemplaren geprägt werden. Abstrakte Attribute lassen sich einfacher übertragen. Vgl. hierzu Sharon Ng und Michael Houston: »Exemplars or Beliefs?«, in: *Journal of Consumer Research*, März 2006; Huifang Mao und Shanker Krishnan: »Effects of Prototype and Exemplar Fit on Brand Extension Evaluations«, in: *Journal of Consumer Research*, Juni 2006.

19 Vgl. beispielsweise David Goldberg, David Nichols, Brian Oki und Douglas Terry: »Using collaborative filtering to weave an information Tapestry«, in: *Communications of the ACM*, Dezember 1992.

20 Die beiden Apple-Marken »iPhone« und »iPod« belegen im Ranking der coolsten Marken des Jahres 2010 (laut www.coolbrands.uk.com) hinter Aston Martin die Ränge zwei und drei. Laut einer weltweiten Studie von www.allegro234.net gewinnt Apple vor Coca-Cola und Nike (2009).

21 Laura Weissmüller: »Es war Pop. Eine Frankfurter Schau zeigt, wie das Design von Apple das Verhalten der Nutzer prägt«, in: *Süddeutsche Zeitung* vom 22. März 2011, S. 13.

22 Die Motive und Videos der Kampagne: http://adweek.blogs.com/adfreak/get-a-mac-the-complete-campaign.html.

23 Steve Jobs bei der Präsentation des iPhone 4 am 7. Juni 2010: »You gotta see this in person. This is beyond the doubt, the most precise thing, and one of the most beautiful we've ever made. Glass on the front and back, and steel around the sides. It's like a beautiful old Leica camera.«

24 Steve Jobs nannte die Zahl auf dem Apple Special Event am 2. März 2011 und vermutete (da Amazon sich bedeckt hält), dass Apple in dieser Hinsicht die Nummer eins im Netz ist.

25 Vgl. Richard N. Foster und Sarah Kaplan: *Creative Destruction*. Crow 2001. Die Autoren vermuten für das Jahr 2020 ein Durchschnittsalter der S&P-500-Unternehmen (der 500 größten Unternehmen Amerikas) von nur rund 10 Jahren.

2. Shopping

1 Vgl. Zygmunt Bauman: *Leben als Konsum*. Hamburger Edition 2009, S. 74: »In einer Gesellschaft von Konsumenten soll, ja muss jeder ein Konsument aus Berufung sein …; in jener Gesellschaft ist das … Konsumieren ein universelles Menschenrecht und eine universelle Menschenpflicht zugleich, die keinerlei Ausnahmen zulässt.«

2 Vgl. Daniel Miller: *A Theory of Shopping*. Polity 1998.

3 Vgl. den deutschen Klassiker der Soziologie Georg Simmel: »Fashion«, in: *The American Journal of Sociology,* Juni 1957.

4 Der Begriff stammt aus Ulf Poschardts fulminantem Essay »Stil als letzte Rebellion«, in *Merkur* 8/9 2007. Er bezeichnet als Geschmacksbürgertum Teile einer durch Pop und Andy Warhol geprägten Generation, die gegen die weit verbreitete Stillosigkeit rebelliert.

5 Vgl. George Messinis, Ólan Henry und Nilss Olekalns. »Rational habit modification in consumption«, in: *Economic Modelling* 19/2002.

6 Vgl. Claes Fornell, Roland Rust und Marnik Dekimpe: »The Effect of Customer Satisfaction on Consumer Spending Growth«, in: *Journal of Marketing Research*, Februar 2010.

7 Die Unterscheidung von operanden und operanten Ressourcen stammt von Robert Vargo und Stephen Lusch. Vgl. dazu Eric Arnould, Linda Price und Avinash Malshe: »Toward a Cultural Resource-Based Theory of the Customer«. In: *The Service Dominant Logic of Marketing*, hrsg. von Robert Vargo und Stephen Lusch, Sharpe 2006.

8 Vgl. Franz Liebl: *Der Bastler als Schnittstelle von Cultural Studies, Soziologie und Marketing*. Download unter http://www.gwk.udk-berlin.de/fileadmin/user_upload/utoXLII_der_bastler.pdf.

9 Vgl. Kerwin Charles, Erik Hurst und Nikolai Roussanov: »Conspicious Consumption and Race«, in *Quarterly Journal of Economics*, Mai 2009.

10 Diese wahllosen und ersetzbaren Beispiele stammen aus den Wochenendbeilagen der *Financial Times* mit dem programmatischen Titel »How to spend it«, die Anregungen gibt, wie man das unter der Woche hart verdiente Geld »gut« und »richtig« wieder ausgeben kann. Wie man also »konsumiert«.

11 Die Unterscheidung von »Keeping up with the Joneses« (Mitläufer) und »Keeping ahead of the Smithies« (Snob) stammt von Harvey Leibenstein: »Bandwagon, Snob, and Veblen Effects ...«, in: *Quarterly Journal of Economics* 2/1950.

12 Walter Benjamin: *Das Passagen-Werk*. Suhrkamp 1982, S. 83.

13 Leipzig hat eine Kampagne ins Leben gerufen, die uns auffordert »Lernen Sie flanieren.« Vgl. http://www.marketing-leipzig.de.

14 Dem Flaneur geht es nicht nur darum, Räume (oder gar: die Kultur) zu »lesen«, sondern sie zu gestalten: »doing culture«. Vgl. Thomas Düllo: »Der Flaneur«. In: *Diven, Hacker, Spekulanten*, hrsg. von Stephan Moebius und Markus Schroer. Suhrkamp 2010.

15 Der Begriff »Information Fatigue Syndrom« wird dem Psychologen David Lewis zugeschrieben. Vgl. Jenny McCune: »Data, Data, Everywhere«, in: *Management Review*, November 1998; Kathiy Nellis: »Experts: Information onslaught bad for your health«, auf *CNN*, 15. April 1997.

16 Vgl. meinen Beitrag »Über die Szenerie der Dienstleistung« im *Handbuch Dienstleistungs-Management*, hrsg. von Anton Meyer. Schäffer-Poeschel 1998.

17 Vgl. Georgios Bakamitsos und George Siomkos: »Context effects in marketing practice: The case of mood«, in: *Journal of Consumer Behaviour* 3/4/2004.

18 Sonnenschein vertreibt negative Stimmungen und wirkt sich positiv auf das Kaufverhalten aus. Dies gilt sowohl für natürliches, als auch für künstliches Sonnenlicht. Insofern kann die Wetter-Variable gemanagt werden. Hierzu Keyle Murray u. a.: »The Effect of Weather on Consumer Spending«, in: *Advances in Consumer Research* 35/2008.

19 Vgl. Ann Schlosser: »Learning Through Virtual Product Experience«, in: *Journal of Consumer Research*, Dezember 2006.

20 Vgl. Jeffrey Inman, Russell Winer und Rosellina Ferraro: »... In-Store Decision Making«, in: *Journal of Marketing* 9/2009. Die Faktoren »Display« und Regalplatz sind laut den Autoren vor allem im Fall ungeplanter Käufe von alltäglichen Produkten wirkungsvoll.

21 Diese Zahlen aus einer interessanten Eye-Movement-Studie. Vgl. Pierre Chandon u. a.: »Does In-Store-Marketing Work?«, in: *Journal of Marketing* 11/2009.

22 Vgl. Jeffrey Inman, Russell Winer und Rosellina Ferraro: »... In-Store Decision Making«, in: *Journal of Marketing* 9/2009; David Bell, Daniel Corsten und George Knox: »From Point of Purchase to Path to Purchase«, in: *Journal of Marketing* 1/2011.

23 Vgl. Jennifer Argo, Darren Dahl und Andrea Morales: »Positive Consumer Contagion«, in: *Journal of Consumer Research*, 12/2008.

24 Vgl. Jennifer Argo, Darren Dahl und Rajesh Manchanda: »The Influence of a Mere Social Resence«, in: *Journal of Consumer Research* 9/2005.

25 Diese Zahlen sind das Ergebnis von 13 Marken- und Produktinventuren, die wir 2009 durchgeführt haben.

26 Inventarisiert hat Gabriela Gründler ihre Dinge in *My Things* (Edition Patrick Frey, 2007). Spannend ist auch das Projekt von Christine Wirtz, Elisabeth Klink und Stefanie Giersdorf (*Alles drin*. Hoffmann und Campe 2007), die 21 Handtaschen öffneten und aus ihrem bewegten Leben erzählen ließen.

27 Mihaly Csikszentmihalyi und Eugene Rochberg-Halton haben das in ihrer bahnbrechenden Studie *The Meaning of Things* (Cambridge University Press 1981) herausgearbeitet.

28 Zum Begriff der Biografie-Requisite vgl. Wolfgang Ullrich: *Habenwollen*. Fischer 2006.

29 Vgl. Russell Belk: »My Possessions Myself«, in: *Psychology Today* Juli 1988; »Acquiring, Possessing and Collecting«, in: *Marketing Theory*, hrsg. von Ronald Bush und Shelby Hunt. American Marketing Association 1982; »Possessions and the Extended Self«, in: *Journal of Consumer Research* 9/1988.

30 Vgl. Craig Roberts u. a.: »Manipulation of body odor alters men's self-confidence and judgement of their visual attractiveness by woman«, in: *International Journal of Cosmetic Science* 31/2009.

31 Red Bull verleiht Flügel: Diesen Spruch kennt wahrscheinlich jeder. Eine Marketing-Erfolgsgeschichte wie nur wenig andere. Adam Brasel und James Gip wollten es genau wissen: Verleiht Red Bull wirklich Flügel? Ihre Studie (»Red Bull Gives You Wings for better or worse«, in: *Journal of Consumer Psychology* 1/2011) ergab eine erstaunliche Antwort. Sie lautet: Ja!

Bei Veranstaltungen, wo Red-Bull- gegen Coca-Cola-, Guinness-, oder Tropicana-Fahrer in technisch exakt gleichen Minis antraten, analysierten sie die Leistungen am Lenkrad. Die Red-Bull-Fahrer waren schneller, aggressiver, waghalsiger, aber sie überdrehten auch und waren in überdurchschnittlich viele Crashs verwickelt. Sie waren Champion oder Verlierer, mittlere Plätze belegten sie nicht. Der Effekt blieb sogar konstant, wenn die Fahrer die Wagen untereinander tauschten. Man könnte sagen: Die Markenpersönlichkeit färbt auf den Kunden ab. Und das auch, wenn die Kunden sich dessen voll bewusst sind.

Was Männern recht ist, ist Frauen billig: Sie fühlen sich femininer, glamouröser und attraktiver, wenn sie mit einer Tasche von Victoria's Secret Shoppen gehen. Vgl. Ji Kyung Park und Deborah Roedder John: »Got to Get You into My Life: Do Brand Personalities Rub Off on Consumers?«, in: *Journal of Consumer Research*, Februar 2011.

32 Vgl. Kathryn Braun, Rhiannon Ellis und Elizabeth Loftus: »Make My Memory: How Advertising Can Change Our Memories of the Past«, in: *Psychology & Marketing* 1/2002.

33 Vanessa Patrick und Henrik Hagtvedt: »Aesthetic Incongruity Resolution«, in: *Journal of Marketing Research* 2011.

34 Vgl. Grant McCracken: *Culture and Consumption*. Indiana University Press 1988.

35 Vgl. Denis Diderot: *Gründe, meinem alten Hausrock nachzutrauern oder: Eine Warnung an alle, die mehr Geschmack als Geld haben*. Friedenauer Presse 1991 (Og. 1772).

36 Vgl. Simon Silvester: *You're getting old*. Young & Rubicam 2002: »As a consumer, you're old at 35.« Für das Marketing ist das ein Problem – die »Jugendlichkeit« des Marketings entspricht nicht gerade der demografischen Situation. Die vorgeschlagene Strategie: die »Jungen« als Kommunikationszielgruppe nutzen, die »Alten« mehr durch Qualität als durch »Neues« überzeugen.

37 Unsicherheitsvermeidung (oder Uncertainty Avoidance) gilt dem niederländischen Kulturwissenschaftler Geert Hofstede als eine von fünf Kultur-
dimensionen. Sie zeigt an, wie groß die Bereitschaft ist, Risiken einzugehen
und mit fehlenden Sicherheiten zu leben. Die Ergebnisse dieser Variable (vgl.
zu den Daten www.geert-hofstede.com) bewegen sich zwischen Griechen-
land (112, höchste Unsicherheitsvermeidung) und Singapur (8). Deutschland
ist mit 65 Punkten auf dem Niveau von Thailand und der Arabischen Welt.

38 Vgl. Eileen Fischer und Stephen Arnold: »More than a Labor of Love«, in:
Journal of Consumer Research 12/1990.

39 Den Begriff geprägt haben die Forscher und Berater von Rheingold (rhein-
gold-online.de), einem Institut für qualitative Markt- und Medienanalysen.
Einen ähnlichen Ansatz verfolgt Erich Joachimsthaler, wenn er von einem
»Ecosystem of Demand« (*Hidden in Plain Sight*. McGraw-Hill 2007) spricht.

40 Vgl. Louise Lague: »Shopping for a Boy Baby? Ron Ericsson Can Help, but
Critics Say He Shouldn't«, in: *People* 17.9.1984: »There's no question that
there exists a universal preference for sons.«

41 Vgl. Hanna Rosin: »The End of Men«, in: *The Atlantic* Juli/August 2010.

42 Zur ganzen Wahrheit gehört, dass in Trendmetropolen wie New York und
Los Angeles Frauen inzwischen mehr verdienen als Männer derselben Al-
tersgruppe. Vollzeitbeschäftigte Frauen zwischen 21 und 30 Jahren bekamen
2005 in New York 117 Prozent des Gehalts ihrer männlichen Kollegen. In
Dallas sind es etwa 120 Prozent. Ähnliches zeigt sich bei den Beschäftigungs-
statistiken. Vgl. dazu Paco Underhill: *Was Frauen wollen*. Campus 2011.

43 Pierre Bourdieu: *Junggesellenball*. UVK Verlagsgesellschaft 2002.

44 Vgl. zu Stereotypen des männlichen und weiblichen Einkaufs- und Kon-
sumverhaltens Diana Jaffé: *Werbung für Adam und Eva*. Wiley 2011.

45 In seiner kleinen Sammlung mit dem Titel »Songs of the Humpback Shop-
per« (online unter www.sfxbrown.com/songs_main.php) erzählt Stephen
Brown (s)eine Geschichte des Shoppings. 18 Prozent seiner Probanden sagten: »I hate shopping!« Und nur 32 Prozent (vor allem Frauen) bekannten,
sie würden es manchmal genießen.

46 Vgl. Marian Salzman, Ira Matathia und Ann O'Reilly: *The Future of Men*.
Palgrave 2005.

47 Grant McCracken (»*Culture and Consumption*«, in: *Journal of Consumer Research* 6/1986) hat dieses Transfermodell für den »Konsum von Kultur«, für
die Übertragung kultureller Vorstellungen durch Konsumgüter entwickelt.

48 Vgl. zu Metro- und Retrosexualität Dave Besley: *Retrosexual Manual*.
Prion 2008. Den Untertitel will ich nicht verschweigen: *How to be a real
man*.

3. Kritik

1 Vance Packard. *Die geheimen Verführer*. Ullstein 1976 (erstmals 1957).

2 Vgl. Anthony Pratkanis: »The Cargo-Cult Science of Subliminal Persuasion«, in *Skeptical Inquirer* 16,3, Frühjahr 1992.

3 Vgl. Annika Lamer: »Iss Popcorn! Subliminale Werbung«, in: *Ceryx,* April 2009; Florian Rötzer: »Die Russen werden angeblich mit sublimaler Werbung bombadiert«, in: *Telepolis* 13.9.2002; Jürgen Buchmüller: »Blinken Dollarzeichen in den Augen einarmiger Banditen?«, in: *Telepolis* 1.3.2007.

4 Ignacio Ramonet: *Liebesgrüße aus Hollywood*. Rotpunktverlag 2002.

5 Zum unterschwelligen Priming vgl. Sheila Murphy und R. Zajonc: »Affect, Cognition, and Awareness«, in: *Journal of Personality and Social Psychology* 5/1993. Erin Strahan, Steven Spencer und Mark Zanna: »Subliminal priming and persuasion«, *in: Journal of Experimental Social Psychology* 2002. Vgl. auch: Christian Scheier: *Unterschwellige Wahrnehmung – ein Update* (20. August 2006), auf seiner Homepage implicit-marketing.de. Priming heißt in diesem Kontext so viel wie Vorbereitung oder Anbahnung.

6 Vgl. Johan Karremans, Wolfgang Stroebe und Jasper Claus: »Beyond Vicary's Fantasies«, in: *Journal of Experimental Social Psychology* 2006: In einem Experiment sollten Probanden am Computer Aufgaben lösen. Unterschwellig eingeblendet wurde einer Gruppe die Eistee-Marke »Lipton Ice«, der Kontrollgruppe die Marke »Npeic Tol« – ein Anagramm, die gleichen Buchstaben, aber fern aller Bedeutung. Keiner der Teilnehmer bemerkte die unterschwellige Botschaft. Anschließend sollten die Kandidaten zwischen zwei Getränken wählen: Lipton Eistee und Wasser. Mehr als vier Fünftel wählten den Eistee, Durst vorausgesetzt. Wie es scheint, funktioniert die »unterschwellige Werbung«, allerdings nur, wenn die Primes, die Signale, kurz und prägnant und Bedürfnisse vorhanden sind.

7 Ich beziehe mich auf eine Studie über die »geheime Reichweite«, die Concept M für Sevenone Media erstellt hat. Präsentiert wurde sie von Dirk Ziems auf dem TV-Wirkungstag am 5. Mai 2009.

8 Das belegen Zahlen und Forschungen des Internet Advertising Bureaus: www.iabuk.net.

9 Vgl. Teresa Treutler, Brian Levine und Carl Marci: »Biometrics and Multi-Platform Messaging«, in: *Journal of Advertising Research,* September 2010. Yoram Wind und Byron Sharp: »Advertising Empirical Generalizations«, in: *Journal of Advertising Research.* 6/2009.

10 Ich würde diese Form der Werbung als seriell bezeichnen. Vgl. mein Buch *Seriell! Das Basisprinzip der modernen Moderne*. Parodos 2010.

11 Jimmy Carr berichtete in seiner Präsentation »Break Innovations« auf dem TV-Wirkungstag am 31. März 2011 in Düsseldorf vom signifikanten Erfolg der Idee: Es wurde erheblich weniger weggeschaltet.

12 Marshall McLuhan: *Die magischen Kanäle*. Econ 1995.

13 Vgl. Dan Zigmond und Horst Stipp: »Assessing a New Advertising Effect«, in: *Journal of Advertising Research* 6/2010.

14 Pascal Bruckner: *Ich kaufe, also bin ich*. Aufbau 2004.

15 Vgl. den Beitrag (cte/AFP) »Verbraucher küren Monte Drink zum dreistesten Werbelügner«, in: *Spiegel Online*, 23. April 2010.

16 Vgl. Jadish Sheth und Rajendra Sisodia: *Does Marketing Need Reform?* Sharpe 2006: »It has been evident for many years that ›marketing as usual‹ is simply not working anymore, and that fundamentally new thinking is needed to retrieve and rejuvenate this most vital and potentially nobel of business functions.«

17 Das meint Richard David Precht: »Wir wählen uns alle nur selbst«, in: *Die Zeit* 38/2009.

18 Vgl. Marnik Dekimpe und Dominique Hanssens: »Sustained Spending and Persistence Response«, in: *Journal of Marketing Research* 11/1999. Die Autoren wollten es genauer wissen und nahmen vier Szenarien an. In zweien gelingt es den Marketingausgaben langfristig nicht, den Konsum in der Kategorie oder den Marktanteil zu steigern, sondern »lediglich«, den Status quo zu halten. Im Szenario Nummer drei, dem sogenannten »evolving business practice«, verstärken fortwährende Marketingausgaben aber das Marktwachstum. So gelang es der japanischen Automobilindustrie in den Siebziger- und Achtzigerjahren, durch stetig verbesserte Qualität, ausgeweitete Distributionskanäle, stärkeres Markenimage und aggressivere Preispolitik, die Nachfrage dauerhaft zu erhöhen. Im vierten Szenario gelingt es, mit kurzfristigen Push-Aktionen langfristige Verbesserungen zu erreichen.

19 Seth Godin: *All Marketers Are Liars*. Portfolio 2005.

20 Hierzu: Donald McCloskey und Arjo Klamer: »One Quarter of GDP is Persuasion«, in: *American Economic Review* 5/1995.

21 Zur »Du bist Deutschland!«-Kampagne vgl. Rudolf Speth: *Du bist Deutschland*. Vorgänge 1/2007. Uta Renken: *»Du bist Deutschland«? Motive der Kampagnen zur Förderung des Bürgerbewusstseins*. Tectum 2009.

22 Nämlich mindestens folgende: emotionale Konditionierung über das musikalische Forrest-Gump-Motiv, Testimonials von den Volksmusikern Patrick Lindner und Xavier Naidoo über TV-Stars à la Harald Schmidt und Maria Furtwängler bis hin zu ganz »normalen Menschen«, Ansprache über das »Du«, um in die private, persönliche Zone einzudringen.

23 Die Markenbildung erfolgt im Falle der »Du bist Deutschland«-Kampagne nach innen (die Bürger als Zielgruppe), aber auch nach außen – Zielgruppe sind dann Touristen oder Unternehmen, die sich im Land ansiedeln sollen. Eine Konsequenz aus solchen Bemühungen ist die Schärfung des sogenannten »Country of Origin«-Effekts, also die Modellierung einer Markenassoziation, die am Länderimage ansetzt. Man denke nur an die Bedeutung von »Made in Germany« für Deutschland.

24 Mit dieser Frage beginnt der Österreicher Michael Ziegelwagner sein kleines Büchlein *Café Anschluss* (Atrium 2011). Sofort antwortet er: »Nein!« Aber, um Sie zu beruhigen, er hält auch Tschechien, die Slowakei und Italien für nicht zwingend notwendig …

25 Und der Titel einer grandiosen Filmsatire (Regie: Jason Reitman. Fox 2005). Im Mittelpunkt steht Nick Naylor, Pressesprecher eines Forschungszentrums der amerikanischen Zigarettenindustrie. Mit allen Wassern gewaschen, kämpft er um Reputation, eine der wichtigsten Ressourcen des Marketings.

26 Edward Bernays: *Propaganda*. Orange Press 2007, S. 19.

27 Vgl. zu diesem Thema Whan Park, Deborah MacInnis, Joseph Priester, Andreas Eisingerich und Dawn Iacobucci: »Brand Attachment and Brand Attitude Strength«, in: *Journal of Marketing* 11/2010.

28 Vgl. Behrang Rezabakhsh, Daniel Bornemann, Ursula Hansen und Ulf Schrader: »Consumer Power: A Comparison of the Old Economy and the Internet Economy«, in: *Journal of Consumer Policy* 2006. John French und Bertam Rave: »The bases of social power«, *in: Studies in:Social Power*, hrsg. von Dorwin Cartwright. Institute for Social Research 1959.

29 Felix Knoke: »Jack Wolfskin zieht die Krallen ein«, in: *Spiegel* 23.10.2009.

30 Veronique und Bernard Cova: »Exit, Voice, Loyalty and … Twist: Consumer Research in Search of the Subject«, in: *Interpretive Consumer Research*, hrsg. von Suzanne Beckmann und Richard Elliott. Copenhagen Business School Press 2000.

31 Vgl. Neil Boorman: *Good bye, Logo*. Econ 2007.

32 Lilo Weber: »Marken machen Leute«, in: *Berliner Zeitung* 8.12.2007.

33 Tom Holert: »Zerstörung zum Bild«, in: *Delete!*, hrsg. von Rainer Dempf, Siegfried Mattl, Christoph Steinbrener. Orange Press 2006.

34 Ulrike Ackermann: »Verteidigung des dekadenten Europa«, in: *Merkur Sonderheft*, August/September 2007.

35 Vgl. Christoph Steinbrener und Rainer Dempf: *Trouble in Paradise*. Orange Press 2009. Das Künstler-Duo Steinbrener/Dempf platzierte 2009 in den Gehegen des Wiener Tiergartens Schönbrunn diverse Zivilisationsobjekte (vom Autowrack bis zum Reklameschild), um den Einbruch von

Konsumobjekten und die Zerstörung der letzten Reservate und Idylle der Natur – logofreie Paradiese – zu dokumentieren und künstlerisch zu kommentieren. Freilich sollte man anmerken, dass Tiergehege selbst schon alles andere als unberührte Natur sind (sondern Objekte des Konsums).

36 Ich empfehle zum Süden als Sehnsuchtsraum Dieter Richter: *Der Süden.* Wagenbach 2009.

37 Zum mediterranen Marketing Bernard Cova: »Méditerranéiser le marketing«, in: *Revue Française de Gestion,* August 2006. Und: »Thinking of marketing in meridian terms«, in: *Marketing Theory* 2/2005.

38 Franco Cassano: *La pensée méridienne.* Editions de l'Aube 2005.

39 Albert Camus: *Der Mensch in der Revolte.* Rowohlt 1997.

40 Vgl. Chris Anderson: *The Long Tail.* Hanser 2007.

41 Zu solchen und anderen Wahrheiten und für eine ausgewogenere Sicht als bei Naomi Klein empfehle ich Tyler Cowen: *Weltmarkt der Kulturen.* Murmann 2004.

4. Aufmerksamkeit

1 Zur Kritik solcher Stufenmodelle vgl. Demetrios Vakratsas und Tim Ambler: »How Advertising Works: What Do We Really Know?«, in: *Journal of Marketing* 1/1999.

2 Hermann Simon hat das »pulsing« für den Bereich der Werbestimuli (Werbeausgaben) untersucht: Hermann Simon: »ADPULS: An Advertising Model with Wearout and Pulsation«, in: *Journal of Marketing Research* 8/1982.

3 Georg Franck: *Ökonomie der Aufmerksamkeit – ein Entwurf.* DTV 2007, S. 12.

4 Sheena Iyengar und Mark Lepper: »When Choice Is Demotivating: Can One Desire Too Much of a Good Thing?«, in: *Journal of Personality and Social Psychology* 79 (6), 2000.

5 Barry Schwartz: *Anleitung zur Unzufriedenheit. Warum weniger glücklicher macht.* Ullstein 2006.

6 Vgl. George Miller: »The Magical Number Seven, Plus or Minus Two«, in: *Psychological Review* 2/1956. Und: Nelson Cowan: »The magical number 4 in short-term memory«, in: *Behavioural and Brain Sciences* 2000.

7 Benjamin Scheibehenne, Rainer Greifeneder und Peter Todd: »Can There Ever Be Too Many Options? A Meta-Analytic Review of Choice Overload«, in: *Journal of Consumer Research* 37, Oktober 2010.

8 Vgl. zum Themenkomplex Erwartung und Überraschung beispielsweise Daniel Kahneman und Dale Miller: »Norm Theory: Comparing Reality to Its Alternatives«, in: *Psychological Review* 2/1986; Achim Schützwohl: »Surprise and Schema Strength«, in: *Journal of Experimental Psychology: Learning, Memory and Cognition* 5/1998; Susan Heckler und Terry Childers: »The Role of Expectancy and Relevancy in Memory for Verbal and Visual Information«, in: *Journal of Consumer Research* 4/1992.

9 Vgl. hierzu Philippe Tretiack: *Megalomania. Too Much is Never Enough.* Assouline 2008.

10 Alle Zitate: www.hans-brinker.com. Mehr zu diesem Paradebeispiel des Reverse Psychology Marketing findet man im schönen Buch der Agentur Kesselskramer (Hrsg.): *The Worst Hotel in the World.* Booth-Clibborn 2009.

11 Aus einem Interview der Zeitschrift *Slanted* (*Slanted* 2011, S. 100).

12 Zur Idee des »Reverse Psychology Marketing«: Indrajit Sinha und Thomas Foscht: *Reverse Psychology Marketing.* Palgrave 2007. Gerne empfehle ich dazu auch den europäischen Marketing-Großmeister Stephen Brown, der in *Fail Better* (Cyan 2008) die annähernd gleiche Idee in einem weiteren Kontext präsentiert.

13 Gemeint ist sein berühmtes Werk *Vom Kriege* (1832), das längst auch Eingang ins Marketing gefunden hat. Al Ries und Jack Trout haben in ihrem Bestseller *Marketing Warfare* die Gleichung »Marketing ist Krieg« aufgestellt. Das Problem, dem sie sich stellen, ist jenes der gesättigten beziehungsweise übersättigten Märkte, ihre Lösung heißt Positionierung – mit anderen Worten also die Verbindung von gekonnter Schlachtvorbereitung und -eröffnung und strategischer Kriegsführung.

14 T. E. Lawrence: *Die sieben Säulen der Weisheit.* München 2005 (Og. zuerst 1936), S. 222.

15 Ebd., S. 414.

16 Jay Conrad Levinson: *Guerilla Marketing.* 1990, S. 9.

17 Vgl. Oliver Rutz und Randolphe Bucklin: »From Generic to Branded«, in: *Journal of Marketing Research* 2/2011. Die Autoren suchten allgemein nach einem Hotel in Los Angeles und brandspezifisch nach dem »Hilton Los Angeles«. Ähnliche Ergebnisse ergaben sich bei anderen Suchen, die sie zwar durchführten, aber nicht veröffentlichen durften.

18 Abbildung und Ergebnisse stellten mir Prof. Thomas Dobbelstein und Prof. Simon Ottler von der Customer Research 42 GmbH zur Verfügung.

19 Hier beziehe ich mich auf den Kurzfilm »Logorama«, der 2010 mit dem »Oscar« als bester animierter Kurzfilm ausgezeichnet wurde. Der Film

verwebt die Genres des Kriminal- und Katastrophenfilms. Seine Beson-
derheit aber ist, dass als Figuren und Hintergründe ausschließlich Logos
benutzt werden. Insgesamt über 2500! Das Bild zeigt einen Schnappschuss
aus Logorama: LOGORAMA by H5 (François Alaux, Hervé de Crécy, Lu-
dovic Houplain) © 2009 – Autour de Minuit Productions

20 N. N.: »Stadt ohne Worte«, auf http://derstandard.at/1220457473088. Vgl.
auch Alexander Busch: »Werbefreies São Paulo. Rückkehr der Nacht«, auf
http://www.wiwo.de/lifestyle/rueckkehr-der-nacht-262463/. Carl D. Goer-
deler: »Mehr Sicht«, auf http://www.brandeins.de/archiv/magazin/fort-
schritt-kann-so-einfach-sein/artikel/mehr-sicht.html.

5. Reize

1 Vgl. Angela Lee: »Effects of Implicit Memory on Memory-Based versus Sti-
mulus-Based Brand Choice«, in: *Journal of Marketing Research* November
2002.

2 Robert Yerkes und John Dodson: »The Relation of Strength of Stimulus to
Rapidity of Habit-Formation«, in: *Comparative Neurology and Psychology*
18/1908.

3 Vgl. Arthur Laffer: *The Laffer Curve*. The Heritage Foundation Juni 2004.
Die berühmte Lafferkurve zeigt, dass ein zu hoher Steuersatz zu niedri-
geren Steuereinnahmen führt: Vgl. Jude Wanniski: »The Way the World
Works«, in: *The Public Interest* 1998. Außerdem Mathias Trabandt und Ha-
rald Uhlig: »How Far Are We From The Slippery Slope? The Laffer Curve
Revisited«, in: *NBER Working Paper* 15343, September 2009.

4 Diese U-Zone kann man auf viele Bereiche des Marketings ausweiten. Die
empirischen Nachweise sind Legion. Das inverse U findet man beim Zusammenhang von Informationsversorgung vor und Zufriedenheit nach
dem Kauf (Robert Westbrook: »Prepurchase Information Search and
Postpurchase Product Satisfaction«, in: *Refining Concepts and Measures
of Consumer Satisfaction and Comlaining Behavior*, hrsg. von Keith Hunt
und Ralph Day. Indiana University Press 1980); bei der Kundenorientierung eines Verkäufers und seiner Performance (Christian Homburg, Michael Müller und Martin Klarmann. »When Should the Customer Really
Be King?«, in: *Journal of Marketing* 2/2011); bei der Anzahl an Werbewie-
derholungen und der Einstellung dem beworbenen Produkt gegenüber
(Arno Rethans, John Swasy und Lawrence Marks: »Effects of Television
Commercial Repetition, Receiver Knowledge, and Commercial Length«,

in: *Journal of Marketing Research* 1/1986); bei der Erfahrung eines Kunden in einer Produktkategorie und dem Ausmaß an Informationssuche vor einem Kauf (Sridhar Moorthy, Brian Ratchford und Debabrata Talukdar: »Consumer Information Search Revisited«, in: *Journal of Consumer Research* 2/1997); bei der Erfahrenheit eines Mitarbeiter und seiner Leistung (Michael C. Sturman: »Searching for the Inverted U-Shaped Relationship Between Time and Performance«, in: *Journal of Management* 5/2003); bei der Wettbewerbsstärke in einem Markt und seiner Innovationskraft (Philippe Aghion u. a.: »Competition and Innovation: An Inverted U Relationship«, in: *The Quarterly Journal of Economics* 2/2005); bei der Anzahl der Auswahlmöglichkeiten (Marmelade!) und der Zufriedenheit des Kunden (Adam Grant und Barry Schwartz: »Too Much of a Good Thing«, in: *Perspectives on Psychological Science* 6/2011). Und, natürlich, das weiß der Volksmund, bei der Höhe des Einkommens und der daraus resultierenden Zufriedenheit.

5 Vgl. Adam Grant und Barry Schwartz: »Too Much of a Good Thing«, in: *Perspectives on Psychological Science* 6/2011.

6 Daniel Kahneman: *Maps of Bounded Rationality*. Nobelpreisrede 2002. Vgl. http://nobelprize.org/nobel_prizes/economics/laureates/2002/kahneman-lecture.html.

7 Anette Baldauf: *Entertainment Cities*. Wien 2007, S. 35.

8 Zum Thema der inszenierten Verführung durch kommerzielle Räume Christian Minunda: *Der verbotene Ort*. Redline 2002.

9 Vgl. Malcom Gladwell: »The Terrazzo Jungle«, in: *The New Yorker*, März 2004.

10 Adrian C. North, David J. Hargreaves und Jennifer McKendrick: »The Influence of In-Store Music on Wine Selections«, in: *Journal of Applied Psychology* 84 (2) 1999.

11 Hierzu: Neale Martin: *Habit: The 95% of Behavior Marketers Ignore*. FT Press 2008.

12 Vgl. Werner Kroeber-Riel und Franz-Rudolf Esch: *Strategie und Technik der Werbung*. Kohlhammer 2011.

13 Victor Papanek. *Das Papanek-Konzept*. Nymphenburger Verlagshandlung 1972.

14 Zum Prinzip »Design or Die«: Robert Brunner und Stewart Emery: *Do you Matter?* Pearson 2009.

15 Vgl. George Ritzer: *Die McDonaldisierung der Gesellschaft*. Fischer 1995.

16 Schon 1927 präsentierte Earnest Calkins (»Beauty the New Business Tool«. in: *The Altlantic Monthly*, August 1927) Ästhetik als neues Tool im Mar-

keting, als nächsten »logischen Schritt« nach einer Ära industrieller Effizienz.

17 US-Amerikaner kaufen ein Produkt in sieben von zehn Fällen wegen des Designs. Knapp die Hälfte der stark wachsenden englischen Unternehmen nannte Design als wichtigsten Erfolgsfaktor. Für über 80 Prozent der im Auftrag des Rats für Formgebung befragten deutschen Unternehmen sagten, dass Design ein entscheidender Faktor bei der Erschließung neuer Märkte ist. Und knapp 70 Prozent bestätigten den großen Einfluss auf die Unternehmensrendite. Vgl. Marty Neumeier: *The Designful Company.* AIGA 2009; Rat für Formgebung und Markenverband (Hrsg.): *Die Schönheit des Mehrwerts.* Scholz & Friends 2010.

18 Der wohl wichtigste Vertreter einer Harmonie-Lehre unserer Zeit ist seine Königliche Hoheit der Prinz von Wales, oder einfach: Prinz Charles. Hierzu: HRH The Prince of Wales, Tony Juniper und Ian Skelly: *Harmony.* Blue Door 2010.

19 Zum Goldenen Schnitt bspw. Frans Boselie: »The aesthetic attractivity of the golden section«, in: *Psychological Research* 3/1984. Beim »Goldenen Schnitt« verhält sich der größere Teil einer Strecke zum kleineren genauso wie die ganze Strecke zum größeren. Oder mathematisch formuliert: $a/b = a+b/a$. Das Verhältnis ist dann etwa 5:8 oder 1:1,62.

20 Das MAYA-Prinzip stammt von Raymond Loewy, einem Pionier des Industriellen Designs, der unter anderem die Shell-Muschel und die Verpackung für Lucky Strike designte. Vgl. Raymond Loewy: *Häßlichkeit verkauft sich schlecht.* Econ 1958.

21 Jessica Blair, Jason Stephenson, Kathy Hill und John Green: »Ethics in advertising: Sex sells, but should it?«, in: *Journal of Legal, Ethical and Regulatory Issues* 9, 2 (2006), S. 116.

22 Vgl. mein Buch: *Seriell! Das Basisprinzip der modernen Moderne.* Parodos 2010.

23 Vgl. Linda Williams: *Hard Core.* Pandora Press 1990 (dt. Stroemfeld 1995).

24 Vgl. Christian Blümelhuber: »Learning from Love and Pornography«, in: Hans-Uwe L. Köhler (Hrsg.): *Sex sells – Mythos oder Wahrheit?* Berlin 2006.

25 Vgl. Richard Klein: *Cigarettes Are Sublime.* Duke University Press 1993.

26 Vgl. das großartige Essay *Wofür es sich zu leben lohnt* von Robert Pfaller (Fischer 2011).

27 Vgl. Slavoj Žižek: »Der entkoffeinierte Andere«, in: *Der Freitag* 8.10.2010.

28 Regie: Jason Reitman. 2005. Vgl. zur »Politik des Rauchens« Robert Pfaller: *Das schmutzige Heilige und die reine Vernunft.* Fischer 2008.

29 Die Charakterisierung des Marketings als »Uriah Heep« stammt von Stephen Brown: »Torment Your Customers«. in: *Harvard Business Review,* Oktober 2001. Diesen Herrn Naidoo hat ein Zuhörer einer meiner Vorträge ins Spiel gebracht. Als ich von Brown und Heep erzählte, rief er frech hinein: »… Ja, genau. Wie der Xavier Naidoo!« Herr Naidoo ist mir übrigens ganz und gar unbekannt.

30 Vgl. Georges Bataille: *Die Aufhebung der Ökonomie.* Matthes & Seitz 1985.

6. Sympathie

1 Brigitte Marktforschung: »Die Macht der Sympathie«, auf www.media.brigitte.de.

2 Stefan Müller und Stefan Wünschmann (»Erfolgreich Markenvertrauen aufbauen«, in: *Absatzwirtschaft* 1/2005) verstehen Sympathie als Größe, die zusammen mit der Markeneinzigartigkeit und der Markenzufriedenheit das Vertrauen in die Marke prägt und damit Kundenloyalität bestimmt. Arjun Chaudhuri und Morris Holbrook betonen die Bedeutung von Sympathie (als »brand affect« operationalisiert) für die Bindung an die Marke und damit ihren Erfolg (»Product-class effects on brand commitment and brand outcomes«, in: *Brand Management Journal,* September 2002) beziehungsweise für die Akzeptanz des Kunden, einen höheren Preis zu zahlen, sowie höhere Marktanteile (»The Chain of Effects from Brand Trust and Brand Affect to Brand Performance«, in: *Journal of Marketing* 4/2001).

3 Vgl. Marshall McLuhan: *The Medium is the Massage.* Bantam Books 1967 (dt.: *Das Medium ist die Massage.* Ullstein 1969).

4 Vgl. Bryan Gibson: »Can Evaluative Conditioning Change Attitudes toward Mature Brands?«, in: *Journal of Consumer Research* 6/2008.

5 Vgl. Robert Rydell und Allen McConnell: »Understanding Implicit and Explicit Attitude Change«, in: *Journal of Personality and Social Psychology* 6/2006.

6 Vgl. Anthony Greenwald und Mahzarin Banaji: »Implicit social cognition«, in: *Psychological Review* 1995.

7 Ausführlich hierzu: Timothy Wilson, Samuel Lindsay und Tonya Schooler: »A Model of Dual Attitudes«, in: *Psychological Review* 1/2000.

8 Vgl. Elain Chan und Jaideep Sengupta (mit dem vielsagenden Titel): »Insincere Flattery Actually Works«, in: *Journal of Marketing Research* 2/2010.

9 Mehr Informationen zum HOBA-Experiment und zur emotionalen Konditionierung siehe Werner Krober-Riel: »Emotional Product Differentiation by Classical Conditioning«, in: *Advances in Consumer Research* 11/1984; und Werner Krober-Riel und Franz Rudolf Esch: *Strategie und Technik der Werbung.* Kohlhammer 2011. Die erste international bedeutende Studie, die Elemente der klassischen Konditionierung auf die Werbung übertrug, stammt von Gerald J. Gorn: »The effects of music in advertising on choice«, in: *Journal of Marketing*, 1982. Vgl. auch Elnora Stuart, Terence Shimp und Randall Engle: »Classical Conditioning of Consumer Attitudes«, in: *Journal of Consumer Research* 12/1987.

10 Vgl. Douglas Ewing, Chris Allen und Frank Kardes: »Conditioning Implicit and Explicit Brand Attitudes Using Celebrity Affiliates«, in: *Advances in Consumer Research* 2008.

11 Vgl. Eva Walther, Benjamin Nagengast und Claudia Trasselli: »Evaluative conditioning in social psychology«, in: *Cognition and Emotion* 2/2005, sowie Wilhelm Hofmann et al.: »Evaluative Conditioning in Humans«, in: *Psychological Bulletin* 3/2010.

12 In der Fachliteratur wird heiß diskutiert, ob der Kunde stets eine Assoziation zwischen Promi und Produkt herstellt, ob er also assoziativ lernt und Marken sich damit Markenkapital bei der Berühmtheit »leihen« können. Oder ob das Markenkapital sich unabhängig davon selbstständig aufbaut. Dieser Fall wird von den Unternehmen vorgezogen, das Kapital ist dann robuster, damit wertstabiler. Vgl. Steven Swelders et al.: »Evaluative Conditioning Procedures and the Resilience of Conditioned Brand Attitudes«, in: *Journal of Consumer Research* 10/2010.

13 Die Kernveröffentlichung dazu: Anthony G. Greenwald, Debbie E. McGhee und Jordan Schwartz: »Measuring Individual Differences in Implicit Cognition: The Implicit Association«, in: *Journal of Personality and Social Psychology* 6/1998.

14 Der Begriff Autopilot hat sich in der Marketing-Literatur im Anschluss an die Theorien von Kahneman und Lieberman eingebürgert. Matthew Lieberman: »Social Cognitive Neuroscience«, in: *Annual Review of Psychology* 2007. Er unterscheidet zwischen den Systemen X und C. Daniel Kahneman: *Maps of bounded Rationality.* Nobelpreisrede v. 8.12.2002. Vgl. nobleprice.org. Er unterscheidet zwischen System 1 (Intuition) und System 2 (Reasoning). Die Systeme X und 1 werden vereinfacht als »Autopilot« bezeichnet. Mit zahlreichen Büchern und Vorträgen hat Christian Scheier die Idee in Deutschland popularisiert.

15 Vgl. Gerald Zaltman: *How Customers Think*. McGraw-Hill 2003. Martin Lindstrom: *Buyology*. Campus 2009.

16 Diese Ergebnisse über die Deutsche Bank und die Commerzbank präsentieren Christian Scheier und Dirk Held: *Was Marken erfolgreich macht*. Haufe 2008. Vgl. auch Martin Scarabis und Sven Heinsehn: »Implicit Diagnostics«, in: *Marketing Review St. Gallen* 6/2008.

17 Peter Kenning, Hilke Plaßmann, Michael Deppe, Harald Kugel, Wolfram Schwindt: »Die Entdeckung der kortikalen Entlastung«, in: *Neuroökonomische Forschungsberichte, Teilgebiet Neuromarketing Nr. 1*. Westfälische Wilhelms-Universität Münster 2002.

18 Michael Koenigs und Daniel Tranel: »Prefrontal cortex damage abolishes brand-cued changes in cola preference«, in: *SCAN* 3/2008.

19 Vgl. Tim Ambler und Tom Burne: »The Impact of Affect on Memory of Advertising«, in: *Journal of Advertising Research* 1999. Eine Übersicht über Studien, die auf neurowissenschaftlichen Methoden basieren, findet man hier: www.medialine.de/deutsch/wissen/medialexikon.php?snr=7168.

20 Je Proband sind leicht 1000 Euro plus die umgelegten Kosten für Planung und Auswertung zu kalkulieren: Hierzu: Michael Pusler: »Neuroökonomie – hype or hope«, abrufbar unter http://www.adattraction.de/pdf/brain%20sciences%20und%20marktforschung.pdf.

21 Wunderbar vorexerziert wird dies von Anne Philippi: »Style Wars oder wie Prada und Gucci die Welt erobern«, in: *Brand eins* 2/1999.

7. Daten

1 John Hauser und Gerald Katz: »Metrics: You are what you measure«, in: *European Management Journal* 10/1998.

2 Selbstverständlich hat das WoZi eine eigene Webseite: jvm-wozi.de. Mehr dazu von Heide Neukirchen: *Wer hat's erfunden?* Redline 2011.

3 Selbstverständlich auch auf Facebook: facebook.com/Otto.Normalverbraucher

4 Vgl. Wendell Smith: »Product differentiation and market segmentation as alternative marketing strategies«, in: *Journal of Marketing* 7/1956.

5 Vgl. Gerhard Schulze: *Die Erlebnisgesellschaft*. Campus 1992.

6 Zu den kollektiven Identitäten und Generationen Björn Bohnenkamp: »Das Ende der Generationen?«, in: *GDI Impuls* 3/2008.

7 Roland Hitzler versteht das Prekäre (nicht im Sinne von niedrigem Einkommen, sondern als Ausdruck von Unsicherheit) als das zentrale Merk-

mal dieser Generation. Vgl. hierzu den Artikel »Die Unsichtbaren« im *Spiegel Spezial* 1/2009 über die »Kinder der Krise«.

8 Vgl. Zygmunt Bauman: *Liquid Life*. Polity Press 2005. (dt. *Leben in der flüchtigen Moderne*. Suhrkamp 2007.

9 Vgl. zum Theorem der Kompensation beispielsweise Odo Marquard: *Skepsis in der Moderne*. Stuttgart 2007.

10 Das hat zumindest der berühmte Internettheoretiker und ehemalige Chief Scientist von Amazon in einem Gastbeitrag für die Online-Ausgabe der *Harvard Business Review* behauptet: »The Social Data Revolution«, 20. Mai 2009.

11 Darüber berichtete Andreas Weigend in seiner Rede beim World Innovation Forum in New York (8. Juni 2010).

12 Die Fokusgruppe ist das Lieblingskind der qualitativen Marktforschung. Eine moderierte Gruppendiskussion, die durch die Konfrontation mit anderen und anderem wertvolle Informationen liefern soll. Das Problem: Oft dominieren wenige Teilnehmer und diktieren die Meinungen. Ersparen Sie sich die trockene Fachliteratur und lesen Sie David Foster Wallace: »Mister Squishy«, in: *In alter Vertrautheit*. Rowohlt 2009. Eine Art raffinierte Hommage an die Fokusgruppe.

13 Vint Cerf, zitiert nach Till Hoppe et al.: »Wettlauf der Datensammler im Internet«, in: *Handelsblatt* 14.11.2008.

14 Insbesondere die deutschsprachige Markt- und Marketingforschung setzt noch immer auf quantitative, in der Tradition Poppers stehende positivistische Forschung. Der internationale, aktuelle Trend zeigt aber eindeutig in Richtung interpretativer (manche sagen: qualitativer) Forschung, der es weniger um das Beschreiben als vielmehr um das Erklären von Konsumprozessen geht. Vgl. beispielsweise Sidney Levy: »The evolution of qualitative research in consumer behavior«, in: *Journal of Business Research* 3/2005. Morris Holbrook und John O'Shaughnessy: »On the Scientific Status of Consumer Research and the Need for an Interpretive Approach to Studying Consumption Behavior«, in: *Journal of Consumer Research*, Dezember 1988.

15 Zu diesem Beispiel: *Marketing Excellence 2*, hrsg. von Hugh Burkitt. Marketing Society 2010.

16 Vgl. Mason Haire: »Projective Techniques in Marketing Research«, in: *Journal of Marketing*, April 1959. Darüber hinaus James Anderson: »The Validity of Haire's Shopping List Projective Technique«, in: *Journal of Marketing Research* 11/1978.

17 450 Millionen zahlte Goldman Sachs für einen Anteil von 0,8 Prozent an Facebook. Damit taxierten sie den Wert der Datenmaschine auf knapp

über 56 Milliarden Dollar. Bei 500 Millionen Usern (so die Selbstauskunft von Facebook) macht das ungefähr 110 Dollar pro Nutzer.

18 Arvind Narayanan und Vitaly Shmatikov: *Robust De-anonymization of Large Sparse Datasets*. Arbeitspapier der University of Texas at Austin, 5.2.2008. Ähnliches wie bei Netflix gelang den Forschern auch mit anonymen Twitter-Accounts. Ein Drittel davon konnten sie »enttarnen«, wenn der Kunde auch einen Flickr-Account hatte.

19 Alastair Beresford, Dorothea Kübler und Sören Preibusch: *Unwillingness to Pay for Privacy*. Arbeitspapier SP II 2010–03 des Wissenschaftszentrums Berlin für Sozialforschung. Mai 2010.

20 Leslie John, Alessandro Acquisti und George Loewenstein: »Strangers on a Plane«, in: *Journal of Consumer Research* 2/2011.

8. Preise

1 Milton Friedman nannte so eines seiner Bücher, das u. a. seine berühmten Playboy-Interviews enthält: *There's no such thing as a free lunch*. Open Court 1975. (dt.: *Es gibt nichts umsonst*. Verlag Moderne Industrie 1979)

2 Vgl. Jörn Klare: *Was bin ich wert? Eine Preisermittlung*. Suhrkamp 2010. Der Autor beantwortet seine Frage äußerst nüchtern und brutal. Nieren und andere Organe haben ihren Preis. Albanische Frauen sind deutlich preisgünstiger als Adoptivkinder. Und auch in der Verkehrsplanung spielt der Preis pro Kopf eine erhebliche Rolle: Ob eine Ampel gebaut wird oder nicht, hängt davon ab, ob sie sich, aufgerechnet gegen monetär tarierte Menschenleben, lohnt.

3 Allen voran Aldi (Werbeausgaben 2010: 384 Millionen Euro), gefolgt vom Media-Markt (291 Mio.) und Lidl (253 Mio.). Es folgen Saturn, Sky, McDonald's, C&A, Penny, Rewe und Ikea. Quelle: Nielsen Research.

4 Hermann Simon, der deutsche Pricing-Papst, stellt folgende Beispielrechnung auf: Unter der Annahme eines Preises von 100 Euro, variabler Stückkosten von 60 Euro, einer Absatzmenge von 1 Million Stück und Fixkosten in Höhe von 30 Millionen Euro erhöht sich der Gewinn bei einer 10-prozentigen Verbesserung des Preises (jetzt also 110 Euro) um satte 100 Prozent (von 10 Millionen auf 20 Millionen). Eine 10-prozentige Verbesserung der Stückkosten erhöht den Gewinn um 60 Prozent. Bei der Absatzmenge (10-prozentige Erhöhung auf 1,1 Millionen) nur um 40 Prozent und bei einer 10-prozentigen Verbesserung der Fixkosten (von 30 auf 27 Millionen) gar nur um 30 Prozent. Basis dieser Berech-

nung ist natürlich eine Ceteris-paribus-Annahme, die der wirtschaftlichen Realität nicht gerecht wird. Da die Zusammenhänge allerdings für alle Gewinntreiber gelten, kann damit die Bedeutung des Preises für den Unternehmensgewinn herausgestellt werden. Vgl. Hermann Simon und Martin Fassnacht: *Preismanagement*. Gabler 2008.

5 Diese Zahlen bei Hermann Simon und Martin Fassnacht: *Preismanagement*. Gabler 2008.

6 Wer sich dafür interessiert, wie man den Kundenwert berechnen kann, der lege sich einen Taschenrechner zu und lese diesen Text: Katja Gelbrich/Stefan Wünschmann: »Mehrdimensionaler Kundenwert als Entscheidungskriterium für die Akquisition von Kunden: Dargestellt am Beispiel der Automobilindustrie«, *in: Kundenwert. Grundlagen – innovative Konzepte – branchenorientierte Umsetzungen*, hrsg. von B. Günter und S. Helm. 3. Aufl., Wiesbaden 2006, S. 583–606.

7 Vgl. Robert C. Blattberg, Gary Getz und Jacquelyn Thomas: *Customer Equity*. Harvard Business Press 2001. Und: Roland Rust, Valarie Zeithaml und Katherine Lemon: *Driving Customer Equity*. Free Press 2000.

8 Zit. nach Gregory Carpenter, Rashi Glazer und Kent Nakamoto: »Meaningful Brands from Meaningless Differentiation«, in: *Journal of Marketing Research* 8/1994.

9 Zum Halo-Effekt: Edward Thorndike: »A Constant Error in Psychological Ratings«, in: *Journal of Applied Psychology* 1920. Dass gerade auch Manager und Strategen dem Halo-Effekt unterliegen, belegt Phil Rosenzweig: *Der Halo-Effekt: Wie Manager sich täuschen lassen*. Gabal 2008.

10 So das Ergebnis einer Studie von Tobias Langner und Franz-Rudolf Esch: »Sozialtechnische Gestaltung der Ästhetik von Produktverpackungen«, in: *Konsumentenverhaltensforschung im 21 Jahrhundert*, hrsg. von Andrea Gröppel-Klein. Gabler 2004.

11 Siehe Gregory Carpenter, Rashi Glazer und Kent Nakamoto: »Meaningful Brands from Meaningless Differentiation«, in: *Journal of Marketing Research* 8/1994.

12 Vgl. hierzu beispielsweise: Roland Rust, Debora Thompson und Rebecca Hamilton: »Defeating Feature Fatigue«, in: *Harvard Business Review* 2/2006.

13 Vgl. Pierre Bourdieu: *La distinction*. Éditions de Minuit 1979. (dt.: *Die feinen Unterschiede*. Suhrkamp 1982)

14 Nach dem Handicap-Prinzip von Amotz Zahavi und Avishag Zahavi (*Signale der Verständigung. Das Handicap-Prinzip*. Insel 1998) handelt es sich dabei um durchaus rationale Signale, denn sie ermöglichen es Empfängern, ein positives Bild des Absenders aufzubauen. Ich empfehle dazu

auch Matthias Uhl und Eckhard Voland: *Angeber haben mehr vom Leben.* Spektrum 2002.

15 Vgl. Jonah Berger und Morgan Ward: »Subtle Signals of Inconspicious Consumption«, in: *Journal of Consumer Research* 12/2010. Zum »Cultural Capital« aus Sicht der Konsumentenforschung Douglas Holt: »Does Cultural Capital Structure American Consumption?«, in: *Journal of Consumer Research* 6/1998.

16 Vgl. Bernard Cova: »Community and Consumption«, in: *European Journal of Marketing* 3/4/1997; »From Marketing to Societing: When the link is more important than the thing«, in: *Rethinking Marketing*, Sage 1999.

17 Heute ist Nutella eine der erfolgreichsten Marken im Netz. Im Facebook-Markenranking des Jahres 2011 belegt Nutella hinter Schwergewichten wie »Disney«, »MTV« und »Nike« Platz 8 mit 22 Millionen Markenfans und über 140 Fanseiten. Damit ist man vor Marken wie »Red Bull« (Platz 12) und Adidas (Platz 13), die jeweils über 18 Millionen Fans auf Facebook aufweisen können. Quelle: absatzwirtschaft 6/2011.

18 Vgl. Hope Jensen Schau, Albert Muniz und Eric Arnould: »How Brand Community Practices Create Value«, in: *Journal of Marketing* 9/2009.

19 Vgl. Martin Einhorn und Michael Löffler: »Kundensegmente und Preisbereitschaften für Premiumautomobile«, in: *Marketing Review St. Gallen* 3/2010.

20 Vgl. Eduardo Porter: *The Price of Everything.* Portfolio Press 2011.

21 Vgl. Dan Ariely: *Predictably Irrational.* Harper 2008.

22 Itamar Simonson und Amos Tversky: »Choice in Context«, in: *Journal of Marketing Research* 8/1992.

23 Aus einem Set von knapp 2000 veröffentlichten Elastizitäten hat ein Forschertrio aus Holland und den USA eine durchschnittliche Preiselastizität von »−2.62« errechnet, wobei 50 Prozent der beobachteten Werte zwischen »−1« und »−3« lagen. 2,2 Prozent der Werte waren sogar positiv und 15 Werte lagen über »−12«. Des Weiteren wurde nachgewiesen, dass sich die Elastizitäten in den letzten Jahrzehnten erhöht haben, dass Konsumenten bei Gebrauchsgütern preiselastischer sind als bei Verbrauchsgütern. Inflation führt zu deutlich höheren Elastizitäten. Vgl. Tammo Bijmolt, Harald Van Heerde und Rik Peiters: »New Empirical Generalizations on the Determinants of Price Elasticitity«, in: *Journal of Marketing Research* 5/2005.

24 Vgl. Tibor Scitovszky: »Some Consequences of the Habit of Judging Quality by Price«, in: *The Review of Economic Studies* 2/1944–1945.

25 So Franziska Völckber und Henrik Sattler: *Research Paper on Marketing and Retailing*, Universität Hamburg, Nr. 19/2005. Eine der seltenen

Untersuchungen, die beide Effekte (Preiselastizität der Nachfrage + Informationsgehalt des Preises) berücksichtigen.

26 Vgl. Jan-Benedict Steenkamp, Harald Van Heerde und Inge Geyskens: »What Makes Consumers Willing to Pay a Price Premium for National Brands over Private Labels«, in: *Journal of Marketing Research*, Dezember 2010. 23 000 befragte Personen in über 20 Ländern stellten nur einen geringen wahrgenommenen Qualitätsunterschied zwischen Marke und Private Label fest. In 43 Prozent der Fälle gaben Kunden an, überhaupt keinen Unterschied zu bemerken. 18 Prozent meinten, dass Private Labels höhere Qualität aufweisen. Die Daten für Deutschland belegen den hohen Marktanteil von Private Labels (führend: die Schweiz) und eine nur unterdurchschnittliche Bereitschaft, ein Preispremium für den Markenartikel zu zahlen. Kurz: Deutschland ist für Markenartikler ein schwieriges Pflaster.

27 Diese Idee habe ich zusammen mit Anton Meyer als »No Frills« – Kein Schnickschnack! – bezeichnet. Anton Meyer und Christian Blümelhuber: »No Frills!«, in: *Absatzwirtschaft Sondernummer* 1995.

28 Zum Marktpotenzial dieser 86 Prozent und seiner »Ausschöpfung« Vijay Mahajan. *The 86 percent solution*. Pearson 2005.

29 Über die Strategie von Procter & Gamble, wozu Gillette gehört, namens »bottom of the pyramid marketing« berichtet Jennifer Reingold: »Can P&G make money in places where people earn $2 a day?«, in: *Fortune*, Januar *2011*.

30 Der Vorreiter für ein ökologisches und einfacheres Design, ausgelegt auf die Bedingungen von Märkten der Zweiten und Dritten Welt, ist der österreichisch-amerikanische Designer und Designphilosoph Victor Papanek (*Design for the Real World*. Pantheon 1971).

31 Coca-Cola-Manager Veja, der die Idee ausgeplaudert hatte, nannte sie fair, stampfte sie aber trotzdem ein. Vgl. Constance Hays: »Variable-Price Coke Machine Being Tested«, in: *The New York Times*, 28. Oktober 1999.

32 Martin Suter: *Allmen und die Libellen*. Diogenes 2011, S. 26.

33 Für einen Überblick: http://www.markenlexikon.com/markenevaluation.html.

9, Strategie

1 Vgl. Michael Porter: »What is Strategy?«, in: *Harvard Business Review*, November-Dezember 1996, S. 75: »Strategy is creating fit among a company's activities.«

2 Stop! Nur nichts übereilen. Natürlich braucht man sowohl die Abteilung als auch den CMO, den Chief Marketing Officer, den Chef-Strategen, doch noch. Und wie, nämlich dafür, sich selbst überflüssig zu machen. Mit anderen Worten: Um das Marketing zu koordinieren, um alle Mitarbeiter zu Marketern zu machen. Eric Boyd, Rajesh Chandy und Marcus Cunha: »When Do Chief Marketing Officers Affect Firm Value?«, in: *Journal of Marketing Research* 12/2010, haben drei wesentliche externe Aufgaben des CMO beschrieben: Die Marktzone ausweiten, mit den Augen des Kunden entscheiden und die Pflege von Beziehungen.

3 Vgl. Henry Mintzberg: *The structuring of organizations*. Prentice-Hall 1979.

4 Zum Unsinn von Powerpoint-Templates empfehle ich allen »Opfern« Edward Tufte: *The Cognitive Style of Powerpoint*. Graphics Press 2006.

5 Pionier der Strategischen Lernwelten und Brand Rooms ist die Agentur St.-Luke's, die in ihren Lofts Brand Rooms für ihre Kunden eingerichtet hat. Räume, in denen die jeweilige Marke konkret erlebbar wurde. »Die Leute lieben es. British Telecom hat kürzlich mit dem halben Vorstand in ihrem Zimmer getagt«, berichtet Andy Law, einer der Gründer der Ideenschmiede. Vgl. Harald Willenbrock: »Eine Idee vom Leben«, in: *Brand eins* 7/2000.

6 Einige Fotos hier: www.7-forum.com/news/BMW-Group-stellt-ihre-Marken-Akademie-vo-935.html. Und hier: http://www.danpearlman.com/2010/08/10/die-marke-erleben-bmw-brand-academy-uk/.

7 Vgl. Jan Wieseke und andere: »The Role of Leaders in Internal Marketing«, in: *Journal of Marketing* 3/2009.

8 Die Rhetorik der Langfristigkeit und Nachhaltigkeit der Wettbewerbsvorteile wird in Theorie und Praxis rituell gepflegt, manchmal sogar immer noch auch aus Überzeugung. Tatsächlich aber ist im heutigen Business *jeder* Wettbewerbsvorteil nur von begrenzter Dauer – auch die als »strategisch« oder »nachhaltig« gefeierten. Sicher haben manche Vorteile eine längere Halbwertszeit, ein Verfallsdatum haben sie alle. Vgl. Robert Wiggins und Timothy Ruefli: »Sustained Competitive Advantage«, in: *Organizational Science* 1/2002. Die Autoren untersuchten knapp 7000 Unternehmen aus mehr als 40 Branchen, überlegene, durchschnittliche und unterlegene Performer. Sie stellten fest, dass nur etwa fünf Prozent der überlegenen Performer ihren Vorsprung zehn Jahre oder länger halten konnten, nur 32 Unternehmen (weniger als fünf Promille) mehr als 20 Jahre die Nase vorne hatten und nur drei Unternehmen die magische Grenze von 50 Jahre erreichten. Zudem stellte sich heraus, dass die Wahrscheinlichkeit, die er-

reiche Position wieder zu verlieren, sich im Untersuchungszeitraum (1978 bis 1998) nahezu verdoppelte. Wettbewerbsvorteile sind flüchtig. Zwischen High- und Lowtech-Unternehmen fanden die Autoren keinen signifikanten Unterschied. Eric Beinhocker (*The Origin of Wealth*, Harvard Business Press 2007) weist darauf hin, dass solche Ergebnisse für Ökonomen überraschend oder ernüchternd sein mögen, für Evolutionsbiologen dagegen keineswegs, denn schließlich sind Wettbewerbsvorteile in der biologischen Welt kurzlebig, der Evolutionswettbewerb ist ein offenes Rennen, in dem nur der Wandel Bestand hat.

9 Den Ausdruck »Offensives Marketing« haben Anton Meyer und Hugh Davidson mit ihrem gleichnamigen Buch in Deutschland populär gemacht (Haufe 2000).

10 Selbstverständlich waren Markt-, Kunden- und Wettbewerberorientierung einmal probate Mittel. In Zeiten des verschärften Wettbewerbs, der unzähligen Angebote, der »Der Kunde ist König«-Mentalität verlieren sie jedoch zunehmend ihre Strahlkraft. Zur Entwicklung vom »success provider« zum »failure preventer« vgl. V. Kumar et al: »Is Market Orientation a Source of Sustainable Competitive Advantage or Simply the Cost of Competing?«, in: *Journal of Marketing* 1/2011.

11 Diese einprägsame Formel stammt von Bernard Jaworski, Ajay Kohli und Arvind Sahay: »Market-driven versus driving markets«, in: *Journal of the Academy of Marketing Science,* Winter 2000.

12 So die sogenannten »Brakebreakers« Juan-José Perez Cuesta, R. Esteve und Gerd Beilke in ihrem Buch *Das Geheimnis der Brakebreakers* (Wiley 2011).

13 Immerhin ist Glück als Erfolgsfaktor im Marketing stärker anerkannt als anderswo. Vgl. John Parnell und Eric Dent: »The role of luck in the strategy-performance relationship«, in: *Management Decision* 6/2009. In hierarchischen Organisationen und Unternehmen ist der Glaube an Glück als Erfolgsfaktor insbesondere in den höheren Etagen weit verbreitet. Während Marketing und General Management die Idee des Glücks akzeptieren, sind Produktion und Finanzen eher skeptisch.

14 Duncan Watts und Steve Hasker: »Marketing in an Unpredictable World«, in: *Harvard Business Review,* September 2006, setzen auf den Imperativ »increase the number of bets, and decrease their size«. Eric Beinhocker und Sarah Kaplan (»Tired of strategic planning?«, in: *The McKinsey Quarterly* 2002) fordern ein Portfolio an Optionen und parallelen Strategien. Anders gesagt: mehr Experimente im strategischen Management.

15 Urteil des Europäischen Gerichtshofes zu geschlechtsneutralen Prämien und Leistungen: Aktenzeichen C-236/09 (www.curia.europa.eu).

16 Zur Kritik der Unterscheidung Geschlecht versus Lebensstil vgl. Jens Alber: »Doppelstandards der Gleichstellung«, in: *FAZ* vom 23.3.2011.

17 Von den Unternehmen der ›Fortune 500‹-Liste, der Liste der größten amerikanischen Unternehmen, des Jahres 2009 wurden 256 (51 Prozent der 488 untersuchten Unternehmen) während einer Rezession und/oder einer Baisse-Phase an der Börse gegründet. Die nahezu gleiche Prozentzahl ergibt sich, wenn man die ›Inc. 500‹, die am schnellsten wachsenden amerikanischen Unternehmen untersucht: 17 Prozent der Unternehmen der 2008er-Liste wurden während einer Rezession gegründet; 31 Prozent während eines Bärenmarkts. Vgl. Dane Stangler: *The Economic Future just happened*. Ewing Marion Kauffman Foundation 2009.

18 Ein ähnliches und ähnlich interessantes Projekt, gut ein halbes Jahrhundert früher: Raymond Queneau, einer der Gründer der experimentellen Literatur-Gruppe Oulipo verfasste im Jahr 1947 seine *Exercices de style*, seine *Stilübungen*. Eine banale Geschichte ohne Pointe wird auf verschiedene Art und Weise neunundneunzig Mal neu erzählt. Mal rückwärts, mal zögernd, mal subjektiv, mal schwülstig, mal mathematisch, mal komödiantisch, mal bäuerisch …

10. Spiele

1 Friedrich Schiller: »Über die ästhetische Erziehung des Menschen in einer Reihe von Briefen«, in: *Die Horen* 1/1795.

2 Vgl. George Bataille: *Die Aufhebung der Ökonomie*. Matthes & Seitz 1985.

3 Vgl. Peter Sloterdijk: *Du mußt dein Leben ändern*. Suhrkamp 2009.

4 Vgl. Roger Caillois: *Die Spiele und die Menschen*. Langen-Müller 1966.

5 Vgl. den Jahresrückblick des »Independent« (31.12.1994, Paul Sieveking). Und natürlich diskutieren auch bekannte Marketingwissenschaftler wie Kent Grayson (»The dangers and opportunities of playful consumption«, in: *Consumer Value*, hrsg. von Morris Holbrook. Routledge 1999) und Stephen Brown (*Free Gift Inside*. Capstone 2003) diese außergewöhnliche Marketing-Aktion.

6 Zum »Celtic Marketing«: »Aedh Aherne: Chronicles of the Celtic Marketing Circle«, in: *Marketing Intelligence & Planning* 6/7/2000. Und Stephen Brown: »Tiocfaidh ár lá«, in: *Journal of Strategic Marketing* 3/2006.

7 Vgl. hierzu Stephen Browns programmatischen Aufsatz »Quälen Sie Ihre Kunden – die mögen das!«, in: *Harvard Business Manager* 1/2002.

8 Vgl. Julian Lee: »Nike's ambush writes a rosy future«, in: *The Age*, 21. Juni

2010. Und Chintan Bharwada: »Nike's ambush marketing yields results«, in: *Loyalty & Customers*, 21. Juni 2010.

9 Vgl. Michel de Certeau: *Kunst des Handelns.* Merve 1988.

10 Die Adbusters verstehen sich als Netzwerk von Künstlern, Autoren, Ökologen, Professoren, Feministen (und welche Gruppen die postmoderne Revolution noch hervorgebracht hat). Sie veröffentlichen ein spannendes Magazin mit dem Titel *Adbusters.*

11 Vgl. Kalle Lasn: *Culture Jamming.* Orange Press 2005.

12 Näheres aus postmoderner Perspektive bei Joseph Rumbo:« Consumer Resistance in a World of Advertising Clutter: The Case of Adbusters«, in: *Marketing & Psychology* 2/2002.

13 Die Idee des kulturellen Hacking hat in Deutschland Franz Liebl popularisiert. Vgl. Franz Liebl und Thomas Düllo: *Cultural Hacking.* Springer 2005.

14 »Artists are not there to help with some specific kinds of problems.« Zit. nach Anke Straß: *Artists in Organizations* Berlin 2007.

15 Holm Friebe: »Die Brand-Stifter kommen! Gespräch mit Ora-Ïto«, in: *GDI_Impuls* 3/2002. S. 43.

16 Thomas Düllo: »Ikeaisierung der Wohnwelt«, in *ZimmerWelten*, hrsg. von Jan Carstensen u. a. Klartext Verlagsgesellschaft 2000.

17 Hierzu: Craig Thompson, Aric Rindfleisch und Zeynep Arsel: »Emotional Branding and the Strategic Value of the Doppelgänger Brand Image«, in: *Journal of Marketing*, Januar 2006.

18 Mit Joachim Raschke und Ralf Tils könnten wir an dieser Stelle auch sagen: Viel Taktik, wenig Strategie: Vgl. Joachim Raschke und Ralf Tils. *Politik braucht Strategie. Taktik hat sie genug.* Campus 2011.

19 Zur Quellenamnesie, ihrer Wirkung und Einflussgröße Tobias Schnitzer: *Fehler des Quellengedächtnisses.* FGM-Verlag 2008. Auf Medienmenschen angewendet vgl. den Aufsatz, den ich zusammen mit Thomas Schnitzer verfasst habe: »Medienmenschen als Quellen von Botschaften«, in: *Medien im Marketing*, hrsg. von Andrea Gröppel-Klein und Christian Germelmann. Gabler 2008.

20 Vgl. Niklas Luhmann: *Die Realität der Massenmedien.* Westdeutscher Verlag 1996, S. 82–84.

21 Ebd., S. 85.

22 Der Fit entscheidet über Erfolg und Misserfolg von Markenallianzen. Vgl. Bernard Simonin und Julie Ruth: »Is a Company Known by the Company It Keeps?«, in: *Journal of Marketing Research* 1998.

23 In einem Blog war zu lesen: »Fußballer in kurzen Hosen machen Werbung für altmodische Billigjeans [...]. Für eine italienische Modemarke hat es

wohl nicht gereicht.« http://www.doktorfussball.de/die-peinlichsten-tri-kotsponsoren/

24 Hannes Hintermeier: *Ein Dorf wird Papst*. Hanser 2006, S. 123 f. Vgl. auch den Dokumentarfilm von Mickel Rentsch: *Marktl ist Papst*. Rentsch-Film 2008.

11. Service

1 Ein Kaufvertrag wird im Fall der Dienstleistung freilich nicht geschlossen. Sie wird nur umgangssprachlich gekauft. Nach dem sogenannten »experiential turn« in der Konsumentenforschung beziehen sich die Forscher und Manager eher auf das Erlebnis der Dienstleistung als den Akt der Transaktion (Abschluss des Dienst-, Werk- oder allgemeiner: des Dienstleistungsvertrages.

2 Daniel Bell: *The Coming of Post-Industrial Society*. Basic Books 1973. (dt.: *Die nachindustrielle Gesellschaft*. Campus 1975)

3 Stephen Vargo, Robert Lusch: »Evolving to a New Dominant Logic for Marketing«, in: *Journal of Marketing* 1/2004.

4 Das vierte von fünf Prinzipien der Ritz-Carlton-Hotels heißt »Wow – das ultimative Gästeerlebnis« (vgl. Joseph Michelli: *Kunden fürs Leben*. Redline 2009, S. 191–236). Dass das Ritz die Wow-Zone bis hinein in den Hoheitsbereich von BLT ausdehnt, ist umso mehr: Wow!

5 Vgl. Norbert Bolz: *Blindflug mit Zuschauer*. Fink 2004, S. 88: »Guter Service heißt […] im Kern: man fühlt sich gut bedient.«

6 Joseph Michelli: *Kunden fürs Leben*. Redline 2009, S. 48.

7 Die Service-Profit-Chain ist eines der bekanntesten Marketingkonzepte der letzten Jahrzehnte. »Entdeckt« wurde sie von Forschern der Harvard University. Bekannt sind ihre zentralen »Beziehungen« aber jedem Marketing-Verantwortlichen. Natürlich haben zahlreiche Autoren versucht, die Service-Profit-Chain zu validieren, einzelne Korrelationen zu untersuchen und sie zu ergänzen. Interessant ist meines Erachtens die Erweiterung der auf Zufriedenheit aufbauenden Kette um das Thema der Identifikation, also die Frage, inwieweit sich Mitarbeiter und Kunden mit der Unternehmung identifizieren (hierzu Christian Homburg, Jan Wieseke und Wayne Hoyer: »Social Identity and the Service–Profit Chain«, in: *Journal of Marketing* 3/2009). Zur konventionellen Service-Profit-Chain beispielsweise: James Heskett u. a.: »Putting the Service-Profit Chain to Work«, in: *Harvard Business Review*, Juli-August 2009 (erstmals 1994).

8 Vgl. wiederum den Band von Michelli und ein Interview mit dem ehemaligen Ritz-Carlton-Chef Horst Schulze: »Sucht ein Hotelgast Sex, verweisen wir höflich auf die Gelben Seiten«. *Welt am Sonntag* vom 6.2.2011 (Interviewer: Sven Michaelsen). Schulze erzählt, das Motto stamme von einem früheren Oberkellner, für den Service eine »Kunstform« gewesen sei.

9 Ich selbst habe dazu eine (bisher unveröffentlichte) Studie durchgeführt: *What Customers Do to Receive a Better Service.* Auf Basis von mehr als 500 Interviews wurden (im Sinne einer »Pattern Recognition«) die aufgezeigten »Strategien« aufgedeckt.

10 Vgl. Eduardo Andreade und Teck-Hua Ho: »Gaming Emotions in Social Interactions«, in: *Journal of Consumer Research*, 12/2009. Die Autoren beweisen die Effektivität des kommunizierten »Ärgers«. Menschen scheinen es geradezu zu genießen, Emotionen wie Ärger zu »spielen«, um daraus Vorteile zu ziehen. Schließlich sind Emotionen ja kommunikative Akte, und das Publikum respektive das Gegenüber ist durchaus fähig, die Intentionen und Bedeutungen zu interpretieren und darauf »angemessen« zu reagieren. Siehe hierzu auch John Deighton und Stephen Hoch (1993): »Teaching Emotion with Drama Advertising«, in: *Advertising Exposure, Memory, and Choice*, hrsg. von Andrew Mitchell. Erlbaum 1993.

11 Vgl. Arvid Kappas, F. Bherer und M. Thériault: »Inhibiting facial expressions«, in: *Motivation and Emotion* 24/2000, S. 259–270: »It is quite possible that people might not always be capable of physically expressing a faked emotional state. Professional poker players often hide their facial expression altogether with hats and sunglasses in part because of the difficulty associated with inhibiting facial expressions.«

12 Vgl. Norbert Bolz: *Diskurs über die Ungleichheit.* Fink 2009, S. 166: »Die Forderung nach Freiheit wurde im Liberalismus des 19. Jahrhunderts erfüllt; die Forderung nach Gleichheit erfüllte der Sozialstaat des 20. Jahrhunderts; und die Idee der Brüderlichkeit wird der sorgende Kapitalismus des 21. Jahrhunderts verwirklichen.«

13 Vgl. http://www.wwf.de/regionen/kongo-becken/krombacher-regenwald-projekt-2008/.

14 Die aktuelle Edelman-Studie (Citizens Engage! Edelman goodpurpose*Study 2010. Fourth Annual Global Consumer Survey) zeigt, dass die Zustimmung noch viel höher liegt: »86% of global consumers believe that business needs to place at least equal weight on society's interests as on business' interests.« (http://www.edelman.com/insights/special/Good-Purpose2010globalPPT_WEBversion.pdf). Interessant ist, dass nicht die reichsten Staaten des Westens in dieser Hinsicht vorne liegen, sondern

Schwellenländer und Giganten der nahen Zukunft wie Brasilien, China, Indien und Mexiko.

15 Vgl. Phillip Nelson: »Information and Customer Behavior«, in: *Journal of Political Economy* 2/1970. Michael Darby und Edi Karni: »Free Competition and the Optimal Amount of Fraud«, in: *The Journal of Law and Economics* 4/1973.

16 Jeff Biddle und Daniel Hamermesh (»Beauty, Productivity, and Discrimination«, in: *Journal of Labor Economics* 1/1998) belegten den Zusammenhang zwischen der Attraktivität eines Anwaltes und seinem Verdienst. Dieser Effekt verstärkt sich mit zunehmender Erfahrung des Anwalts.

17 Diese Frage stellten Stephen Koernig und Albert Page in ihrer Studie »What If Your Dentist Looked Like Tom Cruise?«, in: *Psychology & Marketing* 1/2002.

18 Das Zitat stammt aus einem Artikel von *Spiegel Online* (23.7.2007): »Sex zum Anziehen« von Marc Pitzke.

19 Die Aussagen stammen aus dem Artikel »Frankreich zahlt Arbeitslosen Maniküre und Make-up« des Frankreich-Korrespondenten Sacha Lehnartz in *Die Welt* vom 12.1.2011.

12. *Freundschaft*

1 Vgl. Andreas Spaeth: »Die Logos der Airlines – ein Himmel voller Tiere«, in: *Die Welt* vom 24.3.2011.

2 Zum FarmVille-Projekt von Microsoft: http://www.webpronews.com/topnews/2010/03/18/marketing-like-bing-the-farmville-example.

3 Vgl. Konrad Lorenz: »Ganzheit und Teil in der tierischen und menschlichen Gemeinschaft«, in: *Studium Generale* 3/9/1950.

4 Melanie Glocker, Daniel Langleben, Kosha Ruparel, James Loughead, Jeffrey Valdez, Mark Griffin, Norbert Sachser, Ruben Gur: *Baby schema modulates the brain reward system in nulliparous women.* PNAS 2009.

5 Siehe hierzu Benjamin Barber: *Consumed. Wie der Markt Kinder verführt, Erwachsene infantilisiert und die Demokratie untergräbt.* C. H. Beck 2007.

6 Ein ähnliches Experiment hatte schon Stanley Milgram in den Sechzigerjahren durchgeführt, berühmt geworden unter dem Stichwort »lost-letter-technique«. Ihm ging es darum, die Einstellung der Bürger gegenüber politischen Gruppen und Institutionen zu messen. Dafür »verlor« er frankierte und an besagte Institutionen adressierte Briefe. Je mehr dieser Briefe ihre Adresse tatsächlich erreichten, desto positiver die Einstellung der Men-

schen gegenüber dem Adressaten. Vgl. Stanley Milgram, Leon Mann und Susan Harter: »The lost-letter technique«, in: *Public Opinions Quarterly* 29/1965.

7 Vgl. Hannah Devlin: »Want to keep your wallet?« in: *The Sunday Times* 11.7.2009, sowie Richard Wiseman: *59 Seconds.* Anchor 2010.

8 Vgl. Stephen Jay Gould: *A Biological Homage to Mickey Mouse.* W. W. Norton & Company 1980.

9 Zum Faktor Niedlichkeit empfehle ich Daniel Harris: *Cute, Quaint, Hungry, and Romantic.* Da Capo Press 2001.

10 Diese Informationen hab ich von der Kinder- und Jugendmarketingexpertin Carola Laun (persönlicher Kontakt).

11 Vgl. Ed Mayo und Agnes Nairn: *Consumer Kids.* Constable & Robinson 2009; ähnliche Beispiele finden sich bei Juliet Schor: »The Commodification of Childhood«, in: *The Hedgehog Review,* Sommer 2003.

12 Zur Freundschaftsidee bei Facebook (und anderen sozialen Netzwerken) empfehle ich Thomas Wanhoff: *Wa(h)re Freunde.* Spektrum 2011.

13 Vgl. Robin Runbar: »Coevolution of neocortical size«, in: *Behavioral and Brain Sciences* 4/1993. Sowie vom gleichen Autor: *How many friends does one person need?* Faber & Faber 2010.

14 Mit dieser Idee spielt Derrick Bortes Regieerstling »The Joneses« aus dem Jahr 2009. Steve, Kate, Mick und Jenn sind eine amerikanische »Bilderbuchfamilie«, die in ein neues, exquisit ausgestattetes Heim zieht, in Luxus schwelgt und alles hat, was der Markt an attraktiven Verlockungen zu bieten hat. Schnell werden sie in ihre Nachbarschaft integriert, und immer mehr Familien folgen dem Vorbild der Joneses und erstehen die gleichen Walking-Klamotten, Golf-Simulatoren und Super-Handys. Die Joneses sind eine »Werbefamilie«, die ihrer Umgebung neue Produkte schmackhaft macht. Marketing »Unter dem Radar« eben!

15 Das ergab die Studie von David Godes und Dina Mayzlin: »Firm Created Word-of-Mouth Communication«, in: *Marketing Science* 7/2009. Die loyalen Meinungsführer sind laut den Autoren wenig effektiv, die eingekauften Kommunikatoren steigerten die Umsätze weitaus besser.

16 Vgl. http://www.paywithatweet.com/: »It's simple, every time somebody pays with a tweet, he or she tells all their friends about the product. Boom.« Boom!

17 Vgl. Paul Lazarsfeld und Elihu Katz: *Personal Influence.* 1955.

18 Vgl. Duncan Watts: »Challenging the Influentials Hypothesis«, in: *Measuring Word of Mouth,* hrsg. von der Word of Mouth Marketing Association, 2007.

19 Mehr über diese ungewöhnliche Agentur, die auch hinter der hervorragenden Kampagne für den Bierbrauer Molsen Canadian steht, bei Warren Berger: *Hoopla*. BISPublishers 2006. Oder auf der ungewöhnlichen Webseite »cpbgroup.com«.

20 Zum digitalen »Flame«: http://www.bk.com/en/us/campaigns/fire-meets-desire.html. Zur Umrechnung von Facebook-Freunden in Hamburger Jenna Worthman: »The Value of a Facebook Friend«, in: *New York Times* 9.1.2009.

21 Vgl. Michel Houellebecq: *Ausweitung der Kampfzone*. Rowohlt 2001.

22 Daniel Leisegang: »Die Ausweitung der Konsumzone«, in: *Blätter für deutsche und internationale Politik* 3/2007.

23 Vgl. Georg Franck: *Ökonomie der Aufmerksamkeit*. DTV 2007.

24 In der deutschen Übersetzung *Backup*, Heine 2007.

25 Vgl. David Edelman: »Kommunikation: Die neuen Regeln im Marketing«, in: *Harvard Business Manager*, 25.1.2011.

26 Vgl. Kai-Uwe Hellmann und Rüdiger Pichler (Hrsg.): *Ausweitung der Markenzone*. Verlag für Sozialwissenschaften 2005.

27 Vgl. Daniel Leisegang: »Die Ausweitung der Konsumzone«, in: *Blätter für deutsche und internationale Politik* 3/2007.

Michael Lewis
Boomerang
Europas harte Landung

2011. Ca. 336 Seiten, gebunden
ISBN 978-3-593-39471-8

E-Book:
ISBN 978-3-593-41150-7

Commedia delle finanze

Wie konnten griechische Mönche ihr Land in den finanziellen Kollaps treiben? Wie gelang es den Iren, sich ihr Land gegenseitig zu verkaufen, bis eine enorme Schuldenblase entstand – und platzte? Wie wurde aus Island, einer Nation von Fischern, eine einzige Investmentbank – auf tönernen Füßen, die brachen? In seinem neuen Buch berichtet der internationale Bestseller Autor Michael Lewis (»The Big Short«) von seinen Reisen durch eine Welt im Finanzchaos. Er deckt auf, wie leicht verfügbares Geld, aberwitzige Tricks und ein erschütternder Mangel an Kontrolle Europas Finanzen an den Rand des Abgrunds trieben – und warum Deutschland als Zahlmeister Europas hilflos am Nasenring durch die Geldarena gezogen wird. Lewis' Buch erklärt die Hintergründe der aktuellen Euro-Krise und zeigt, warum uns ein weiteres böses Erwachen bevorsteht.

Mehr Informationen unter
www.campus.de
facebook.com/campusverlag
twitter.com/campusverlag

campus
Frankfurt · New York